■东吴城市哲学译丛■

［美］凯文·林奇 (Kevin Lynch)著

邢冬梅 译

理想城市形态

Good City Form

苏州大学出版社

Soochow University Press

图书在版编目（CIP）数据

理想城市形态 ／（美）凯文·林奇（Kevin Lynch）
著；邢冬梅译. —— 苏州：苏州大学出版社，2022.9
（东吴城市哲学译丛）
ISBN 978 - 7 - 5672 - 3863 - 3

Ⅰ.①理… Ⅱ.①凯… ②邢… Ⅲ.①城市规划—建
筑设计—研究 Ⅳ.①TU984

中国版本图书馆 CIP 数据核字（2022）第 181074 号

著作权合同登记号 图字：10-2022-433 号
Copyright@ The MIT Press
Good City Form was original published in English in 1984. This translation is
published by agreement with The MIT Press.

书　　　名	理想城市形态	
著　　　者	［美］凯文·林奇（Kevin Lynch）	
译　　　者	邢冬梅	
责 任 编 辑	薛华强	
出 版 发 行	苏州大学出版社	
	（地址：苏州市十梓街 1 号　邮编：215006）	
印　　　刷	广东虎彩云印刷有限公司	
开　　　本	700 mm×1 000 mm　1/16	
字　　　数	398 千	
印　　　张	21.5	
版　　　次	2022 年 9 月第 1 版	
	2022 年 9 月第 1 次印刷	
书　　　号	ISBN 978 - 7 - 5672 - 3863 - 3	
定　　　价	78.00 元	

苏州大学出版社网址　http://www.sudapress.com

在本能的意义上，所有的人都是手艺人，他们的宿命就是创造……一个适合居住的地方，一个神圣而美丽的世界。

Louis Henry Sullivan，January 27，1924

目　录
Contents

序篇：一个幼稚的问题

"怎么样成就一个理想城市"或许是一个没有意义的问题。城市太复杂了，太超出我们的控制了，影响太多的人了，受制于太多的文化变量了，它允许任何一种合理的回答。城市就像大陆，是自然的一个巨大的事实，一个我们必须适应的事实。我们研究城市的起源和功能，因为这种研究对认识是有意义的，并且便于我们做出预测。或许有人会说"我喜欢波士顿"，不过我们所有人都明白那仅仅是一个基于个人经历的微不足道的偏好。只有当一个《星期日报》记者把波士顿和亚特兰大进行比较时，学者们才会分析诸如人口、收入和交通流量等这样的硬数据。

这部著述要说的是：关于城市的这个所谓的幼稚的问题，包含着很快就会变得异常明显的，涉及城市的品质、战略和疑问等的所有方面。城市政策的制定、城市资源的部署、城市向哪里移动、如何建造某项事物等，都必须使用关于什么是好的、什么是坏的各种规范。短期的或是长期的，包容的或是自利的，隐含的或是显著的，各种不同的价值都是决策中无法避免的内在组成。没有一种更好的意识，所有的行为都会是一种任性。当价值未被检验时，它们就是危险的。

这是一种常识，即大多数城市场所不那么令人满意：不舒服、丑陋或者笨拙，好像它们是基于某些绝对的尺度测量过的。反倒是那些成熟世界的碎片常常能够摆脱沉闷的视野：一丛繁茂的灌木，一个精美的公园，一座历史城镇，某些大城市的标志性的中心，一处古老的农耕区。如果我们能够明晰我们为什么会有这种感觉，我们或许有能力做出有效的改变。

本著的写作目的是试图对一个理想城市的设置，提出一种一般性的陈述。这种理想城市设置，对任何人类环境有责，与任何人类环境相关，它联系着一般的价值和特定的行为。本著所做的各种陈述，严格限制于人类的价值与物理的城市空间之间的那种特定的联系，最终使其具有更广泛的意味，而不仅仅是一种一般性的尝试。它会是一个具体的地方性的理论，原因不在于它把自身仅仅限制于物理性方面，而是因为，一个综合性的陈述应该把关于一个城市如何运作的陈述和什么是这个城市的优良品质的陈述联系在一起。依据固有的路径，本著遵循的规范性理论，主要涉及城市的优良品质；而在对城市如何运作做出论断时，作为通常的功能性理论，又在无意识中按照城市本身的运作方式进行论述。关于规范性理论和功能性理论的区分以及把两种理论联系起来的必要性问题，在本书的第二章进行讨论。

城市形式的规范性理论不是新的理论。三个主要变量将在第四章进行讨论。这三个变量会作为一小段历史，在第一部分首先出现。这段历史涉及关于城市形式的本性的讨论，涉及来自不同资源的形式价值的碎片的讨论，它为我们的第一跳提供了一个跳板。第四章的三个规范性理论是强有力的理论，不仅仅因为其强有力的学术表现，而且因为它们在实际城市决策中的长久的影响力。我要强调的是这三个理论的不足之处。基于一种"操作维度"，一个更具一般性的理论会在第二部分呈现。我们很快就会看到，在这种呈现中依旧存在着诸多问题。尽管如此，它毕竟是一个开始。第三部分，我会把这些理论应用于当下的城市问题和模型，并且用一种乌托邦式的框架对其进行具体说明。

城市的规范性理论处在一种可悲的状态。学术的注意力已经倾注到人类栖居地的社会—经济方面，或者倾注到关于城市的物理形式如何运作的分析以及城市何以走到今天这种地步的讨论。许多价值判断被巧妙地藏匿在这些完美无瑕的科学结构之中。与此同时，城市践行者们则仅仅抓住这些每个人都明显认同的价值。任何人都知道理想的城市该是什么样的，重要的问题是如何实现这样的理想城市。这类价值问题应该持续地被视为理所当然吗？

第一部分　价值和城市

第一章　城市历史中的形式价值

非人类的力量通常不会改变人类的栖居地。或者说非人类的力量只有在很少的时候能够改变人类的栖居地，这就是自然灾害发生的时候：大火，洪水，地震以及瘟疫。换言之，尽管促生人类行为的人类动机可能会是复杂的、既成的，甚至还可能是含糊的或者低效的，但对人类栖居地的改变一定是一种人类的行为。针对价值形式和环境之间的联结，对这些人类动机进行揭示，则为我们提供了一些最初的线索。对城市变换的几个著名案例进行一种简短的叙述，会带给我们一些值得咀嚼的东西。

最原初的变换是城市自身的出现。为什么这些特殊的环境在一些地方首先得到建立？最早的城市是先于最早的关于城市的记录出现的，虽然我们能够拥有的仅仅是一些间接的证据，但是考古学和神话却告诉了我们一些事情。独立的、相对突然的朝向文明的跳跃，在世界历史中发生过六次或者七次[1]。这些跳跃通常总是伴随着城市的出现而出现，就是说，大规模的、相对密集的异质性人口居住地的形成，把其周围的大片乡野区域组织起来。与城市和文明一起，出现了一种层级化社会：不平等的财产所有；全日制的专业人员：出现了作为通常行为的书写，科学，战争，实用艺术，奢侈工艺品，以及长距离的贸易，庆典中心，等等。这些事务何以会一次又一次地链接在一起，是一个非常重要的问题。探究城市如何处理这些事务，探究针对城市的价值，这些事务告诉了我们什么，是一个极有意义的问题。

在每一个案例中，第一个城市群总是在一次先前发生的农业革命之后出现的。在这种农业革命中，植物和动物得到驯养，耕种者的小规模的固定居住地出现。这一点对于城市的出现是必要条件，但不是充分条件。在

---

[1]　在苏美尔，或许还独立发生于埃及；在印度河谷；中国的商代；在中美洲，或许还独立发生在秘鲁；还极有可能发生在如今尚未很好地研究的东南亚地区或者非洲地区。见图1。

许多情形中，固定的农耕并不必然产生独立的城市[1]。在不多的城市文明真的出现的情形中，城市的出现也是在那个地区重要的农业革命发生大约1 000 年之后。大约在公元前 5000 年，在苏美尔地区出现了植物培育，而在埃利都，我们所知道的那个地区的第一个城市出现在公元前 3500 年，安置有数千人居住。公元前 3500 年，在苏美尔有包括乌尔、埃雷克、乌鲁克、拉加什、基什和尼普尔在内的大约 15 到 20 个城邦国家，这些都是完整的城市，其中有些城市拥有 50 000 人口，乌尔则有 4 平方英里的范围。（图 1、图 2）

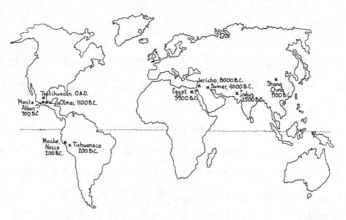

图 1 已知的或者可能的城市自身独立出现的地方

图 2 约公元前 1900 年古代苏美尔城市的设置规划。A，B，C，D 是各种路边教堂。位于高处一角的 1 号位置，是与迪尔曼（Dilmun）也就是现在的巴林（Bahrein）做青铜生意的一个商人的处所，在左下方 14 号位置是一个餐馆。

[1] 进一步说，至少有一个情形就是这样：杰里科，城市发展可能会胎死腹中。杰里科显然没有直接的后继者，也没有产生永久的文明国家。

这些都是有城墙的城市，房屋的尺度以及墓葬中的物品价值，标志着等级和权力的明显区别。在高高的平台上，城市炫耀着它的精心制作的、有精确方位的巨大庙宇。大的庙宇总是在旧有的、较小一点的庙宇的废墟上建造的。那里有许多石头、金属、木头和玻璃制成的特色工艺品。贸易被组织起来了，延伸到叙利亚或者印度河谷。食物和其他物品作为贡品从农民、外地人那里收集起来，由一个神职人员在市民中间分配，神职人员居于社会的核心地位。

书写，一个产生了爆炸性后果的发明，从象形文字和用来计算物品的筹码那里发展出来。它成熟后进入一种复杂的楔形文字系统。书写在学校中传授，按照词典列表在特定的区域广泛传播。常规性的天文观察产生了，一种数的系统发展起来。青铜器和一些铁器在公元前 3000 年左右出现，在艺术和技术上有了一个早熟的跳跃。

轮子发明出来了。不过在用于战争和宗教仪式之后约 1 000 年，有轮马车才被用于运送货物。进口货物是奢侈昂贵的，专业制作的工艺品和新的技术服务于战争和庆典，而不是用于日常活动。渐渐地，村落由相对平等转变为一个等级化的社会。等级社会使主导性社会关系由家族转移到阶级。社会的金字塔自下而上从奴隶和农民开始，经过工头和士兵，到达国家官员和祭司。土地的所有权集中在后者的手中。城邦国家之间的边界战争，产生了稳定的战争领袖、职业化的军队以及持续不断的侵略。祭司和国王分离开来，很快后者占据主导。最后，伴随着公元前 2400 年阿卡德的萨尔贡的崛起，我们进入了军事帝国的时期。

可以说，同样的叙述在其他地区也会重复出现：在中国的商代，在中美洲，或许还会在印度河谷、埃及和秘鲁，当然，未必具有完全一样的特性，但基本上是相似的。

对于这类物理形式的城市的功能究竟是什么，存在着大量的相关解释。有说城市作为贸易中的货栈和中转站而出现，有说城市作为战争的前沿与中心而出现，还有说城市作为管理诸如灌溉系统这样复杂的、中心化的公共设施的行政中心而出现。但是，有组织的战争、贸易以及公共设施似乎是在城市出现之后才出现的，它们似乎是城市社会的产物，而不是城市社会产生的原因。

很明显，向文明的最初跳跃，是沿着一个单独的路径发生的。这种跳跃在人类历史上几个不同的时代独立地出现。这种跳跃一旦发生，像城市、书写、战争这样的文明理念会传播到其他人类共同体，这些人类共同体会沿着不同的、更短些的轨迹运动。但是，经典的、独立的路径似乎是从一个稳定的农业社会开始的，这样的社会能够产生食物的剩余，人们能够在当地的神殿和仪式上清晰地表达关于他们对丰产、死亡、灾难以及共同体的延续性等具有普遍意义的问题的焦虑。特别具有吸引力的神殿获得一种声望，从更广大的区域中吸引朝圣者和礼品。这种神殿变成一种固定的庆典中心，由专门的祭司主持，这样发展起来的礼仪和物理设施，构成这种神殿的吸引力。场所和典礼使得朝圣者的焦虑得以释放，使得朝圣者自身拥有了着迷的、刺激性的体验。物品、仪式、神话以及力量积聚起来。新的技能发展出来并服务于新的精英，帮助新的精英管理他们的事务或者把他们的意愿施加于周围的人群。自愿捐献的礼物和乡村人口的依附被转换成贡品和臣服。食物的集中汇聚带来了派生的利益，它们可以被储存起来以应对饥荒，也可以用来交换互补性产品。

在这种伸展蔓延的过程中，物理性环境发挥着关键性的作用。它是宗教理念的物质基础，是把农民群体绑定于城市系统的情感归宿。城市是一个"大场所"，是一种释放，是一个新世界，也是一种新的压迫。精心设计的城市布局强化着某种敬畏感，为宗教仪式提供一种华丽的背景。怀着忠诚、怀着自觉的意图建造起来的城市，为心理控制提供了必需的装备。与此同时，城市是人类骄傲、人类信念和敬畏的一种壮丽的表达。很自然，随着文明的发展，城市还在这个主要任务之外担当起其他许多角色。它变成货仓、堡垒、作坊、市场和宫殿。不过，首先，它是一个神圣的地方（图3、图4）。

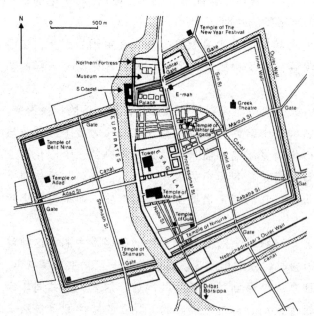

图3 大约公元前600年巴比伦顶峰时期的城市规划。宗教特征凸显，尤其是马杜克（Marduk）神庙，是城市神庙，是举行新年（春分）庆典的地方，各种宏大的游行庆典以及其他节日庆典也围绕这个神庙举行。

图 4 在西班牙征服之前重建了的特诺克蒂安（Tenochtitlán）中心。右前方是太阳神庙，左边的角落是贵族孩子们的学校。主金字塔上的双座寺庙是太阳神惠茨洛波奇利（Huitzilopochtli）和雨神特拉洛克（Tlaloc）的寺庙。在环绕的金字塔中心位置上，是奎萨尔科塔尔（Quetzalcóatl），即羽蛇神庙。皇家宫殿和中央行政部门的办公室围绕着这个有围墙的神圣区，这片区域现在被大教堂和墨西哥城的中心广场所占据（图 14）。

中美洲的大量城市中心，遵循着相似的发展路径。这些城市包括拉文塔的奥尔梅克中心，以及像阿尔班山、图拉、玛雅城及诺奇蒂特兰（现在的墨西哥城）这些地方。这些城市中最大的城市是诺奇蒂特兰，就在墨西哥城的东北。尽管奥尔梅克建址要早许多，诺奇蒂特兰却是那个时代中美洲地区最大的城市，其规模和城市化程度，其他城市未所能及。权力中心的更迭，在阿兹特克·诺奇蒂特兰达到顶峰。瑞纳·米龙（René Millon）和他的助手把诺奇蒂特兰作为一个完整的城市系统，进行了详细的研究。

公元前 450 年左右，诺奇蒂特兰达到其发展顶峰，城市中容纳着 200 000 人口，只有部分有城墙包围。它沿着一条宽阔的纪念大道延伸，这条大道直接穿过山谷，由大约 5 公里的平缓的阶梯托起。朝向北方，这条主干道被一个十字分割。这个大道由两大部分构成，一部分是市场，另一部分是行政中心（图 5、图 6）。在大道的尽头，矗立着令人敬畏的人工山脉和不断延伸的庙宇和房屋。整个居住区在以长方形组成的一个规则的网络中延展。街道的走向和构成严格精确。每一个长方形结构中，居住着 30 到 100 人，他们中间许多人是专业的手艺人，在他们生活的地方工作。已经发现 500 个手工作坊，这些作坊主要加工供出口用的黑曜石。诺奇蒂特兰与瓦哈卡有交通往来，持枪的贸易商在玛雅壁画中有所描绘。诺奇蒂特兰的影响力延伸到 600 英里（1 英里≈1.6 千米）之外的危地马拉的卡米纳留尤。诺奇蒂特兰是那个时代的巨大的宗教和商业中心，从广大的地区吸引着大量的朝圣者和商人（图 5、图 6）。

那里也有早在公元前 500 年就出现的小规模的村落，但是朝向城市发展的第一次突然的跳跃则发生在公元 1 世纪。在那个时代，交叉的大路向远延伸穿过空旷的地区，甚至延伸到原始的村落所处的南边和东边，朝圣者群

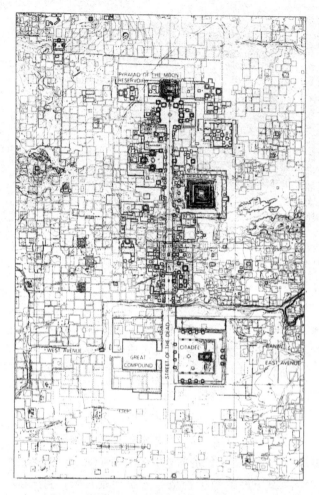

图 5 特奥蒂瓦坎（Teoti-huacán）中心位置的规划，展示着宏大的庆典路线，终止于北部的月亮金字塔，向南穿过山谷延伸5公里。城堡和大建筑群是城市的行政和商业中心，位于主要的十字交叉街道（东大道－西大道）。贵族的寺庙和房屋沿着宽广的大道排列，经由断断续续的台阶上升，通向不朽的金字塔。有围墙的住宅和工业建筑构成了这个城市的基本结构。该规划显示，这个城市在公元450年处于鼎盛时期，占地8平方英里，可能能容纳20万人。

图 6 沿着特奥蒂瓦坎（Teotihuacán）的大路向南看，从月球金字塔开始，经过太阳金字塔（其中包含超过100万立方码的物质），通向背景中的城堡。现代的道路覆盖并环绕着这个场址，但传统的场址模式仍然反映了这种混合体的古老的方向。

体于是也变得更加庞大。在随后的 6 个多世纪，这些广大无边的公共工程控制着有关城市发展的规划、设计。有证据表明，基于原初设计建造的许多设施，从未真正投入使用。这些环境建造工程需要的劳动力，一定来自周边的有食物供给的区域，很有可能，大量的朝圣者对此也做出了巨大贡献。

在其早期的历史中，特奥蒂瓦坎控制着重要的黑曜石资源，其随后的影响力很有可能就是来自黑曜石产品制作和黑曜石贸易。但是宗教的热情显然主导了它朝向城市地位发展的第一跳。城市的物理形式以及由这种物理形式提供场所而进行的宗教活动，是城市吸引力的基础。可以肯定，如此非凡的身体投入的动机，一定是来自对神灵的忠诚，当然也包括对神灵的敬畏和基于敬畏的荣耀，同时也确保了城市成为朝圣和献祭的中心。一旦城市机器起动，集中所带来的附加的经济和政治利益就会自发产生。

当我们考察像特奥蒂瓦坎这样的没有留下更多记载的城市时，我们只能推测城市建造者的动机。而在有文字记载的文明产生过程中，建造动机的显现要直接许多。例如，在中国，城市在成熟的农业之后产生，而分层等级社会则在黄河流域文明发展的中期产生。商代中国的最早都城，圆柱支撑的建筑在土筑的平台上矗立，在每一个重要的建筑下面，甚至在每一个圆柱下面，都会有活人献祭。焦虑和罪恶感与城市建造相伴，大地情怀一定是得到了疏解和控制。汉代和唐代的首都长安，像一个礼仪化的军营在运行。在城墙内有大约 160 个营房，就像特奥蒂瓦坎的长方形结构。每一个营房都有自己的围墙和单独的门。依据鼓声所有的门在日落时分关闭，同样按照鼓声所有的门在清晨时开启。在夜晚，只有军队巡逻兵在街道上行走（图 7）。

图 7　这是公元 700 年中国唐代长安（今天的西安）的规划图，在那个时代这个城市拥有百万人口，是辉煌的代名词。城市划分为宫殿、行政区和外城。城市的市场和道路受到严格的管控。物品的价格受到控制，各种交易分散在不同的街道进行。由大约 110 个方格构成的外城，对称性地由朱雀大道分割为东、西两个行政区，每个行政区拥有自己的市场。长安的位置紧靠早先的建立于公元前 200 年的汉代的首都，处在公元前 1000 年就开始建造的都城的区域。在唐朝时期，中国城市的经典模式已经得到很好的发展，这种形式广泛影响了后来的整个东亚的城市（图 37）。

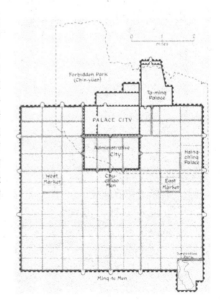

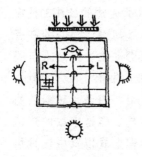

从公元前 1500 年就开始在中国出现的这样的城市传统，几乎一直延续到现在，中国城市的理想形式在文字记载中渐渐呈现。城市应该是方形的、有规则的和有方位的，要特别讲究严密性，对门、进路、方位（风水）和左右对称性也很讲究。创造和维持宗教秩序与政治秩序显然是这种城市建造的明确目的。礼仪和场所彼此契合。这些建筑表达着并且明确被认为能够维持天与人的和谐，扰乱这种和谐被认为是灾难性的。这种拥有位置秩序、时间秩序和得体的行为与服饰的地方，是安全的、可靠的。绝非偶然，在这些地方社会等级结构也是坚不可摧的。大量的文献描述了这种思想和场所的相互缠绕。对于一个非中国人来说，即便在相对晚近的时代，这种心理上的威慑力量，在乔治·凯特所回忆的他在北京的生活中，依旧得到生动的呈现，其间带有中华帝国的那种余晖。（图 8、图 9）

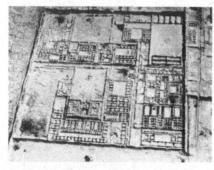

图 8　昌昌（Chan Chan）城堡的鸟瞰图。这是公元 1000 年，秘鲁奇穆（Chimu）帝国的首都。这座城市被围墙围住的区域以马赛克形式组成，方向统一，但用途和意义未知。虽然城堡之间有一些建筑区域，但没有重要的街道，城堡里通常有很大的开放空间。这个城市是一种盒子套盒子的构造。

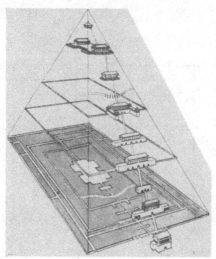

图 9　北京皇宫（故宫）威严的通道示意图。朝见者要穿过一个个院子，经过一道道门。

　　一旦城市的理念被构想出来，它就获得了新的功能和价值。当我们研究人们深思熟虑地建造起来的、在城市中已经非常熟悉其功用的园林时，这一点得以充分呈现。建造企业城、公司城的明显动机是便于开发和获得利润，其最终的成功或者失败已有记载。另外一个例证就是殖民城市，这种城市显现为两种形式。第一种，就是对荒野的占领，在没有其他人类居住的地方，或者是在人类居住零散到几近原始状态（这些地方对于居住者而言几乎没用）的地方建立城市，就是说，在这些地方无需重视土著居民，也无需驱逐他们。建设新的城市居住地是为了控制资源，或者是为了疏散原来居住地的过多人口。这是在不具有个人色彩的、陌生的区域建造一种具有熟悉的秩序的小规模的空间，相应地，这种空间主要关注的是安全、对已发现的资源的有效获取以及对物品和地方的明确分配，这些关注的目的是为一个功能性社会尽快地运行提供场所。对故乡的思念是一种强烈的感情，通常会伴随着一种或是想象的、或是真实的暂时性的体验。所以，这些地方通常审慎地设计，快速地建造，明显地同周围的环境区分开来，以简单的方式呈现秩序，并充满着属于家乡的旧有传统的象征（图10）。

图10　智利干旱的高地上，苏埃尔的公司小镇的鸟瞰。这是为容纳特恩特铜矿的工人而建造的。矿山建筑占据了唯一相对平坦的地面。这里没有公共开放空间，在陡峭的街道上货物借助双手和肩背搬运。矿工被安置在长长的五层营地（"船"舱）中。能够领取美元的员工则住在北面斜坡上的家庭住宅里（在南半球，北面是阳面）。

　　在公元前5世纪到公元前4世纪，希腊的殖民地沿着地中海海岸和黑海海岸扩展，这种扩展是在荒野中进行殖民的最经典的城市例证。大多数这样的城市都呈现为一种被狭窄的辅助街道分割的、长长的、细细的街区的一般模式。辅助街道以直角方式连接到少数的主干道（图11、图12）。这是一种不断重复的模式，不经意地利用着地形地貌。城市被不规则的城墙环绕，城墙反映着这个区域的防卫能力，与这个区域中的街道模式没有任何明显的关联。防卫，秩序，一种快捷和公平合理的房屋位置与通道，似乎是这种城市设计的主要动机。军营和许多19世纪的北美城市都具有类似的特征。当我们开始建造

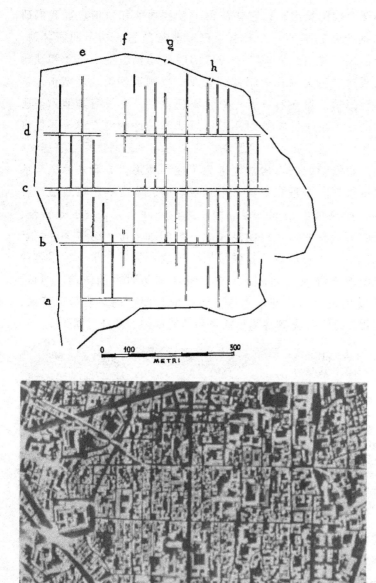

图 11　那不勒斯中心的空中照片，以及原希腊殖民地纳波利斯（"新城市"）的相应街道的平面图。其街道遵循典型的单行（在今天，或许叫犁沟）模式。防御墙与地面形式有关，而与街道的模式无关。这种布局已经持续了 2 600 年。

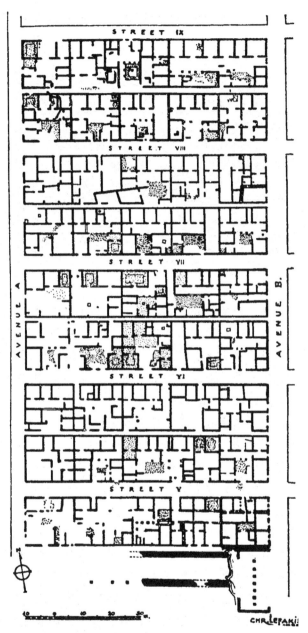

图 12 建于公元前 430 年、毁于公元前 348 年的在希腊城市奥林索斯的新地段中的五个居住街区。尽管老城是不规则的,这个新的地段则是有规则地规划好的。从北延伸到南的铺设完好的大道,在小范围的中断的地方,设计有小的交叉路口以及供排水用的小巷,建造了 120×300 英尺的障碍体。注意房屋的模块化平面图以及无论街道入口如何,各个开放庭院都一致性地朝向阳面。重复的形式被随后的一次次重构所覆盖。除了少数几个大型建筑,和一些较差的房屋外,在整个城市,房屋之间没有很大的区别。

空间站时，我们将会再一次看到这些特征。(图 13)

图 13 1876 年，得克萨斯州的沃斯堡鸟瞰图。这是一座典型的北美边疆城市，为了城市的快速扩张和土地的便捷交换，采用方形格子布局。

　　还有一种不同的殖民城市形态，是借助于外部的力量在一些人居良好的地区建造的城市。在这里，当地的人口本身就是资源开发的重要部分。当地人口的有用性和来自这些人口的威胁必须得到很好的平衡与控制，并且必须面对文化引发的冲突。在美洲建造起来的西班牙城的礼仪是和殖民过程的长矛、语言的挑战、烟草的收割以及法令的建立，联系在一起的。绞架树立起来了，随后十字架升起来了，开拓者群体欢庆了。土著人的土地占有体系被取消或者被吸收进征服者所强加的一个权利系统之中。印第安人的流动人口很快被安置在指定的公共土地和城市的边沿地带（图 14）。就像在研究涉及的许多早期的城镇中看到的那样，他们的秩序模式遭到扭曲。被隔离的印第安社区产生了，土著人被暴力驱赶，屈从于宗教的教化和社会性重组。例如，利马，这一在原初的首都库斯科被征服之后由皮萨罗建立起来的城市，在城市东部的尽头就有用围墙围起来的供印第安人居住的地方——色卡多（这是印第安人始终想逃离的地方）。并非所有的土著居民都被驱逐出新的中心。东印度群岛的法律规定，在城市建设过程中不许他们居住，当城市完美地建造起来之后，他们才被允许进入。那个陌生的新城市威慑着他们、让他们顺从，就像第一批城市的出现威慑着农民一样。统治者的住所应该足够遥远而又可接近。这种双重特性的居住（熟悉的双极形式）在殖民历史中很早已经出现。(图 14)

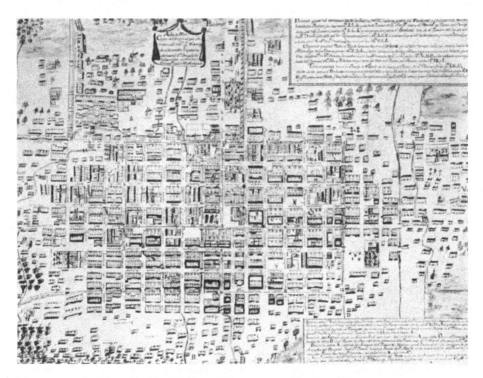

图 14　1750 年的墨西哥城平面图。它是遭西班牙统治者阿兹特克特诺克蒂安（Aztec Tenochtitián）毁灭后重建的（图 4）。城市的中心是一种正方形的"乡村城镇"（bastide，中世纪专为防御而建的法国的乡村城镇）式设计，不规则的"低矮的住房"环绕着这些正方形设计。

　　大不列颠为这种类型的殖民提供了许多样板，这种模式的主要动机是对他人的控制，而征服者的首要情感则是骄傲、担忧和被放逐的感觉。德里是莫卧儿统治时期的旧有中心，在印度的中部，处在来自西北方向的侵略轨迹的主干线上。1911 年，女王的总督从加尔各答迁到德里，在老城南面，一个新的首都呈现出来。新城沿着一组具有巴洛克风格的中轴大道分布开来，留有巨大的空间展示军事力量和城市壮景。社会精细地划分出等级，严格的等级对应着在新城中的主次地位、薪俸、居住的位置。地面的高度和轴线的可见性则用来体现社会性统治。

　　英国人自己居住在低密度人口的区域，在那里英式景观得以尽可能地再现。空间用来体现社会距离，用来控制土著居民和殖民者之间的接触。印第安仆人与他们侍奉的主人分开吃住。新的城市鲜明地有别于那个本地人居住的拥挤的旧的城市。从座椅的形式到具有等级的道路命名，所有的景观都在强化着社会结构的可见性和具体性，隔离和控制借此得以维持，与此同时，入侵者的乡愁和焦虑也得到了妥善处理。（图 15）

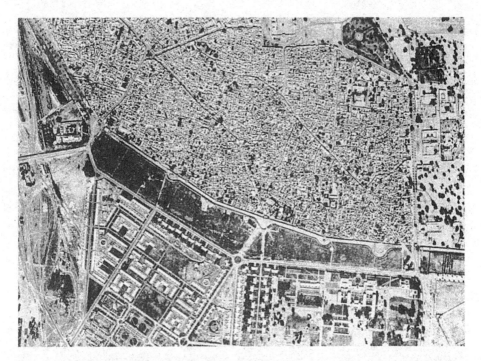

图 15　拍摄于 1942 年的旧德里和新德里交界地的俯视图。"绿带"是塞波伊（Sepoy）叛乱之后，为紧靠旧城墙之外的英国军事政权清除战火遗存而建的。

　　这些殖民统治的中心使用普通的物理设计，包括空间性分离，门，障碍物；射程和观察视野延伸至可控的范围内；行进和游行的对称性轴线；秩序，仪式，清洁，地面的平整，标准的组件，排成一线的物品；显示权力的高度和规模；命名，标记，在不同的空间和时间中固定物品；空间性行为的规定以及一整套奢华的礼仪，所有的地方都配套有特殊的回避路径，以便使统治者能够拥有不拘礼仪的放松处所。通常，这些殖民性居住区都是双极城市，两个区域毗邻：旧的和新的，拥挤的和宽敞的，混乱的和有序的，穷困的和富有的，当地的和外来的。

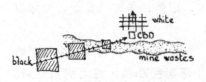

　　由同样的动机驱使的类似特征，通常可以在内在的殖民化过程发生时发现，即有明确的等级划分标记的集团，剥削和控制另外的一些集团。南非的约翰内斯堡就是内部殖民化的双极城市的典型例证。有界城市广泛地处于权力异常悬殊的民族之间。在沿着边界延伸的墨西哥和美国的城市，也有某些类似的特征（图 16）。

图 16　南非的索维托 (Soweto) 鸟瞰。这是为了实现官方的种族隔离政策，将黑人搬出约翰内斯堡而建立的一系列新定居点。值得注意的是标准化单元上的个性化立面，以及左下方的两个住户自建的房屋。

　　一旦殖民统治崩溃，这些殖民化的人口如何与这些遗留下来的双极城市相处？就像今天的德里，有些时候统治阶层和隔离地区直接由新的当地精英接手和延续。在其他一些地方，如在哈瓦那，旧有的殖民外壳极不平稳地被一个完全不同的社会继承，但是完全不清楚如何组织这个被继承的空间以适应新的社会。当南非人取得了国家的控制权，他们如何处理与约翰内斯堡的关系？

　　一个有规划的城市通常都为某些明确的目的而建，但是要化解那些主宰着社会长期发展的动机，是一件非常困难的事情。不过，尽管其中存在着重建的复杂性和留存的惯性，研究大的灾难发生之后城市如何重建，依旧为把握上述这个更一般的过程，提供了一些线索。我们可以分析大火之后的伦敦、芝加哥，以及地震之后的里斯本、旧金山、东京、马那瓜和安克雷奇，还有大屠杀之后的亚特兰大、哈利法克斯和华沙。这些城市迅速得到重建，各种动机公开热战。就像进行外科手术，通过观察正常的功能猛然被粗暴地搅乱时发生的事件，我们能够学习和评估正常的城市功能。

　　不过，最困难的挑战来自城市的缓慢发展，以及与这种发展相伴随的许多不同的、冲突的力量。内在于这一过程中的价值，是我们最感兴趣的内容。最紧要的是，把这些城市转变为大家所熟悉的今天的城市形式的那种长期的、复杂的动荡过程。这种情况在 19 世纪的欧洲和北美都发生过，并且现在依然发生着。不像第一次出现，也不像大多数审慎成熟的植入场景，这种巨大的变迁包含着一种对牢固存在的结构的重新结构化，其中的故事要复杂和精细得多。

　　伦敦和巴黎是涉及这种转变时经常被引用的例证。特别是伦敦，资本主义在那里彰显着其最初的力量。一个小的阶级，建造了一个新的景观，使得利润丰厚的生产和资本的集中积累得以实现。公路、铁路和水路用来运输货物，工人被驱赶穿过旧的城市。有效的生产场所建立起来。像信用消费、协会、评估这样的新的金融设计以及新的公共和私人机构发展起来，以便能够建设和管理这些新的城市。根据类别和阶级，工作和住所被分割开来。分割在某种程度上是为了更高的工作效率，但更为重要的是为控制暴乱和疾病的威胁，为把那些在创造利润的过程中承受痛苦的劳动阶级转移出上层阶级的视野。在农村中失去土地的人涌向了城市。他们的廉价劳动使得利润丰厚的生产得以可能，但是，他们的人数、他们的疾病以及他们的不满，使得那些获得利润的人也不能安宁。城市罪恶成为流行文学中的常见主题。利润或许既可来自物品的生产，也可来自为生产和居住进行的场地出租。基于两种利润资源的资本主义两大集团，经常在涉及城市发展的问题上发生冲突。

经常被谈及的是发生在 19 世纪的伦敦和巴黎的城市转换历史。其实，在稍微晚些时候，同样的事件也发生在欧洲和美洲的其他地方，例如，发生在波士顿。

美国独立战争后，波士顿城有一段发展时期，不过，那时的波士顿已经是一个商贸城镇，无论是其社会形态，还是其经济基础都是如此。它是世界贸易的中心，是一个交换的口岸。它的船运控制着南大西洋，但它在太平洋、印度洋、波罗的海以及地中海，也有贸易。在世界范围内运送货物，廉价买进、高价卖出，运用它的智力和财力获取大量盈利机会，或者投入资本进入再次剥削。相比较其后方的穷乡僻壤的乡村，波士顿与海运世界具有更密切的联系。在希尔堡和北端区之间弯曲的海岸线上，拥有长码头（还有美国道富银行，这是波士顿向内地的扩展）的波士顿口岸，是各种活动的中心。沿着道富银行，有大量的商人居住，并且经营着他们的会计事务所。在这条街的尽头，矗立着旧州府大楼，这座大楼只是新近才被灯塔山上的新议会大厦取代。围绕着这个核心，艺术家们和中产阶级居住在邻近的区域，在较小的、以家庭为基础的作坊中，生产着主要为当地人消费的物品。少数爱尔兰人来了，密集地挤在口岸的边缘，但大多数暂住的、边缘性人口，如穷人、打零工的人、水手、妓女和罪犯，则居住在沿着灯塔山背面分布的城镇的边缘。与我们今天熟悉的穷人居住在城市中心、富人生活在城市郊区相比，这个商业城市似乎从内向外走向我们。（图 17、图 18）

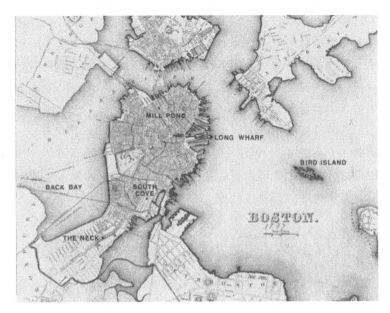

图 17　1837 年波士顿的城市平面图。垃圾填埋场已经开始围绕着原来的半岛：在磨坊
池塘（Mill Pond）和南湾，为满足新的铁路线而进行的扩充，沿着内岬的边缘，形成了
新的南端（South End）。后湾依旧开放，东剑桥、东波士顿和南波士顿的大部分地区仍
有待建造。未来的机场尚未吞噬鸟岛（Bird Island）的公寓群。（图 19 显示的是最终的
填充状态）。长码头，州立街（State Street）的延伸部分，是港口的中心，它北面的黑色
矩形则是新的昆西市场。

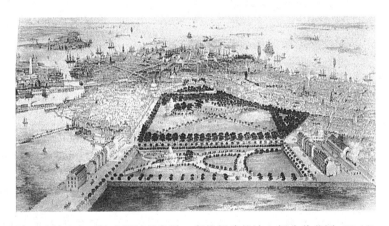

图 18　1850 年，从后湾的上空对波士顿城的鸟瞰，穿越新建的波士顿公共花园（Public
Garden）和波士顿公地（Common），可到达船只密集的海湾。在最初改造的时候这是一
个商业城市，专注于财务清点和货物运输。财富主要汇聚于市中心。

　　商贸城市波士顿被两个群体所转变，一是商人，他们处于信贷、分配、
生产网络的中心，为发展新的经济形式，他们需要新的居住地；二是土地、
建筑以及交通设施的投资者，他们要从城市转变的过程中获取利润。转变

的过程是土地的日益专门化使用和差异化的过程，这个过程在艰难地克服地形地貌的障碍中，递增性扩展和转换。他们为了抢先占有某个空间或者赋予某种象征性空间一种神圣性，为实现对某种结构框架的控制而与他人展开持续的竞争。各种努力的失败，刻画了为改善和沟通各种关系而进行的持续的重复努力过程。

这种转变的关键时点是：城市经济从一个主要用于交换的贸易港口，转变为一个工业生产的中心。蒸汽动力、廉价的爱尔兰劳动力的涌入等，使得这种工业生产成为可能；而 1857 年之后的大萧条引发的货运贸易的下滑，又使得这种工业生产成为必要。商业资本及其组织能力从海外贸易中转移出来，大量投资于内陆城市的车间。这些车间能够使用廉价但技术不很熟练的劳动力，它通过精细分工把工人的劳动简化为一些固定的、重复性的动作。特别是，这些车间为水手、奴隶、矿工、士兵和拓荒者生产出成品的衣物、鞋子。西部开发和南北战争又为这种工业提供了巨大的需求刺激。

从那时起就开始有了一种复杂的空间方阵，在其中工厂和货仓混合进半岛严格限制的空间和密集的建筑之中。这些"理性化"的车间对旧有的货仓的第一次取代是在货运贸易下滑的时候，随后在像羊毛、皮革、小麦这类主要物品的运送复苏之后，这些货仓再次被挤出。一些产业，特别是鞋类和纺织品产业，随后大规模地机械化，建到了像布罗克顿、林恩这样的城外地段。在这些地段，可以建造宽敞的新厂房，在附近可以持久地获得劳动力并为他们提供住房。像衣物制造这样的产业，无法实现机械化，结果就被转成与北端区和南湾区毗邻的廉租公寓区的"血汗"工厂。货仓和市场自身也开始分化和专业化：羊毛和皮革市场在州街的一边，供给当地人的食品市场在州街的另外一边。在向外转移的过程中，为了保障原材料的供给、为保证劳动力能够步行工作，必须保持和口岸连接，不过这种连接首先是为了能从专业化的金融区获得市场信息和信用供给。产生自先前州街上的商贸会计事务所的专业化金融区，移动较小，仅仅是在其需要空间时朝南些许扩展，把街道的北面留给食品市场和爱尔兰人。(图 19)

合适的办事空间、生产空间或者是仓储空间是重要的，但毗邻区域提供的通道更是关键性的，而获取信贷和信息的通道则是重中之重。增长通常都是累积性的，逐渐会侵犯一些邻居的空间。在必要的时候，巨大的资本或者公共权力能够被安排来清理和重建一个急需的场地，昆西市场建立的时候就是这样，另外还有布罗德街的码头被重新规划，希尔堡被清理、夷平，亚特兰大大街被打通。花费了巨大成本，多山的、深深嵌入半岛的

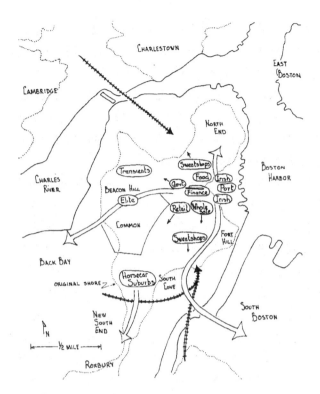

图 19　商业城市波士顿向工业城市波士顿转变的图示。显示了垃圾填埋场、铁路的渗透，以及一些主要活动和人口群体的迁移。

波士顿被推平和扩展。不足 800 英亩（1 英亩≈4 047 平方米）的原初土地外添加了 900 英亩的土地。蓬勃发展的城市被驱使着在一个狭小的空间中翻滚，结果是早先的建筑鲜有留存。最初选择半岛（几乎就是一个岛）是考虑它的防卫性、它的海港、它的供水。与这些设施投入相伴随的通道的破败和不便利的代价，在 19 世纪显现（图 20）。

图 20　左边是"革命的摇篮"，范内尔大厅（Faneull Hall），后面是长长的由大理石材料建起的昆西市场，由乔西亚·昆西（Josiah Quincy）于 1828 年建造并捐赠给这座城市。这个市场是昆西成功的私人投机的杰作，它利用遭受公众谴责的境况，把旧的码头区改造成为新的食品市场。1978 年，这个地区再次被改造，成为一个令人愉悦的市中心购物中心。

与之同步，连接港口和整个区域的交通系统的努力持续进行。在1835年到1855年间，8条独立的铁路进驻了波士顿，但没有一条铁路成功地连接港口或者商业中心。适合铁路线和铁路站点的空间，只能在密尔池塘、后湾区和南湾区边缘的湿地上找到。一条铁路进驻波士顿东的深水地带，但仅仅能够服务于极小的内陆腹地。来自大不列颠的邱那德铁路进入这个地点，但是在那里下来的货物和乘客必须乘渡轮穿越海港到达城市中心。邱那德铁路于是放弃了波士顿而转向纽约。

在一个相反的方向，从城市中心向外发展，1842年一条铁路向西到达哈迪逊河，但也无法继续推进。早先的运河穿越伯克郡的宏大计划也只好放弃。在为进入深水区的内部争斗中，波士顿输给纽约，纽约获得抵达内部大陆的通道，波士顿从此再也没有重新获得最初的支配地位。于是，波士顿的铁路就主要服务于当地乘客，特别是成为上下班往返的人的交通，直到相当晚近的时候才与周边铁路相互连接。经由铁路运输西部货物重新开始后，货物从独立存在的郊区铁路终点转运到船上。一方面，在城市中心和港口之间还保留一个历史性的海湾；另一方面，乡野的内部区域始终处于断裂的状态。在城市内部，站点之间的货运交通与沿途的马车道路并行，持续地充塞着纠缠在一起的主要街道。

与此同时，涌入的爱尔兰移民，却适应这样的混乱，使得这类繁荣成为可能，步行就可抵达工厂工作场所和其他各种工作场所。在十年内，波士顿的国外人口占波士顿城市人口从15％增加到46％。他们集中居住在靠近码头的旧有的居住区，这是他们上岸的地方，在北端区的边上，与希尔堡毗邻。投机者们建造了稠密的廉租公寓和棚屋，改造旧有的房屋和地下室。结果是，爱尔兰人麻木地居住在肮脏、拥挤之处。1850年在希尔堡区域，在每一个小套房内，平均居住着不止4个家庭，或者超过20个人。霍乱暴发了，当地人对爱尔兰人的恐惧和憎恨倍增，而爱尔兰人正是波士顿的经济机器运转所依赖的基础。通过使用公共权力和公共费用，希尔堡的贫民窟被收没、廉租屋被清理（图21）。小山被夷平，那里的居住者被清走，从而提供了商业扩张所需的空间。爱尔兰人继续扎堆居住在南湾区、北端区和南部波士顿，南部波士顿是爱尔兰人不断占有的一个空旷的死胡同（图21）。

旧的南端区（现在是城市中心商业区的一个部分，不应与今天的南端相混淆）是精英居住的区域，最先被改造为有利可图的棚屋区，随后被清理做商业用途。在一个方向，居住性的飞地坚持与商业压力对抗。例如，精英灯塔山稳定不动。它在州议会大厅的后面，离开商业增长的中轴线，

图 21　在清理了爱尔兰租户之后，使用镐头、铁锹和马车建立起来的波士顿的希尔堡 (Fort Hill)。

在波士顿公园的转弯处。在另一个方向，工人阶级也在北端区捍卫他们的地盘。这个区域是食品市场后面的半岛的死胡同，这里的居民在早晨掌控着这些市场，与这些市场以步行距离连在一起。城市地面极端拥挤，在其中，所有这些要素都在为空间而战斗，一些团体的顽强抵抗导致了今天这样一个多样化的、多种族的核心城市，完全不同于环绕着大多数北美城市核心的空旷的冒险地带。

不过，这影响了波士顿南部，在这个过程中，19 世纪 50 年代轨道马车线路开始扩展。许多富裕的人已经转移到距城市中心 5 英里的乡村居住，依靠铁路往返城乡。顽固的留守者还守着灯塔山上的土地，或者尝试拥有贝克湾，但是富人逐渐放弃了特莱蒙街、旧南端区，随着爱尔兰人和商人的涌入，富人们最终也放弃了新南端区。现如今我们非常熟悉的基于社会阶层的空间性隔离以及旧的放射状的财富布局开始逆转，富人们曾经在城市的中心，现在则向外面移动。

对大多数市民来说，铁路过于昂贵。工人们步行去工作。不过，对于较低级的中产阶级来说，新的轨道马车和 5 美分的费用使得乘坐成为可能，甚至上层的工人阶级也开始逃离城市中心的廉租屋。运营汽车线路的是独立的公司，通常得到不动产受益者的金融支持，以便使他们的土地能够为城市房屋建设所用（基于同样的原因，波士顿之外的第一个大桥的建造，也在相当程度上是为了支持不动产投机）。不灵便的汽车线路拥挤在市中心的街道上，不过他们使得三分之一的人口拥有了更好的住房机会。小别墅、联排公寓、木制的两三层的套房，从市中心向外延伸至 3 英里外，直到防火法案的出台以及轨道马车收益的下滑限制了这种扩展。粗陋的设计、廉价的建造以及公共设施的缺乏，成了波士顿未来发展充满麻烦的"遗产"，不过，具有中等收入的家庭获得了拥有自己的房产和"乡村的空气"的第一次机会。由于丰厚的利润，许多小的公司开始了他们的小本经营，中产阶级和上层工人阶级的怨恨导致的政治风险得到缓解，而普通劳动力仍能够支付商店的货物供给。法律维持着每次 5 美分的乘车费用，大范围的公共补贴用在街道和公共设施的扩展与改善上，这种投入使得荒芜的土地可以出售。一段时间以来，街道设施的改善使得城市的资产价值提高了一半。紧跟着这种增长，波士顿合并了临近的郊区。后来，在运输公司逐渐扩大运营范围并且逐渐无利可图时，其逐渐地被公共机构接管（图 22、图 23）。

图 22　1883 年波士顿牙买加平原中心街的一匹马车。这是开启这座城市第一个中产阶级郊区的交通工具。商业服务沿着汽车线路延伸，素朴的房屋占据了后面的街道。

图 23　19 世纪末，波士顿的华盛顿街上繁忙的交通。货车和马车拥堵严重。然而，这里显示的行人交通状态显然是夸大了，因为这张照片是在举行职业拳击赛时拍摄的。

　　这种拥有宽阔的街道、充满活力的扩张和高昂的自信的浪漫资本主义时期，在 19 世纪 80 年代的波士顿基本终结。许多上流阶级的年轻人，也就是未来的社会领袖，在美国南北战争中战死。1873 年的金融恐慌和芝加哥大火对波士顿产生了严重冲击。更有甚者，爱尔兰人开始反抗市政当局的控制，布鲁克林镇拒绝被归并，任何使他们进入整体城市区域的运作以及保持政治统一的努力都被他们阻止。城市预算锐减，曾经强有力地影响着城市发展的健康委员会开始隶属于慈善与精神疾病委员会。新英格兰领袖开始逐渐从城市事务转到国家政治、从政治主导转到对经济权力的依赖。在 19 世纪 80 年代，移民潮再次高涨，但这次移民潮中的移民构成则是法裔加拿大人、东欧的犹太人和南部意大利人（图 24）。

图 24　1907 年波士顿的鸟瞰图。这座城市已经成为一个工业巨头，里面充斥着各种移民。有钱人和中产阶级已经逃离了城市中心，取而代之的是密集的办公区和商业建筑。

　　商人和投机资本把旧有的商贸城市转变为一个新的经济功能区，开始吸收这种新的经济所仰仗的劳动力。但是在一个充满阻抗的环境中，要做到这一点需要付出极大的努力。对于生产来说，这种经济功能从来没有有效地实现过，与之不可分割的相应的交通运输系统也从未真正完善过。严重的后果是人口健康水平的下降。为争夺地盘留下了一个强大的族裔居住区的遗产和排外主义的态度，以及今天看起来如此分明的各具特色的、牢固的中心。扩展至罗克斯伯里和多尔切斯特的轨道马车，对于许多家庭来说是一种解放，是他们奔向体面的住房的第一步，对社会流动性而言是一次机会。这些早期的郊区也是现如今的波士顿人所计较的曾经衰败和被抛弃的区域。转变的首要动机是清楚的：改善生产的通道和空间，为不动产的投资创造机会，通过控制空间来控制生产过程和生产过程的参与者。健康的问题、暴力危险的问题或者火灾防范的问题，都与这三个动机紧密相随，与之对应的反作用的结果就是最初的变化的发生。

　　这诸多汇集的价值的呈现及发生了变化的波士顿价值评估者的踪迹，可以在大城市的那种复杂性以及大城市形式那种巨大的惯性中看到。这样的城市不仅不是"自然成长起来的"，而且也不是客观的历史力量的不可避免的结果。当然，城市的成长也不是一个独特的或者不可理解的故事。以同样的方式，我们可以考察具有不同文化色彩的城市，去看看体现价值的那些变量如何影响了城市的形式。例如，强调私密性的中世纪的伊斯兰城市，显著地不同于我们现在非常熟悉的城市。如果不理解其中潜存的价值，这种城市的那种密实的、枝状的模式，初看起来会是非常神秘的。

我们还可以考察一些社会主义国家城市的例证，这种城市的建造符合一种新的社会秩序。我们目前还没有发现非常合适的这类城市的样板。在苏联（USSR）和东欧，许多新的城镇在建设，旧的城市在重建，但是这些建造非常显著地类似于西方资本主义世界的城市，区别仅仅在于没有资本主义世界中扭曲了的那种基于阶级的居住区隔离。在古巴或者中国，新的城市形式会是怎样，还留待考察。

城市形式，城市形式的实际功能，以及人们附加在这些城市上的理念和价值，构成了一种独特的现象。不过，仅仅追踪矩形格状街道模式的不断扩散，显然无法书写城市形式的历史。北京和芝加哥就不仅仅是从表面上看起来相似。仅仅参照国家和市场的那种客观力量，也无法书写这些城市的历史。决策具有累积的性质，为居住在一个城市的每一代人都留下一笔庞大的遗产——资产或者负债。一个好的居住地的形式通常总是合意的和有价值的，但是，这个居住地的复杂性和它的惯性通常会模糊这些关系。我们必须揭示出（如果没有更好的可得资源，我们只能推断）人们为什么创造出他们想要创造的城市形式以及他们对这些城市形式的体验如何。我们必须进入居住在居住地的人们的真实体验中，这种体验一直贯穿在他们的日常生活中。这样一种解释性的历史，并不是本书写作的目的。尽管我们没有很多的例证可以援引，但是一些一般性的主题还是明显的：存在于城市建设者中间的象征稳定和秩序的动机；对他人的控制和权力的表达；通道和隔离；有效的经济功能和对资源的控制能力；等等。即便经过了这么长的时间，基于人类生理学和心理学、基于物理世界的持久结构产生的一些物理性战略，还是可以用来作为问题讨论的某种终端。

第二章 什么是一个城市的形式，如何获得这种形式

有三个分支理论致力于解释城市这种特殊的现象。其一叫做"规划理论"。这种理论主要涉及如何做出或者应该如何做出针对一个城市发展的复杂的公共决策。因为这类理解和认识适用于所有复杂的政治领域和经济领域，这种理论的涵盖面就超越了城市规划的范围，并且在其他相关领域得到很好的发展。于是，它拥有了一个更一般性的名称：决策理论。

第二个分支理论，我称之为"功能理论"。这个理论特别集中于城市，因为它试图解释为什么城市拥有了它已经拥有的形式以及这种形式如何运作。这是一个基本成熟的理论分支（如果认为还不像决策理论那样丰满的话），并且在今天还具有了复兴的意义。我在附录 A 中概括了它的主导思想，在那里，站在一个能够比较冷静的距离位点，指出了这个分支的一些一般性的瑕疵。

第三个分支理论，相对较弱，基于它的许多行为都悬而未决，我姑且称它为"规范理论"。它主要处理人类价值和居住形式之间的一般性关系，或者说涉及当你看到一个城市，如何知道它是不是一个好的城市。这是我们关注之点。

就像任何一棵健康的树木，三个分支应该从一个共同的树干上安然地生长出来。不过，和我们熟知的树的分叉不同，这三个分支不应该分开。在许多节点上，这三个分支应该相互连接、相互支撑。关于城市的一个全面性的理论会是一个植物群，或许有一天这些分支不再以分立的形式存在。当我们阶段性地远离那个最弱的分支时，我们必须提醒另外两个分支，寻找一个适合的地方，在这个弱的枝条上嫁接。

于是，本章对规划理论和功能理论，即两个与我们的理论相伴的分支理论进行审视。这种审视也把我所谓的城市的"形式"推向前台。看看我们在讨论些什么。

几乎所有新近的关于城市处所的空间形式的理论，都是关于空间功能

的理论。它们会问："城市如何达到它要达到的形式?"与之紧密相关的问题是:"城市是怎样运作的?"在没有关于这两个问题的确切的答案时,它们不会问:"什么是一个好城市?"不过反过来,如果没有那些涉及理论基础性问题的某种"好"的概念,功能理论也无法建立起来。就像所有的规范性理论都包含有结构和功能假设一样,所有的功能性理论都包含着价值假设——尽管常常都是以隐含的方式存在。一个领域的理论发展,迫使其自身与其他理论关联。一个成熟的城市理论将会既是规范性的,又是解释性的。

不过,第一,现在还没有一个单独的城市产生和城市功能的理论,能够把城市生活的所有有意义的方面联合在一起。这些理论从非常不同的视角看待城市,相比较其他视角,某些视角得到比较充分的发展。附录 A 就是这些主导理论的一个简单的综述,这种综述依据这些理论所针对的城市问题的一些主导性隐喻得以组织。这些隐喻控制着那些被抽象化处理的要素,塑造着功能的模型。

城市可以被视为一个故事、一个人群之间的关系图式、一个生产和分配的空间、一个物质力量的领域、一组关联的决策,或者一个冲突的世界,得到研究。价值嵌入在这些隐喻之中:历史的持续性,稳定的平衡,生产的效率,有效的决策和管理,最大限度的相互作用,或者政治斗争的进程。在每一个视角中,一些力量变成了转变过程中的决定性因素:家庭和族群,重要的投资人,交通运输专家,决策精英,革命阶级,等等。

从规范理论的观点看,这些功能性理论具有某些共同的缺陷。或许正是这些缺陷使得我(或者说刺激我的正是这些理论粗鄙的泛滥)把这些庞杂的文献压缩在一个单独的附录中。如果我们有一个不可抗拒的功能性理论,那么任何论及城市价值的理论都会离不开它。但事实是,这些理论所依赖的都是一些未经检验和不完善的价值。

第二,这些理论的大多数在本质上都是静态的,只在处理细小的转变、平衡或者外在的变化,所处理的这些因素或是逐渐变弱,或是导致最终的爆发,或者最多就是导致某些激进的跳跃,到达某种新的和无尽的平稳状态。没有一种理论可以成功地处理持续的变化,但可以基于某种累积性的力量引导出一些进步性的方向。

第三,这些形式化的理论(历史性的或者反理论的视角除外)没有一个能够处理环境质量问题,就是说,没有能够基于城市形式的丰富的格局和意义处理城市问题。空间以枯竭空间的方式被抽象化,空间被还原为一种中性的容器,还原为一段昂贵的距离或是记录空间分配的一种方式,这种分配则又是某些其他分配及非空间分配的残留物。在这种抽象中，我们感觉到的关于城市的大多数真实体验都基本上消失了。

第四，几乎没有理论认为城市是个体和小集团的有目的行为的结果，很少有理论认为城市是人类能够通过学习掌握的。城市被认为是一些铁的规律或者其他东西的显现，而不是人类激情改变的结果。

非常令人惊讶的是，好像没有人知道：如果不理解城市是如何运作的，我们就无法解释一个城市应该是什么。或许同样令人惊讶的是我们在遭遇相反的过程：那就是，对一个城市如何运作的理解依赖于对城市应该是什么的评价。但是，价值和解释对我来说似乎是无法分开的。在两个分支理论的空白处，一个理论的概念阐释必须临时性地采纳来自另外一个理论的假设，在明确分支理论彼此依赖的同时，还要最大限度地保证各自的独立性。

在功能性理论和规范性理论的区分存在的同时，规划理论则在处理环境决策过程的本质问题，即决策过程是如何进行的以及应该如何进行。这个问题是在诸多问题领域都需要得到处理的主题。因为规范性理论倾向于在创造更好的城市的问题上发挥作用，因此，非常清楚，它必须对城市一直以来的具体情境保持警觉。

城市是一种由大量的机构构成和维持的存在：家庭、工厂、市政机构、开发商、投资者、管理机构和津贴发放机构、公共事业公司等。每一个机构都有自身的利益，决策的过程是碎片化的、多元的和充满博弈的。其中的一些机构占据主导和领导地位，其他机构则跟随这些领导者。在美国这个国家，领导机构往往是大的金融商业机构，这些机构建立了投资的环境；主要的大公司，它们的选址决策和生产性投资性质的决策，决定了城市增长的效率和品质；大的开发商，则为城市本身创造了范围广阔的景观。在公共性这一面，我们必须加入主要的联邦机构的力量，它们的税收政策、补贴政策、日常管理，与私人的金融活动融合在一起决定了投资环境，而大的、具有单独目的的州机构或者区域机构则负责修建诸如高速公路、港口、水处理和垃圾处理系统、大的防汛设施等，这些成为城市基础建设的主要支柱。所有这些形式的提供者（来自建筑学的一个自我本位主义的术语）所建立的基本模式，其间充满着许多其他的活动，特别是个体家庭的位置决策、工厂的适度规模决策、不动产投机商的准备活动、小开发商和建筑商的活动、地方政府的管理和支持功能等活动。后面这些活动，尽管无法控制其主要的潮流，但通过消防、建筑和邮政编码等，可保证一个居住区的质量。通过这种方式，它们服务于学校、道路和公共空间的发展；

通过这些服务，发展教育、安全保卫和卫生健康。

这个过程具有一些显著的特征。拥有巨大影响力的领导机构，并不以某种直接的、流行风尚的方式控制城市的发展。其所具有的典型特征是：它们是具有单独目的的行动者，它们的目的是提高其边际利润，或者是完善一种污水处理系统，或者是支持不动产市场，或者是维持一种能够产生充分回报（同时也提供充分漏洞）的税收系统。这些目的通常都远离它们所塑造的城市形式。没有任何一种力量能够提出关于一个演变中的空间结构的全面的观点，不过，或许地方性规划机构可以除外，这个机构是各种机构中比较微弱的一股力量。不过，一旦这股比较弱的力量附加在众多的游戏参与者的力量上，即便是这些力量对其只有被动性反应，这种弱的力量也会产生巨大的累积性效力。于是，我们就拥有了城市建造的一种过程，这个过程是复杂的、多元的，充满着冲突、目的交叉、讨价还价。这个过程发展的结果，似乎像冰川一样不可控，并且常常可能是不公允的或者是不希望发生的结果。

不过，如果不是故意干扰的话，通过我们列举出的领导机构的作用，这个过程是可控的。这个过程也可以通过自觉的公共努力得到修正，尽管可能只有局部的效果（某些时候会是惊人的效果）。大多数有目的的公共行为，常常撇开特定的专心致志的公共决策机构，是对紧要困境的一种应急反应，它总是以仓促的、信息不完善的、没有理论指导的方式实施，这种反应通常注定会回归到某些从前的状态体系。

在上述这种限制性的条件下，一种全面的理论似乎仅具有遥不可及的价值，但恰恰在此，一种严谨一致的理论才是紧迫之需。迫切地需要理论，使得一种严格限制的行动有效，也需要理论阐明那些不可避免的政治博弈，或者甚至要在某一点上改变决策过程自身。于是，在一些突发事件中，系统性的有结构的理论就会引导训练有素的工程师进行准机构性的活动，而军事理论则具体说明了战争的复杂艺术。但是，如果理论要有用的话，它必须拥有某种形式。它必须言说其目的，而不是言说其不可避免的力量。它必须不是晦涩难懂的，必须是足够清楚的，能够让所有的行动参与者都明白。在快速的、局部的决策中，在不间断指向复杂的居住地变化的政策"导向"中，它必须可用。事实上，就像我们即将看到的那样，关于城市的不同的规范性理论已经以上述方式得到运用，尽管，它们可能已经被引导到错误的方向。

在不同的社会，城市的创建可以大为不同。在美国，决策的权力或许会高度分散但依旧平等，而不是权力分散但不平等。在其他社会，更多时候决策权力高度集中，权力的动机则各有不同。那些社会的基础价值或许不仅不同于我们自身的价值，而且可能更单一和更稳定。其决策依据传统，而不是依据明晰的理性分析。在那些地方，物质资源的水平，技艺和技术的水平，会非常非常低劣，而这种水平则可以改变约束条件、转换秩序的优先等级。改变的速度可以快一些，也可以慢一些。在决策过程的各个维向上的所有这些变量，对规范性理论提出不断变换的要求。一个一般性的理论，必须有能力应对这些差异。与此同时，在当代决策过程中似乎也有一些规律，至少在大的城市居住地是这样，而这些大的城市居住地，主导着我们今天的城市景观。在这些景观中，我们发现了多元性、复杂性，发现了随处可见的快速变化。

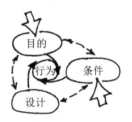

　　公共的或者私人的，任何一个有意义的行动力量，只要参与到对这个复杂环境的重要决策过程，决策的努力就会具有典型的特征。第一个问题是："什么是出现的问题？"对一个问题的意识，总是呈现为一个或许是模糊的，但却是完整的认识，它是一个同时发生的整合了条件与约束、预期目标、行为人主体设计，以及可以获得的资源和解决方案等的一个整体图景。缺乏与所有这些要素特征的某些链接，任何真正的问题都不会存在。相应的，决策过程也不过就是这组设定的一个渐进性的明晰化过程，直到最终发现特定行动的真正基础所在。在这个基础中，问题的解决方案、问题的目标指向、问题的承担主体、有待使用的资源以及对条件的认知等，所有的一切都要彼此匹配。要达到这种多重的匹配，或许就要求对这些分立的要素的局部或全部进行修正。不过，涉事问题的初始概念最具关键性。从一开始就错，绝非稀有事件，诸如对问题条件没有充分的认识、行为主体深受束缚、问题目标或者解决方案严重失当等，在这种情况下，除了使事情变得更糟外不会有其他结果。

　　与初始问题界定相伴的一些预想是基础性的。其中之一就是对特定问题的某种理想应对的基本形态是什么。例如，遇到一个困难，我们可能不会尝试着把它移走，而是努力去理解它并且预测它的未来情况，于是，如果可能，人们就会适应它，生活下去、走向兴旺。草会随风弯曲，但是聪明的人会做得更多：他会见风使舵，乘势而为。

　　另一方面，我们可能确信游戏规则中的基础性变化才是本质性的东西。社会必须进行一种激进的转变。一个环境问题的出现，常常是促使其他人实施激进改变的时刻。最大的变化只有巨大的跳跃才能促成，因此，住房的短缺就最容易转变为一种对抗和一种革命。或者，采纳一种替代的选择，创造出一个有说服力的栖息模型或者社会模型，这种模型不仅明显地好于当下的状态，而且是一个可以逐渐实现的模型。

在被动的应对和巨大的跳跃之间，存在着一种战略，即在选定的要素中间，进行反反复复的点滴改变，以实现整体性改变。这种渐进式的进路是要对人进行改变，以至于人们可以在当下的环境中更好地生活。通过学习去观察和理解自己城市的邻里关系，人们的生活得以丰富，他们开始与自身的生活境遇和谐共处。教导孩子或者残障人士如何在城市中行走，教导房屋的所有者如何去打理花园或者修缮一栋房屋，就是这种干预模型的一些例证。

还有一种选择，我们可以聚焦于对环境的改变，最好是让环境适合人的意图，这是典型的规划理论的进路。我们牢记在心的规范理论则是这种旨在进行环境调整、点滴改变的渐进主义模式。不过，它也能够提供教育性信息，或者为更加激进的改变提供燃料。在许多情境之下，改变思想、改变社会，或者甚至什么都没有改变，都可以是比改变环境更合适的应对方式。许多人相信他们自己所推崇的模式具有永恒的正义。相反的是，一个成熟的问题总是承载着对好的尺度和好的干预模式的先期考量。

决定谁来担当行为的主体，应该由谁做出决策，也是至关重要的。还有，这些决策的做出应该满足谁的利益？决策者和决策的惠及对象是不是同一主体？在一个决策开始进行时所认定的决策主体通常应该摆脱一些和自己有关的核心利益。在一个决策过程中，引入一个新的主体是一个精细的工作，因为这一定会受到那些已经在决策台面上的人的抵制，相应地会妨碍任何决定性活动的进行。

一个高度去中心化的决策过程是一个完美的理想，在这个过程中一个场所的当下使用者对适合场所的形式做出决策。这种决策强化着决策的胜任感，似乎比场所的使用者置身其外的其他决策方式，更容易产生适宜的环境。其观念基础是一种哲学上的无政府主义。但是对于这种形式的决策，也有一些我们认为不具备决策能力的使用者：太年轻、太恶劣或者受到胁迫的。就像干净的空气中，存在着很多细微的东西，在同一个时间影响着成千上万的呼吸者。存在着被无数的暂时性的主体使用的像地下通道这样的场所。那里始终存在着彼此的利益冲突，存在着一个个交替出现的使用者，远离特定场所的人的利益也会在一定程度上受到一些当地的对场所使用的影响。还存在着未知的使用主体，如那些没有在那里的人，或者当下还没有出生的人。存在着没有意识到他们的要求的主体，以及没有意识到他们可能拥有机会的价值主体。所有这些困难，加上内在于决策主体的转换过程的政治性麻烦，使得规划决策带上了含糊性、矛盾性和流动性的色彩。

另外一些专业人士则持相反的观点：所有的关键性决策都不可避免地或者最好是由强有力的少数人做出。因为，主导性的利益是压制不住的，而一些相关的专业人士已经接受了严格的培训，拥有了解决环境问题的能力。这些才华卓越的人应该站在权力的座椅旁边。复杂的问题、微妙的价值，需要专业的和精细的解决方案。应努力发现那些能够把握问题情境的专家，给这些专家进行工作的空间。我们的一些比较引人注目的环境建造，就来自这类专家的强有力指导，然而，这些环境很少契合这些环境使用者的期望。不过，当价值明晰、共识达成的时候，这种模式可以实现最好的运作，相关的问题可以得到高度专业性的解决。

在这种复杂的决策图景中，专业的规划师扮演着许多不同的角色。他们中间的大多数或许就是项目设计师，为公司、政府机构等这样一些明确的社会主体工作，根据一整套明晰的目的，尝试解决那些有限的、已经得到很好界定的问题。在这里，他们避开了大部分涉及主体或者干预模式的争论。那些关键性的决策，就是这些规划师做出的。

还有其他一些规划师认为他们在为公共利益工作。为了工作的效力，他们必须在权力中心的近旁工作，他们被我所勾画的上述各种问题包围：谁是主体？谁应该做决策？目标应该如何确定？这些决策真的代表公共利益吗？我如何知道所有的一切？如果不能覆盖那些有自身诉求的公共利益，权力如何有效实施？在许多时候，扮演公共利益角色的规划师会努力去避免其中的各种两难：积极参与决策过程，尽可能使得决策过程公开和公正，不设定目标，不推荐解决方案。

在无法发现公共利益的绝望中，许多规划师在决策中做了更进一步的退却，信息员（不是间谍）成为他们所担当的主要角色。他们为公众提供精确和及时的信息：描述当下的状态以及这种状态如何变化，预测将要发生的事件，对某类活动的期望结果进行分析，继而把实际的计划和决策留给别人做。不过，因为他们拥有更多的信息，这类规划师实际上应该能够做出更好的决策。如果这些规划师对于特定的决策过程拥有强烈的信心，他们会针对特定的群体，如对去中心化的使用者、对激进的改革者、对核心决策的制定者等，提供特殊的信息。作为另一种替代，就像我上述提及的那样，他们常常主要把自己视为教师，参与教育过程，在教育过程中改变公众。

最后，一些专业人士则主要是倡导者。他们或许是某些理念的倡导者，如创建一个新的城镇，或者是自行车道，或者是船坞。在这些事例中，他们必须组织自己的用户。这些人是模式的创造者，他们希望通过说服，使得他们的理念得以实现。如果足够激进的话，他们会创造出乌托邦：新的社会形式产生的潜在模式。

更为经常的是，他们会是某种利益集团的代言者：一个社会阶级，一个公司，一个社区。他们热情地推广这些集团的利益，与其他角逐者竞争。当然，一些专业人士是不自觉的代言者，另外一些专业人士则采取比较自觉的立场。他们把社会看作是高度联系且多元与矛盾的整体。所有的决策都是妥协和斗争的结果；共同认可的价值少之又少。与之对应，专业的人士总是不可避免地为一个集团或者另外的集团工作。这样的运作系统注定是不公正的，因为一些集团几乎没有权力，没有受雇的代言者。一个为弱势群体代言的有工作道德的专业人士，应该像房地产发展商的代言者一样，尽心尽力地为自己代表的弱势群体呼吁。

倡导者，代言者，信息发布者，项目设计师，公共规划师，这些人或许就是在当今社会占主导地位的专业角色。他们的理论和模型，通常是含糊的和未经检验的，但在通常性的混乱不清的环境决策中，这些理论和模型却发挥着重要作用。通过严格限制用户，通过模型的变换，通过使某种类型的解决方案变得理所应当，通过限定一套可运作的参数，通过控制信息的供给，所有这一切使无法管理的问题变成可管理的问题。在启动规划设计的同时，大范围的信息收集已经开始。在发布的决策中，收集的信息只有少部分得到使用，这少部分得到使用的信息就是与预先在决策者头脑中存在的特定模型相适合的信息。发展一个足够简明且具有弹性的能够在压力下有效运用的理论，是引导决策者关注某一个问题而不是其他问题的有效方法。

决策的过程（也包括作为决策分支的设计过程），是驾驭稳步发展和问题界定的过程，决策的完成意味着情境、用户、目标以及问题的解决方案足够充分，以至于能够采取合适的行动。在应用于更大的环境时，这个过程会遭遇能否适用于整个世界的问题。类似地，它也产生一些共同的问题，诸如用户的品性、变化的模型以及对模型的管理、专业人士的角色定位等。这里还有规划伦理的问题。对我而言，在任何公开争论中，规划都有其自身的特殊利益导向。我可以把这种特殊的利益刻画为对五个方面的偏向（对空间形式的关注、对相互交织的机构形式的关注除外）：长期效果，不在场的用户的利益，新的可能性的建构，价值的隐含用处，决策过程的透明化和公开化。这是对忽视考量其他行动者力量的一种专业性的抗衡。

但是，我们何以说这个城市是好的城市或者是坏的城市？我们何以能够采取不同的观察者都认同的描述城市的方式？哪一种方式与价值和业绩关联？这种简单的罗列藏匿了看不见的诸多困难。

通常借助于术语"物理环境"来指涉的居住形式，正常情况下是一个城市中的一种大规模的、具有惰性的、永久性的物理客体：建筑、街道、公共设施、山丘、河流，或许还有树木。这些客体，附着在经过限定和改造的混合体中，这些限制和改造，或者涉及它们的典型用途，或者涉及它们的质量，或者涉及谁拥有它们：单独的家庭居所，公共的住宅项目，玉米地，岩石山坡，十英寸污水管道，繁忙的街道，废弃的教堂，等等。这些事物的空间在二维地图上呈现为：地形地图，土地使用地图，具有标记的街道地图，公共设施网络，住房状况地图。这些地图与人口统计（这种统计对人口进行年龄、性别、收入、种族以及职业的划分）相伴，通常通过地图显示人口的空间分布（就是说显示人们在哪里睡觉）。于是也就有了对不同主干道上的交通量的描述，以及对主要的经济活动（就是说，只有这些人类活动才作为货币交换体系的组成部分）的统计描述，再有就是对诸如学校、教堂、公园等的位置描述、承载能力的数据描述，以及对特殊的公共或者半公共的建筑或者区域状况的描述。这些描述都是相似的，但它们又被各种问题所影响，这些问题与任何要驾驭这些对象的人遇到的问题相似。缺少专门知识的市民们被这些地图、图形和表格所困扰。人们通常认为这是科学的复杂性的一种显现，除非专业人士也有同样的困扰。

基础性的问题是要决定什么是人类的居住形式应该包含的东西：是单纯的惰性的物理事物，还是要包括活的有机体？是否还包括人类活动的介入？是否包括社会结构和经济体系？是否包括生态系统以及人类对空间和空间意义的控制？是否包括对现存的居住方式进行拓展的意义？是否包括空间的日常性和季节性韵律？是否包括世俗的变化？像任何重要的现象一样，城市扩展性地进入其他每一个领域，在任何一个这样的领域，做出决断都绝非易事。

我采取的观点是：居住形式是做事的人们特定的空间安排，由此引发的人和物的空间性流动、空间性形成和物理特征，以及基于人们行为的有意义方式，对相应的空间进行调整。这些空间性流动、空间性形成和物理特征包括：圈地，土地推平，管道铺设，氛围营造，对象建造，等等。更进一步，针对性的描述还必须包括在这些空间性分布中的周期性和长期性变化，还要包括对空间的控制和关于空间的概念。当然，后二者已经进入社会建制和精神生活的领域。

不过，决断的做出是微妙的，因为大多数社会建制都是排外的，包括生物学和心理学领域的大部分，事物的物理结构和化学结构等也大致如此。选定的土地是人类行为的特定的时空分布，物理性事物则是这些行动发生的语境，社会性的建制和精神态度则最直接地在这种时空分布中相联，这种时空分布对于居住地的整体规模具有重要的影响。与这一问题的惯常性描述形成对比，这种基于时空分布展开的对居住地的描述，在附录 B 中得到了更加充分的讨论。

没有人能够声称对这些事物的描述是为了在最充分的意义上掌控人类的居住形式。如果我们要完整地认识对象，我们必须把任何场所都视为一种社会性的、生物性的、物理性的整体。但是把事物视为整体的一个重要基础，是要界定和认识构成整体的每一个部分。进一步说，社会的和空间的结构仅仅在部分意义上彼此关联（它们原本就是松散的配对），因为二者都借助于一种干预变量（人类活动者）影响彼此，二者都是具有极大惰性的复杂事物。对我而言，人类的思想和行为是质的判定的最终平台。至少在三种条件下这些明显转瞬即逝的现象会成为重复性的和有意义的：在作为一种文化观念的持久的结构中，在作为社会建制的人与人之间的稳定的关系中，以及在人与场所的占有关系中。我要阐述的最后一个是：在对居住形式实现了社会的或者经济的、政治的等方面成熟界定（通常是狭义的界定）的同时，居住形式的物理性方面得到的则是非常不确定的处置，以至于很难看清它是否在整体上发挥着作用。

我所建议的决断似乎是那种最具可采纳性的决断，它为我们评论空间图式对人类目的的贡献，提供了空间。更进一步，它是一种内在一致的观点，因为它的核心是基于既定规模的、有形的、物质性的人、对象和行为而产生的特定的空间分布。在调整自身和扩展自身的同时，它具有从关于环境的常识观点中生长出来的优势。

建立一个充分的理论将是一种长期的努力，如果它是一个理论的话，它需要处理形式和过程，它是一种理解、一种评价、一种预测、一种安排，是所有的一切的合一。它将依赖于有目的的人类行为以及与这种行为相伴随的意象和情感。这是三个理论分支能够在一起生长的结合点。我们的特定的主题，也就是规范理论，必须牢记这种可能性。现存的规范理论与其他理论领域是脱节的，但这一理论隐含着关于功能和过程的论断。

对于任何关于城市形式的有用的规范理论，存在着一定的要求：

1. 它应该起始于有用的行为以及与这种行为相伴的意象和情感。

2. 它应该直接涉及居住形式和居住形式的品质，而不是对来自其他领域的概念的兼收并蓄的运用。

3. 对于城市形式，对于城市形式的直接和实际的行为，它应该能够提供最一般的价值和长远的重要性。

4. 它应该有能力处理多重的和相互冲突的利益，能够为不在场的和未来的行为主体代言。

5. 它应该承认具有差异性的文化，承认决策情境的变化（在权力集中过程中的变化，价值的稳定性和单一性，资源的水平，变化的程度，等等）。

6. 它应该足够简单、可分且富有弹性，以便在信息不完备的条件下，能够用于快速的、局部性的决策，通常没有专业知识的人们是问题所对应的场所的直接使用者。

7. 它应该能够同时评估状态和过程的质量，因为二者总是在非常小的时间范围内变动。

8. 在坚持评价居住形式的基本方法的同时，它的理论概念应该蕴含着形式的新的可能性。一般而言，它应该是一个可能的理论：不是一个发展的铁律，而是那种强调参与者的积极的目的性、强调参与者的学习能力的理论。

那么，我们在哪里能够寻找到这种理论的资源？

第三章　在天堂和地狱之间

　　这样认为是合理的，即：对形式政策的检验一般由公共主体提出。与之相伴，支持这些政策并得到提升的一些理念，将会是开启对规范理论的任何讨论的一种好的路径，就像对那些阐释事物运作方式的一般性评论，是建立一个科学理论的好的开端一样。在这样做的时候，我们习惯性地把最正式的官方议题分解为两组。一组在国家的或者大的区域范围内，在这个范围内主体的行为涉及城市体系、国家网络以及人口的区域分布；另一组则是在地方性的范围内，在这里，人们关注发展的跨区域模式。因为我们关注的重点是梳理出隐藏在这些政策背后的价值，所以我们尽量简单地把这些价值罗列出来，而无须详细陈述这些议题本身，也无须对其合理性进行任何批判，也不需要评论这些政策的某一部分的历史兴衰（这些历史兴衰作为某种限制已经尘封，支撑它们的动机已经转换）。我请求读者保持耐心。对百科全书进行一种概括，势必欠缺某种绚烂。

　　首先，我们发现了一些共同的国家空间策略：

　　1. 倡导对大城市的增长规模和增长速度的控制，以便能够降低人口迁移导致的社会分裂和快速变化，以便降低服务成本、提升对住房和服务的满意度、减少污染和犯罪、提升政治控制，以及缓解对大规模的居住区域的不适感。

　　2. 出于类似的原因不鼓励从乡村、从贫困地区的迁徙，以便降低人口迁移导致的社会分裂、降低服务成本，以及提升住房和服务的满意度，同时还为了保持一定的农业活动和工业活动，改善不同区域在平等问题上的平衡度。

　　3. 尝试去创建一种平衡的、层级分明的城市体系。虽然目标尚不非常清晰，但这类城市通常应该是支持前面两个策略的，并且能够改进通道的平等性和服务的平等性，阻止主要城市的某种绝对主导性，增加对居住类型的选择，向落后的城市传播某种"先进"的文化，提高生产效率。或许还因为这种类型的城市的确是一种更加"自然的"城市体系。

4. 新城镇的建设是为了开发受限场所的资源，是为了保卫疆界，或者是为了开发人口"空"地，以便使得这些场所获得更有效的服务、更好的健康环境和更好的防卫，继而创建一种更强有力的社会共同体、改善住房供给、有效控制追逐利润的大的城市中心的生长。

5. 主要基础设施网络（公路，铁路，机场，海港，电网，运河，水道）的扩展和加固是为了提升交通效率和生产效率，增强彼此之间的贯通和相互作用，开放新的领地投入使用，提升权益、增加利润，并且推动一些"先进的"文化的扩散。

6. 建造经过选择的经济设施是为了提高获取利润的效率和提升防卫能力。

7. 国家房屋供给的增加是为了提高健康水平、支持家庭生活、满足平等诉求或者提升利润的需求。

8. 废弃物排放、水土流失、水资源和能源利用等需要得到调节，以便为未来的发展而保护资源，或者通过降低污染来改善健康水平和人居环境。

9. 因为其自身所拥有的重要的象征性，大片的"自然"区域要得到保护，以便保护资源、改善资源的再生性和生活设施的完好性，阻止生态灾难发生。

这样，就会在地方性的范围内产生大量的城市策略：

10. 应该限制居住空间的尺度——可以绝对严格地限制，也可以在一定限度内限制，还可以通过控制出生率限制。这种限制是为了降低服务成本，阻止社会分裂，改善管理，保护社区特色和环境品质，降低污染或者防范短缺。

11. 城市发展的稠密度应该调节到低于最大值和高于最小值。这样做是为了降低建设和维护成本，改善基础设施和服务的运作效率，提升特定场所的紧凑性，支持所推崇的生活方式，提升社区的特色和环境品质，或者增加财产的价值。

12. 为满足需求，鼓励增加住房和社会设施的供给，以便为提高利润水平或者为提高健康和教育水平，为支持家庭生活，为改善平等权益，提供条件。

13. 基于权益平等、社会融合或者社会稳定的考量，鼓励居住区域中不同社会阶层的混合。

14. 基于功能的有效性，基于降低损害和改善健康与安全，基于减少污染和简化设计，不同种类的土地使用需要分开。

15. 为了更加有效地利用服务和基础设施，为了保障住房供给、防止社会分裂，为了维持平等以及财产和税收的价值，或者为了应对政治压力，必须稳定和改造走向衰落的区域。

16. 为了某些新的用途，为了强化某一中心或者某一区域，或者为了提高利润，需要除去一些活动和迁移一些人；为了增加财产和税收，为了增强政治特权或者政治控制，需要对一些旧的区域再次开发。

17. 居住区域依照邻里关系进行组织，发展一种呈现为层级体系的服务中心。这样做的目的是强化社区功能，改善服务和基础设施的效率，提升服务分配的均等性，降低交通需求，便利儿童养育，简化规划设计。

18. 基础设施需要得到扩展与改进，以便能够开辟新的领域，增强相互作用和互通渠道，降低拥堵和交通成本，提高生产效率或者提高利润。

19. 基于交通效率、安全性、健康、减少污染、能源保护和规划简单性的考量，专业化的路径等级需要提高，一些模式转换需要提升。

20. 基于健康和生活便利性的考量，需要增加开放的空间，以支持儿童的养育。

21. 因为它们的重要的象征性，历史性的纪念场所和开放区域要得到保护，要阻止生态破坏，改善健康和娱乐环境，吸引游客。

罗列了这些策略后，研究一下隐藏在它们背后的明晰的或者含糊的价值是极有意义的。哪些价值被频繁地引述？哪些价值通常更容易实现？所实现的成就是可检测的吗？哪些价值与城市形式具有一种更明确的联系？哪些联系并不明确？那些隐含的价值存在于一些行为之中吗？存在被忽略掉的价值吗？上面引述中松散论及的目标，可以归纳为四组：强价值、向往的价值、弱价值和隐含的价值。

1. **强价值。**对我而言这个术语是指那些被频繁且明晰地引述的关于城市形式的目标。这些目标的实现是可检测的，其明显地依附于关于城市形式的一些意义等级。这些目标可以在实践中达到，如果目标不能达到，失败的原因会清晰显现。我将把这些目标中的一些罗列为：

满足服务、基础设施和住房的需求；

为需要的用途提供空间；

开发资源和新区域；

减少污染；

加强贯通；

维护财产和税收；

提升安全性和保障身体健康；

改善防卫；

减少损害；

保护一些现存的环境特征或者环境品质、环境标志。

这些价值连同下面引述的一些"隐含价值"，是城市形式策略的主要成就和发动机，是今天的城市形式的合理内核。这些价值非常重要，但在视角上又存在着令人不安的狭窄。

2. **向往的价值。**下述有一些目标尽管也经常被引述，也可被检测，或许与城市形式有关联，但却不太可能实现。原因或许是因为按照这些目标塑造城市形式有困难；也可能是特定的目标华而不实，从未经过审慎的考量。我把这组目标罗列如下：

改善平等性；

减少迁徙；

支持家庭生活和孩童的抚养；

保护能源和其他物质资源；

阻止生态破坏；

强化设施便利性。

3. **弱价值。**这组目标虽频繁地被引述，但其所依赖的城市形式是有疑问的或者是未经证明的，这些目标的实现非常难以得到检测或者度量。因此，这些目标鲜有达成，或者说这些目标如果达成也可能是由于其他我们不很清楚的原因。说这些目标"弱"，并不是否认它们的重要性。仅仅是说这些目标在当下的策略中的作用基本上是装饰性的，一种有时令人困惑，有时是富于前途和具有暗示性的装饰。在虚假的线索中分离出有用的目标需要相当多的知识。这里，我罗列出以下通行的形式策略的大部分价值，包括：

改善精神健康；

增强社会稳定性；

减少犯罪和其他社会病变；

增强社会整合、创建强有力的社区；

增强选择和多样性；

支持一种优良的生活方式；

强化现存的区域或者中心；

弱化单一的主要城市或者地区的主导；

增强未来的灵活性。

4. **隐含价值**。最后一组目标的价值和第一组目标一样"强"，但是鲜有清晰陈述，或者至少没有像主要目标那样被频繁地引述。不过，这些目标被强烈地渴望，并且能够确切地达成。经常，它们是政策的主要推动者，在弱的或者向往的目标的精细覆盖中呈现，它们是：

> 维持政治统治或者特权；
> 传播一种"先进的"文化；
> 主导一个区域或者一个团体；
> 清除不合意的活动和人，或者孤立这些活动和人；
> 创造利润；
> 简化规划或者管理过程。

5. **否定性的价值**。在所有上述价值之外，还需要思考许多潜在的价值，这些价值在当下通常都是否定性的，其否定性或者是因为这些目标不再被认为非常重要，或者是因为这些目标所对应的城市形式存在问题、不可行或者过于含糊，至少在公共政策这个范围内如此。在这些否定性价值中，我们可以设想那些已被抛弃掉的像魔力城市形式这样的目标，还有一些更实际的可触摸的诸如让环境适应人的生物学、适应人的功能这样的品质，以及城市的象征性和感官体验这样的品质。

如果我们把自己限制在某个价值实现时刻，即价值驱动实际的形式政策实施的那一刻，或者说我们打算这样做，那么，在我们面前就会有一个富有教益的清单。其富有教益是因为它在强目标与弱目标之间的明显划分，因为许多松散的目标蕴含着大量的有待研究的方向。即便是作为一个目录样板，作为现行政策的一个描述，这个清单也具有一些价值。与此同时，对于一个理论来说，这个清单还不是一个让人满意的起点。它涉及如此之多的与人类相关的分散的领域，如此之多的彼此分立又彼此重叠的机制把这些条款与城市形式连接在一起，所有这一切的汇聚似乎显得无从把握。更有甚者，这些机制的运作会伴随文化和情境的变动而剧烈变动，对每一个目标的界定、对相对的重要性的把握，相应地也会变动。

我们还会有一种直觉，那就是好的理论所使用的概念和方法特别适用于理论化过程所依赖的事物。我们在这里引述的目标以及这些目标与形式之间的半知半解的链接，是一个包含经济学、社会学、心理学、生态学、政治学、军事冲突、物理学以及大量其他领域的集合体，其中混杂着特别针对大的物理环境的一些特定的考量。由这个集合体产生的理论不太可能以自己的领域为中心。

如果当下的空间性政策并不会导引我们进入论题的核心，而大多数只是具体涉及论题的边缘，那么我们为什么不转向更加引人注目的材料，为什么不转向理想的或者病态的城市的议题？梦想会带来深刻的情感。

乌托邦式思考持续地展现出诸如漠视发展过程以及产生过分狭窄和静态的一套价值体系等瑕疵。严肃的思考者把这类架构作为愚蠢的或者错误的设想放在一边，因为其幻想性把我们从真实世界的有效行为中诱导出来。如果这种幻想真的实现，那将直接导致邪恶。不过这种危险或许不必认真对待，因为大多数乌托邦都不会立即产生效果。尽管如此，在社会思想中它们扮演着它们的角色，至少对于我们的目的来说，它会暴露出环境形式的一些新的价值，或者确认一些已经阐述过的价值。

不过，令我们有些失望的是，我们发现大多数的乌托邦著述，至少是那些沿袭经典传统的著述，都几乎没有关注空间环境；它们关注的主要是各种社会关系。乌托邦的物理环境基本上就是对一些当代环境设置的一种模仿，通过一些故事增添一点现实主义的意味，或者以一种不多见的方式进行修改来支持某种令人向往的社会转变。很明显，乌托邦之所以必须处理一些物理环境，实际上是为了寻求实现它们的梦想。但是它们自身的愿景对这种愿景的实现没有什么大的帮助，至少像詹姆斯·西尔克·白金汉（James Silk Buckingham）、罗伯特·欧文（Robert Owen）以及查里斯·傅里叶（Charles Fourier）这些人，在 19 世纪提出的就是这样的议题。在那个时候，尽管空间环境已经在一定细节中得到说明，但它们绝对不是议题的中心。

例如，傅里叶提出"法伦斯泰尔"（phalanstery）[1] 作为其乌托邦的物质外壳，是一种立足于他所谓的自然人类激情运作的伊甸园。法伦斯泰尔是一个独立的、巨大的、多层的建筑，容纳了所辖区域的所有活动，坐落在一块肥沃的农耕区域上。这个建筑拥有对称的房屋和拱廊，被装修成一座巨大的高贵的宫殿。建筑凸显的是舒适、便捷和对高傲身份的认同。尽管如此，除了那里的居住者们享受并且赞美其生活环境的改善之外，这种形式与傅里叶的复杂精细的社会议题没有太大关联，它的存在主要是能够对大群的孩子进行照顾，这些孩子以"小群体"的方式组织起来。像在他之前出现的大多数乌托邦议题一样，环境主要还是一种设置：要么是一种愉悦的背景，要么是新社会的完美性的一种象征性表达。（图 25）

---

[1]　法国空想社会主义者傅立叶幻想的社会主义基层组织。

图 25 由傅里叶的门徒维克多·里德兰特（Victor Considerant）绘制的一个想象的"共产主义村庄"。乌托邦式的定居点按照工厂和贵族宫殿结合的方式得以规划和集中。

只是到了 19 世纪晚期，我们开始发现在乌托邦的著述中环境成为主要的关注点，体现在威廉·莫里斯（William Morris）的《来自乌有乡的消息》（*News from Nowhere*）、埃比尼泽·霍华德（Ebenezer Howard）的《明天的花园城市》（*Garden Cities of Tomorrow*），以及在今天的 20 世纪，弗兰克·劳埃德·赖特（Frank Lloyd Wright）的《无垠城市》（*Broadacre City*）中。莫里斯是一个艺术家和天才的匠人，一个坚定的社会主义者。于是，他的乌托邦是一个鲜有的物理系统和社会系统完美结合在一起的例证。霍华德和赖特一样，用许多方式描述了一种向后看的世界，聚焦小规模的、平衡的、有序的社区，社区中的成员与自然环境、与其他成员彼此发生直接的关系。城市被缩小或者分解为小尺度，个人或者小群体控制着土地，当地的社区相对来说自给自足。这些主张追随的是这样的有机的隐喻（在第 4 章中会有更多的阐释），这种隐喻强调网状的秩序、平衡的分化、高水准的健康、亲密性、稳定性、独立性，以及回归一种"自然的"世界。花园、混合农场、小城镇是他们的理想模式。即便是建筑也是主张传统的风格。(图 26、图 27)

就《无垠城市》来说，城市的物理性主张也是相当的常规化，对于像赖特这样的建筑师来说，这实在令人惊讶。他设计的建筑是典雅的，他的"气垫车"则是愉悦的幻境，但他自己的住所则是开放郊区的一个简单的派生体。霍华德不是建筑师，但更具创造性，例如，他主张一种网状的、透明的购物廊道，将其租赁给个体商人，通过消费者投票改变这些商人的经营位置。但只有在莫里斯的作品中，人们才能以生动和迂回的方式感知到整个景观的品质。

图 26　1898 年出版的埃比尼泽·霍华德著作中理想的"花园城市"的示意图。这是一个旨在容纳 3 万人的卫星镇。更一般的示意图显示了新城与绿地的关系，以及连接新城与中心城市和其他卫星定居点的公路和铁路。绿地包括农场，以及分配给康复者、聋哑人、盲人、癫痫患者和儿童的空间。其中一个部分示意图展示了公园和处于城市中心文化机构、铁路的周边行业，"水晶宫殿"或玻璃拱廊内的内环商店，以及这两个圈之间的住宅。所有这些都集中在宽阔的林荫大道周围。

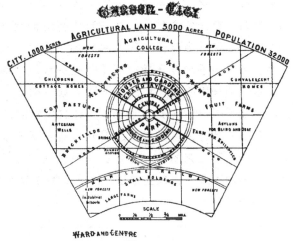

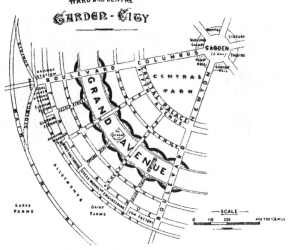

图 27　弗兰克·劳埃德·赖特在 1934 年展示的无垠城市（Broadacre City）的模型的俯瞰图。依赖于汽车交通，房屋、小农场和其他各种设施广泛分布于整个城市中，而工业则沿着主要高速公路形成了线形集中。自然环境得到了保护和加强，一群建筑师的作品占据了城市的最高点。

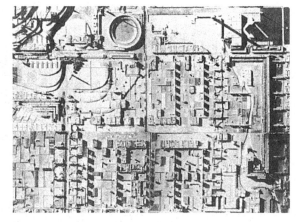

在大多数社会乌托邦者（赖特除外）为一种公有制社会（甚至赖特都激烈地反对私有制的贪婪）寻找一种支持性的物理背景的同时，一个具有未来学特质的设计者群体，通过另外的不同路径追随了同样的思想。他们的力量主要集中于物理环境，而不是社会环境，痴迷于可以应用于这些新的设计的新的技术手段。我们或许认为列奥纳多·达·芬奇（Leonardo da Vinci）才是先驱者，但这些设计者群体主要生活在 20 世纪，他们才华横溢且有时不近人情，关注新异性、变化、能源获取以及审美复杂性。他们的物理性主张呈现在艺术作品中，在这些作品中，社会结构保持不变或者已被遗忘。他们不关注的东西恰恰是那些公有主义者们的关注之点。（图 28、图 29、图 30）

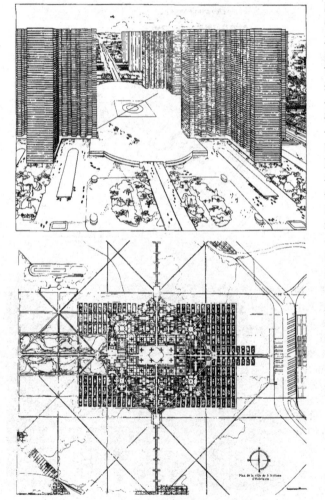

图 28 勒·柯布西耶（Le Corbusier）1922 年为一个拥有 300 万居民的当代城市进行的规划设计。摩天大楼组成的办公区占据了城市中心，办公区中间有一个机场，办公区下面是一个火车站。富人住在最高、最中心的公寓里。更远处是六层的线性住宅街区，或四层的复式住宅，为产业工人设计的"花园城市"则位于绿带之外。公共机构和一个浪漫的公园位于城市核心区域的边缘，工厂位于另一边。各种巨大的建筑对于地表没有产生任何明显的影响，所有的地面都是公园用地。这是城市清晰、静态、集中的秩序的一种表达。

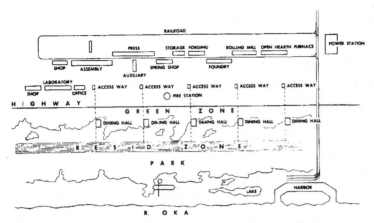

图 29 米留丁（N. A. Miliutin）1930 年展示的下诺夫哥罗德（Nizhni Novgorod）汽车工厂的一个线性城市示意图。在这种社会主义生产线的理想设置中，河流、公园、住房、各种机构、工厂和铁路之间都是彼此平行的。

图 30 这是 1914 年安东尼奥·圣埃利亚（Antonio Sant'Elia）想象中的新城的一个素描，一个对塔楼和戏剧性的交通系统的未来主义幻想。

1911 年，尤金·赫纳德（Eugene Henard）对于交通循环、水平分割以及地下城市的主张，就是这种思想路线的早期产物，按照这种思想路线，托尼·加尼埃（Tony Garnier）设计了一个新型的工业城市。勒·柯布西耶（Le Corbusier）的"放射城市"则是一个著名的例证，米留丁（N. A. Miliutin）设计了一个像生产线一样的线性城市。

第一次世界大战期间，安东尼奥·圣埃利亚（Antonio Sant'Elia）在辞世之前勾画了关于未来城市的精彩的系列图景。这些设计主要涉及速度、通讯、能源和变化——一个动态运动的典范。他写道："我们必须发明和重建现代城市，像一个广阔和欢腾的造船厂"，"活跃的、流动的，每一个地方都是动态的……电梯不再像孤立的蠕虫藏在楼梯间……而是像玻璃和钢铁的巨蛇爬行在建筑的表面。房屋……所有的丰富都呈现在其曲线构成的美中，所有的粗暴都呈现在其机械性的简单性中，大到产生了争辩才需要说明，划段的规则已经无力表达，它从喧嚣的深渊的边际耸立而出；街道不再像一个门垫紧挨着门槛，而是骤降至深深的大地……连接着金属的 T 台和高速的输送带……未来主义建筑的基本特征是它的非永恒性和转瞬即逝。事物的消逝快于我们的存在。每一代人都将建造属于自己的城市"。

汉斯·珀尔茨希（Hans Poelzig）、艾瑞克·门德尔松（Eric Mendelsohn）、汉斯·夏隆（Hans Scharoun）、科特·施威特（Kurt Schwitters）、伊万·列奥尼多夫（Ivan Leonidov）、巴克明斯特·富勒（Buckminster Fuller），以及日本的"变形主义艺术家"，一系列有创意的设计家，紧紧抓住了新技术的各种可能性。就在第一次世界大战的惨重破坏之后，在《阿尔卑斯建筑》中，布鲁诺·陶特（Bruno Taut）主张：人们应该将他们的精力转向把地球重建为一个壮丽的人工景观：雕琢阿尔卑斯山和安第斯山，重塑太平洋中的各个群岛。借助于巨大的工程作业，人们将走到一起建造一个整个地球的大教堂。"欧洲人！打造一个神圣的杰作……地球将通过你们装扮她自己！"无数的山顶被切割成宝石或者花朵的形状，水、阳光和云朵将围绕着它们嬉戏。（图 31、图 32）

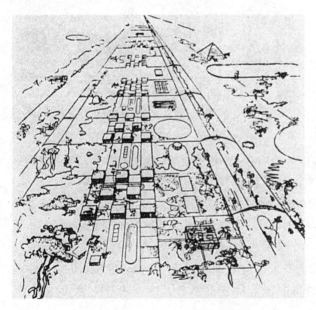

图 31　为了 1930 年的设计比赛，伊万·列奥尼多夫（Ivan Leonidov）绘制的苏联马格尼托戈尔斯克的定居鸟瞰方案。他是俄罗斯革命早期最富有想象力的设计师之一，他的梦想从未建立起来。这座线性城市的两层住宅街区被分成围绕着小的公共庭院的四合一组成，棋盘式地与公园和公共建筑交替呈现。

图 32 布鲁诺·陶特 (Bruno Taut) 关于重塑阿尔卑斯山的梦想。岩石在树线之上被切凿成晶状，而玻璃拱门和树枝则穿过积雪，或跳过罅隙。在一场风暴中，圣埃尔莫 (St. Elmo) 之火覆盖金属尖顶，桥上则有风竖琴奏响。

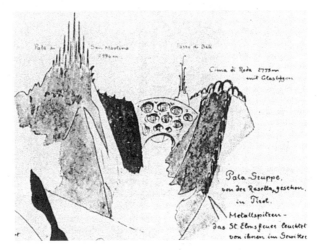

在一系列宏伟的绘画中，保罗·索莱里 (Paolo Soleri) 展示出了具有荒野特质的城市场景：城市惊人地紧致和精细。巨大的社区及其高度时尚的外壳变成了一个内在一致的超级有机体，一个活着的整体。英格兰的阿基格拉姆 (Archigram) 建筑学派，想象出类似的精细建筑，在其中，机器是有生命的，整个环境是移动的或者是可拆卸的。(图 33)

与旧有的有机乌托邦形成对比，这些新的建筑形式丰富而令人着迷。它们在适应中运作，具有技术上的可实现性，具有可见的功能表达。但最为重要的是，它们沉迷于精细且内在一致的人造世界的表述，这个世界在巨大的范围内组织起来。当我们考虑到有必要存在一个社会组织去创建和维持这些惊人的形式的时候，或者在我们考虑到这些形式会对地球的生态系统产生影响时，这类规划产生的后果令人恐惧。控制的必要性彻底被忽视了。或者说，控制一点儿都没有被忽视，仅仅是被伪装起来。或许这一切体现的正是那种绝对主宰世界的梦想。

奥尔多·罗西 (Aldo Rossi) 的主张是这种注重形式的类型的新近例证。对于他来说，建筑是一种自主的约束，是永恒的，在时间之外，是具有独立存在性的一种对形式的创造，就像柏拉图的理念世界。城市是一种永恒的结构，城市经由其历史性的建筑，在自身的发展过程中，"记忆着"它的过去，"实现着自身"。建筑是一种功能的分离；建筑是集体的记忆，一种纯粹的、精细复杂的形式游戏。物理结构从社会结构中抽象出来，随后变成一种迷人的事物，变成各种独立的可能性。这些态度绽放为怪异的、惑人的花朵。远不仅如此，它们都根植于一种错误的理念，即人与人的栖居地是完全分离的实体，如果有一点联系，也是通过一些机械的、单向的因果关系连接在一起的。

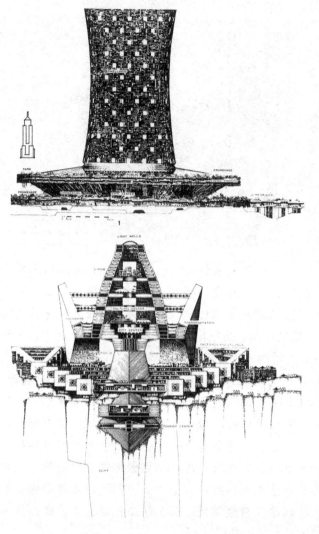

图 33　出自保罗·索莱里（Paolo Soleri）关于大型城市的两个提案：巴别塔 Ⅱ（立面）和石弓（截面）。巴别塔 Ⅱ 高 1 950 米，直径 3 000 米，是一个具有柱状外形的像一个巨大冷却塔的可以容纳 55 万人的公寓。工厂和服务设施占据了建筑的底部，14 个"社区公园"分层占据塔楼的中心。（同样大小的帝国大厦轮廓可以让我们实际感觉到这座塔楼的规模）。石弓可容纳 20 万人居住在一个横跨整个建筑的线性结构中。它的中心在桥的中点，这个中心点完成了对城市的切割。主要高速公路被封闭在作为居住空间的桥墩下面。

　　少有乌托邦主义者主张把场所和社会一同考虑，威廉姆·莫里斯的梦想则是一个例外。其他一些模式则是由保罗·古德曼（Paul Goodman）和柏希瓦尔·古德曼（Percival Goodman）在《共产主义》中描写的那组"范式"。三个想象的社会被创造出来，与之对应的适宜的环境也被创建出来：一个是过量生产、浪费性消费、阶段性空虚的世界；另一个是自由和身体安全需要通过一种二元经济实现的世界，在这种二元经济中，人们可以在富有但焦虑的劳作与闲暇和维持基本生存之间进行选择；第三个世界是基于小规模的、自给自足的共同体的世界，在这个世界中生产和消费都是固定的。前面两个世界具有某种随便说说的味道，每一个都有一种强化其社会目标的有创意的空间结构。最后一个范式，也是其倾向于认可的范式，是一个我们熟悉的有机隐喻。像任何一个期望真正被实现的伊甸园一样，其中的空间设置实在是缺乏想象力。那个新的社区驻扎在一个意大利小山城，具有浪漫的视野，拥有它的广场和它的公共生活。

克里斯多夫·亚历山大（Christopher Alexander）的"模式"是其庞大的思想体系的一部分，其核心是环境决策的过程。不过，它们也仅是主要关注空间形式的那种乌托邦观点的一些碎片。不同于其他模式，他的每一个主张都与这些主张的人类活动后果相连。每一个似乎都是这个世界的一个非常真实的片段，这些片段都基于一种想象的人与世界联系的方式展开，所联系的这个世界是稳定的和基础性的。因此，虽然系统作为一个整体关心的是如何做出决策的过程，但模式的实质是关于形式与行为匹配的冗长而丰富的论述。它所强调的重点集中于过程的复杂变化。

在乌托邦社区变成一个真正的实验后，乌托邦者们被迫要处理这些社区与社区的物理环境问题。对于他们中间的许多人，这实在是一个残酷的惊醒。居住者们从未想象过的代价和困难侵袭了完美的社会：作物歉收，建筑火损，供给或者市场难以达成，日常性的不适体验攀升，分配给业主们的杂务变成一种超级杂务。很多措施解决了这些问题，但依旧无法找到一种新的空间秩序以提供支持或者激励。接管了那些或许是临时性的或者是混乱的旧有建筑后，一些社区似乎更感兴趣的是空间性装饰，而不是空间性组织，好像在巨大的物理世界上瞎忙乎一气是没有必要的，甚至是有损尊严的事情。尽管如此，还是有一些乌托邦的实验在更明确地处理环境问题并且从中汲取力量。

美国的震颤派社区（Shaker community），是所有这些真实世界的伊甸园中存在时间最长的社区。它付出极大的努力关注社区的建筑设置，这个世界确实能够转变为一个天堂，一个环境和社会完美结合的建筑。每一个社区都是一个"活着的建筑"。空间和行为在一种有规律的、矩形的图式中贯通，在狂迷的舞动时刻，这些约束和限制会不经意地暂时性抛开。游手好闲、浪费混乱被扫荡无余。建筑的布局和设备的形式都是预定好的且得到精细说明的。根据用途，各种建筑用颜色标记。像其他许多有用的机械发明一样，这种对形式的关注，这种对效用的强调，是我们今天极力推崇的，这也是属于摇滚社区的极好的事例。（图 34）

奥奈达（Oneida）宗教社区（1848—1880）则坚信：在一个得到很好调节的、自由的共产主义社会中，男人和女人可以完美地生活在一起。社区的发展和社区中的人的持续发展是其目标，而且这个发展是一个欣悦的过程。社区中 80 岁的成员，还会开始学习代数或者希腊语。这个社区团队

图 34　马萨诸塞州汉考克，19 世纪繁荣的震颤派教徒（信奉美国震颤教派，崇尚俭朴的生活）的定居点之一。一个生产性的、平和的、设计得非常实用的环境。它与这个独善其身的乌托邦的谨慎有序的生活方式相匹配。右边的圆形谷仓是震颤派设计的一个创新。

做过许多社会实验：共有产权、轮流工作、信仰治疗、素食主义、群婚、社区优生，以及其他实验。社区的空间设置和社区的居住者一样完美。爱的关注投向了房间、装饰以及环绕周围的花园。整个社区都参与到建筑和建筑的辅助物的设计之中。任何人都可以提出议题，每个议题都会得到热烈的讨论直到达成共识。场所都被赋予特定的形式，每种形式都被视为非常重要。其中最重要的是，奥奈达人一直焦虑于他们的空间和设施会助长不规范的社会碰撞。

这些成功建造的社会更注重把环境建造为具有看得见的标志的社区。它拥有确定的边界和一种特殊的品性。它具有俯视整体的可能性。秩序和洁净被视作有价值的品性。潜在的自然世界应该在感觉中呈现。社会碰撞的空间性支持是一种关键性的事务，这种事务要在面对面的小组会议上发挥作用。即兴发生与规律性接触，或者公共性与私密性，是非常值得争论的问题。要寻求的是贯通人、服务和场所的理想通道。尽管实施控制的运作层次还存在争议，尽管其中的问题还远非透明，但控制和参与依旧是重要的问题。

在大多数乌托邦社会，舒适、气候、形式与功能的匹配、经济资源贯通等标准越是直接和明晰，有明确意识的争论事端就越少。这都是在这些社区的真实历史中已经证明其重要性的东西。震颤派社区中精心设计的可行性环境以及奥奈达社区有力地创建的稳固的产业基础，都是这些社区能够长期存在的关键性因素。

相比较天堂，地狱更令人印象深刻。当要求来自剑桥和马萨诸塞的一群年轻男孩描述一下他们认为的理想世界时，他们感到困惑甚至有些厌烦。当被要求描述一下他们能够想象的最糟糕的世界时，他们的反应充满欣喜和想象。他们想到警察和成人黑帮被指派到分立的、彼此仇视的区域，门窗被堵，围栏穿越街道，所有一切都深陷垃圾、泥浆和破碎玻璃之中；所有的服务设施都被烧毁；空气腐臭，噪声令人耳聋；天气酷冷或者酷热；等等。以同样的方式，暴政国——对即将到来的恐怖世界的一种恐怖性描述——总是更多地关注他们的物理性设置而不是乌托邦著述。《格利佛游记》对此进行了精细的空间描述。（图 35）

图 35 地狱是生动而具体的，而天堂则鲜有目睹：佛罗伦萨洗礼室穹顶的镶嵌图案的一部分。

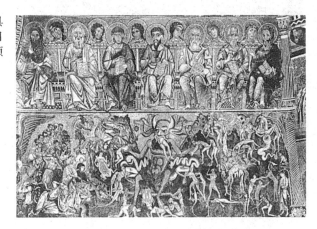

　　科幻作品中充斥着这类描述。这种描述的典型背景就是未来过度发展的城市，深重的污染，迟钝、稠密、混乱，在其中，生活是不安定的，个人通讯是不可能的，每一个行动都受到外在的控制。这些作品对房屋、景观和机器系统的描述惊人地具体。而在另外一个例证中，我们则可以看到一个叫做超级工作室（Superstudio）的设计团队创造出来的辉煌的幻想世界：完美的几何环境，在其中，每一个人都被孤立出来，任何一个人都无法控制自身生命的任何一个片段。这类暴政国，显现出一个未来噩梦的账单，书写的目的是揭露今天世界的非正义。

　　真正的暴政国，源于怨恨或者冷漠的蔓延，它们事实上已经被深思熟虑地建造出来。监狱和集中营的建造就是为了控制他人或者摧毁他人。审讯中心使用特殊的物理手段摧毁那些人的抵抗，他们想从这些人身上得到所需的信息或者顺从。这些手段包括直接的生理折磨，也包括隔离、不间断的施压、暴露隐私、引发时空错乱、噪声侵扰、直视、黑室禁闭、渗透性不适以及其他类似的物理策略。通过这些广泛使用的手段，我们或许也可以领会到环境的积极价值，就像通过学习病理学，我们理解何为健康一样。（图 36）

图 36　一个可耻的美国记忆：位于亚利桑那州波斯顿的集中营是为拘禁"二战"期间日本裔美国公民而建造的，看起来已经建造完毕。营房的布局是基于建造快捷、经济和有效控制囚犯而设计的。

　　幸运的是，建造起来的天堂和地狱都不会持续很久。当它们消逝的时候，似乎只是留下一些瘢痕或者怀旧的记忆。不过它们并不是转瞬即逝的。它们是深切的人类需求和情感的合乎逻辑的表述，因此，它们可以成为指向环境价值的路标。尽管它们鲜能实现，它们还是可以成为环境试验的咨询资源。尽管它们未经检验，它们依旧是我们文化宝库的一部分，对于一些实际发生的决策会产生一种隐性的影响，甚至会对在这一章展示的一些主要策略产生影响。这种影响应该是公开的。一些这样的乌托邦的动机，连同来自许多其他资源的各种影响，都在附录 C 中得到汇集，这个汇集就像一间杂物储藏室，在其中我们在下面讨论中提出的价值维度得以建构。

　　与所陈述的实际政策的实施动机形成对比，乌托邦和暴政国主题，覆盖了广大的范围，对应着那种我们关于栖居地场所的强烈的情感。更进一步，它们经常以一种非常具体的方式与特定的空间性特征联系起来。当然，这些联系可能是一种幻觉。它们是虚构的故事，务实的人们会尽量避开它们。属于它们的表述风格——文字的、图表的——使得它们不同于官方的报告。它们传递出洞见、传递出情感，这些洞见和情感激活了那些死寂的公共文献。有效的政策（或者有效的设计）在梦想和现实的边界上运作，链接深层的需要和含糊的愿望，展开实验和测试。城市政策必须是一般性的、明晰的和理性的，同时也应是具体的和富有情感的。

　　我们将在下一章说明的那种领先的规范理论是强有力的（不管是真的还是假的），因为它们在梦想和现实之间架起了桥梁。我也试图做同样的事情。

　　在伊塔洛·卡尔维诺（Italo Calvino）的《看不见的城市》中，马可·波罗描述了伟大的可汗忽必烈建造的城市之后的另一个梦幻城市。每一个城市都是一个社会，这个社会放大了一些核心性的人类问题；每一个城市都有其对应的形式，一种华丽的、令人惊讶的形式，这些形式充分体现并且彰显着这些问题。马可·波罗言说着愿望和记忆，多样性和日常性，瞬间和永恒，死去的人、活着的人以及还未出生的人，意象、象征和图形，一致性、歧义性和反思性，已经看见的和尚未看见的，和谐和无序，正义和非正义，困惑、圈套和无限，美和丑，质变，破坏，更新，持续性，可能性，以及变化。书中呈现的对话是乌托邦与暴政国的一个巨大的全景呈现，它以一种异乎寻常的循环梦幻的方式，展示了人们和他们的居住场所之间的关系。在结尾的时候他说："生活的炼狱不是某种将会发生的东西，如果真有这样的炼狱，那它已经在这里，就是那个我们每天生活在其中的地方，是我们大家一起建造起来的地方。有两种路径逃离这种痛苦。第一种许多人都容易做到：接受这种炼狱并且变成你不会再次看到的这个炼狱的一部分；第二种具有风险，要求持续地警觉和忧虑：寻找并且学会辨识谁以及什么处在炼狱之中、谁以及什么没有在炼狱之中，然后让后者持续下去，给后者提供空间。"

第四章　三个规范性理论

如果认为我隐晦地说到我们几乎没有发现一个规范性理论，这会是一个误导。一个城市应该采取何种形式是一个古老的问题。如果我们把规范理论认作是一整套关于城市形式和城市存在理由的内在一致的思想，那么实际上存在着大量的这种理论。每一套理论都包含着城市是什么以及城市如何运作的一些全面性的综合隐喻。

正如我们已经看到的那样，最初的城市作为庆典中心出现，在这样的神圣礼仪场所中，危险的自然力量得到解释并基于人类利益的考量对其进行控制。被这种中心的神圣力量吸引，乡下人自愿地支持这些城市。伴随着宗教性起源引发的城市的持续发展，有利于阶层统治的权力和资源的再分配，便携手展开。在建造人类权力结构的过程中，同时进行的宇宙秩序、宗教仪式以及城市形式的稳固化，就成为最首要的工具，它们不仅仅是心理的武器，更是物理的武器。这些令人充满敬畏和魅惑的武器，基于神灵感应的理论得到设计。

这样的理论断言，任何永久居住地所采用的形式都应该是宇宙和上帝的神奇模板。它们是人类与这些宏大的力量的连接工具，是使宇宙秩序和谐稳固的路径。人类的生活于是就获得了一种神圣和永恒的场域；宇宙的恰切性、宇宙的神圣运转也因此得以永续。众神高高在上，混乱远离，人类力量（国王的力量，牧师的力量，贵族的力量）的结构必然得以保持。在今天看来，所有这一切似乎都是迷信，但是这样的理论的确产生过巨大的历史作用。此外，它也表明，我们依旧借助于同样的理念启迪着众人。这就意味着，一定存在着超越迷信的某些原因支撑着对这些理念的坚守。

宇宙理论发展最充分的两个分支，出现在印度和中国。中国的宇宙模型一直具有巨大的影响。在中国、朝鲜、日本以及东南亚的众多地区，这种模型的理念几乎在每一个主要城市中都得到明确的呈现。北京就是这种神奇形式的典范，东京和首尔，则是在省级规模上的复制。（图 37）不同的色彩及意义被安排在既定的方位上，例如：北方是暗色的和不吉利的，是一个要建造防御设施的方向。按照被街区和道路逐级细分形成的网格，整个城市得以分割，盒子套着盒子。恰切的位置、恰切的颜色、恰切的建筑材料，代表着宗教权力和世俗权力的等级。空间对称性地被分割为左和右，这种左右分割镜像反映了政府的组织结构。

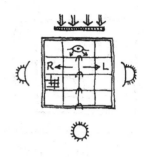

院落、门径、通道，都具有神奇的防御功能。城市基建和城市维护场所的完整系列，与这些空间安排彼此互补、呼应。正如在公元前 2 世纪汇编的《礼记》中陈述的那样："礼，禁乱之所由生，犹坊止水之所自来也。"

　　这些思想广泛渗入繁复的风水伪科学中，这种风水术研究"宇宙呼吸"，认为地形、水体、方位以及隐含在地球中的地脉，影响着这种"宇宙呼吸"。这种风水科学为城镇、墓穴、重要的结构等，推荐理想的选址，也借助于符号、土木工程和各种规划等，对场所进行改善，推荐理想的路径（引导中意的气流流向，阻止或者避开不如意的气流）。这些宗教性的倾注产生的一个令人欣喜的副产品就是：对位置的格外关注，产生了许多恰切的选址。

图 37　模仿中国著名的模式（图 7）始建于公元 800 年的日本的新帝都规划。在光照的范围之外，朝北的山脉弧线保护了城市的处所，水则向东、向西、向南流动。这座城市规则性地得到分割。皇帝从他的紫禁城向南看着他的大臣，祭司们也对称性地注视着信众。甚至中心市场也会分为左右两部分。这座城市随后向东发展，放弃了西部市场，把旧的宫殿留在了它的边缘。

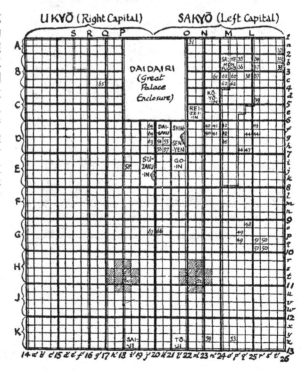

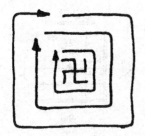

印度的理论家们可能对城镇的实际建设影响甚微，他们的思想更精微地隐含在城市规划与人和神的关联之中。在城市规划方面有一系列相关的文本，《斯帕撒司塔斯》（The Silpasastras）就表明了大地是如何被包裹的、混乱的邪恶力量是如何被封锁和控制的。对应的典型形式就是坛场，一组闭合的环被分割为方块，最强大的位点居于中心位置。封闭和保护强化着神圣性，基本的运动方向是从外向内运动，或者是沿着顺时针方向神圣地闭合性绕动。[1]

一旦这些仪式和空间分割完成，大地就成为安全且神圣的栖居地。经年的宗教游行因袭着同样的环绕路线，居民们也一心一意地按照同样的方式组织城市的生活。印度的马杜莱（Madurai）就是这种模式的典型样板。直到今天，城市形状、庙宇、典礼、居民的心智图景、公共活动的选址、主要道路甚至是公共汽车的路线，都和这种标志性的城市形式高度契合。（图38、图39）

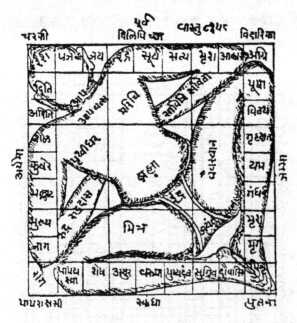

图 38　印度规划理论中的弗洛斯图-普鲁萨（vastu-purus，"居所的灵魂"），是理想城市布局的模型。普鲁萨恶魔被固定在方形的嵌巢里，每个嵌巢都献给神。梵天被指定为中央广场，依次被 32 个帕达寺（Pada-devata）包围。

---

[1] 与环绕教堂的基督教庆典的顺时针扰动或者日出扰动类似。

图 39 印度的马杜莱（Ma-durai）规划图，就像现在这样。注意那个中心寺庙，主要的环绕街道，以及穿越在它们中间的间接的放射线根或毛细血管。该规划与在特殊的神圣日子举行的环绕游行相一致。虽然这座城市建立得更早，但这个规划始于 16 世纪到 17 世纪。

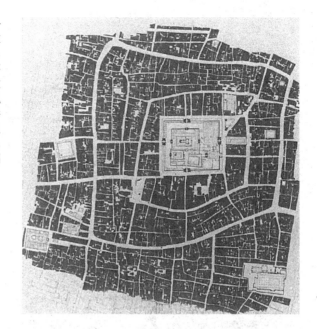

在中国和印度给予我们关于宇宙模型的最为成熟的典范中，其基本的理念也得到广泛传播。在北美和南美、在亚洲和非洲的各个庆典中心，也默默地证明了这些理念。在埃及、在近东、在伊特鲁利亚罗马以及其他许多地方，与其有关的精细的理论都保留下来。场址的用途、强化和象征权力的形式在西方文明的发展中都传承并保持至今。文艺复兴时期的理想城市那种完美的放射状，成为数学的、有序的宇宙的象征（图 40）。颇具影响力的巴洛克城市模式（整套的彼此相连的轴线的分离和会聚），就是权力和秩序的一种表达与承载（图 41）。正是作为这种成熟模式的继承者，皮埃尔·查里斯·郎方（Pierre Charles L'Enfant）才能够在有限的时间中，完成对华盛顿这样的城市的调研、设计和建造。

图 40 1490—1495 年期间，由意大利中部学派的画家所描绘的一个理想城市的想象场景。秩序，精确、清晰的形式，宽敞的空间和完美的控制：作为上流社会生活舞台的理想的文艺复兴城市。

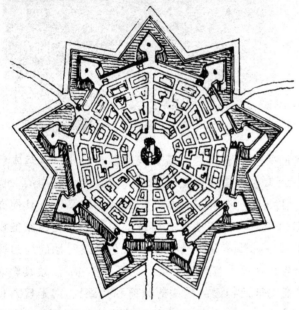

图 41　意大利帕尔马诺瓦城原始的规划图和现代的实景图。这是一座建于 1593 年的新城市，旨在保卫威尼斯领土的边界，它的设计师（或许是斯卡莫兹 Scamozzi）遵循文艺复兴时期理想的径向对称原则。今天，这座城市不对称地沿着街道蔓延，迷失在笨重的军事土方工程后面。中央的广场有一片大的空地。

　　每一个这种宇宙理论，都承载一个完整的、综合的观点。借助于神话，这些理论解释了某个城市如何成为这般模样。它们在证明为什么城市会以这般方式运作，如果不这般运作为什么是错误的。于是，它们告诉我们一个城市应该怎样，应该如何为城市选址，如何改善城市以及如何修缮城市。如果遵循了这些信条，就会提升世俗的权力继而给予治下的民众以安全、敬畏和骄傲。无论是在功能意义上，还是在规范意义上，在城市建造中它们实现了理论的操作性。

　　这些理论使用一些一般性的形式概念。这些概念包括游行和通道的轴线、围场的环线和保护围场的门径；是上向主导还是下向主导，抑或是大的主导还是小的主导；基于太阳的位置关系和季节的变换，与某一方位相反的方向意味着什么（北向是寒冷的，南向是温暖的；东向是出生和开始，西向是死亡和衰落）；建立体现普遍秩序的规律性的方格；基于阶层划分展

开的组织设计；作为单极和多元的一种表达的双向
对称；在战略性位点上建造地标，这种地标成为可
视性地表明领地的一种方式；山峦、洞穴、水系的
神圣本性。这些相似的形式特性被相似的机构特性
强化着，如惯常性重复发生的宗教性仪式、政府组
织、社会等级的安排、城市居民的穿着和行为等。
就像人们对待其他动物一样，空间和仪式使行为固
化，把盲目的人们联合在一起。城市机构和城市形
式彼此支撑，产生了强有力的、在现实中无法克服
的心理效应。于是，一些不引人注意的瑕疵渗入这
种种安排中，导致一些实际的巨大的灾难。在这些
概念的背后，潜存着一些重要的价值：秩序，稳定
性，统治，在行为和形式之间持久而紧密的契合，
所有上述一切，都是对时间、对衰败、对死亡、对
骇人的混乱的否定。(图 42)

　　当然，这一切作为启蒙所摧毁的迷信时代的一
部分，已经成为过去。不过，我们至今还是受到这
些仪式和形式设计的影响。权力也依旧通过同样的
手段得以表达和强化：各种边界，各种门径，行进
路线，显著的地标，高度或者大小，双向对称或者
惯常秩序，等等。首要城市围绕不朽的轴线进行设
计，法官向下看着囚犯，工作室建造要"引人注
目"，大公司总要争夺最高的建筑。所有这一切直到
今天还在作用于我们。

　　即便是我们接受了这些形式的心理效应，我们还是会拒绝它们。它们
是象征权力的冰冷设计，使得一些人屈从于另外一些人。一旦专制权力得
到废除，它们将不再存在于我们中间。但是有一点依旧是真实的，那就是
这些标志性的形式是富于吸引力的（它们为某种强有力的目的在"工
作"），因为它们揭示了存在于人们中间的深度的焦虑情感。它们的存在的
确给予我们强烈的安全感、稳定感和持续性，给予我们敬畏与骄傲。这样，
它们就可以用来表达对一个共同体的骄傲和钟爱，用来把人们和它们联系
在一起，用来强化人类连续体意识，或者用来揭示宇宙的神奇。

　　无论怎样，即便是这些理论的魔幻逻辑已经受到抛弃，这些设计的心
理力量也不是那么容易抹去的。这些轴线、围场、方格、中心以及各种

图 42 位于波士顿灯塔山（Beacon Hill）的"前"入口和"贸易"入口。大小、上下、突出与隐没、精致与朴素，这样的物理呈现，表达出各自的社会重要性。

形态，都在人们的日常生活体验中发挥着功效，都是引领人们构建心智的路径，都在启发我们如何采纳它们的形式，以便我们能够在栖居的真实世界中成功地生活。善也罢，恶也罢，这些都是诸多城市形式所产生的现实作用，任何关于城市的规范性理论，都必须把这些作用纳入考量。山石，水系，草木，岁月的痕迹，天空，洞穴，起伏，南北，轴线，行进路线，中心，边界，任何一个规范性理论都必须涉及所有这些属性。

　　宇宙模型支撑着晶状城市的理念：稳定且分层的，一个神奇的微宇宙，其中每一个部分都完美体现着有序的整体。如果微宇宙发生变化，发生的也仅仅是有序的、带有韵律的完全不会改变整体性的某种循环。另外，如果把城市设想为一台实际运作的机器，则会是一个完全不同的概念。一台机器也由恒久的部分构成，但这些部分仅仅是独自的移动。整部机器也会发生变化，会以某种明确可预见的方式、沿着既定的轨道稳定地移动。但这种稳定，只能是组成部分的稳定，而不会是机器整体的稳定。组成机器的部分是微小的、确定的，通常都是彼此相似的，彼此机械地连接在一起。机器整体是部分的简单叠加。这个整体没有超越部分的扩展意义；仅仅是部分的简单加和。机器整体可以拆分为部分，部分可以拼合为整体，可以反转，组成部分可以替换，替换后可以重新运转。它是实际的、运作的、"冰冷的"，一点都不神奇。每个组成部分都是单独的，没有自身规定性之外的任何东西。它是什么，就做什么，不会产生任何更多的东西。

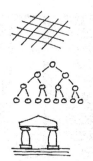

以这种方式言说一个机器模型，可能会产生两个意义上的误导。第一，我们把机器视为一种现代事物，一种由蒸汽、汽油或者电力驱动的，由闪光的金属制成的精细复杂的事物。不过，四轮马车也是一种机器，水车、风磨、滑轮车也是一种机器。把城市视为机器的隐喻并不是一个现代才有的，尽管这个隐喻似乎在今天比较流行。城市的机器模型的根源非常久远，几乎和城市的宇宙模型一样久远。第二，对于当下加入了反抗技术的狂欢行列的那些人而言，"机器"一词似乎唤起了不人道这个弦外之音。对此，我无意做出评判。

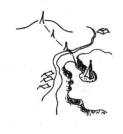

就像我们在许多殖民设施建造中看到的那样，在居住是暂时性的，或者居住地是仓促建立起来的，或者居住地是基于清晰的、有限的、实际的目标建立起来的地方，这种机器城市模型特别有用。这种建造的主要目的是尽快地分配土地和资源，为居住地的居民提供被很好地划分的各种通道。为达到这样的目的，可能还会增加防卫设施，或者借此进行土地投机。城市形式是达成城市建造目的的有效方式，更重要的是，这种相应的城市形式由此可以为其他更进一步活动的展开铺设道路，继而可以不用考虑长远的后果而改变各个部分本身以及各部分之间的关系。少量的简单规则可以让人们以快捷、有效的方式处理复杂的新环境带来的问题。

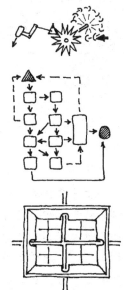

我们已经看到公元前4世纪和5世纪时希腊殖民者（不是在原初的希腊城市）如何使用标准的狭长区隔进行区域划分，甚至把这些标准的区隔划分强行用在偶然获得的土地上。在区隔划分的同时，针对攻击的可能方向，

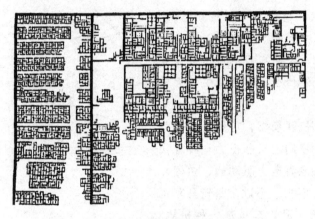

图 43 埃及卡洪（Kahun）镇的规划图。它建于公元前 3000 年，是给建造伊拉洪金字塔的工人和监督者提供的居所。这是一个快速建造起来的得到很好规划的城镇，有着有效的通道并对两个阶层的居民进行分离。

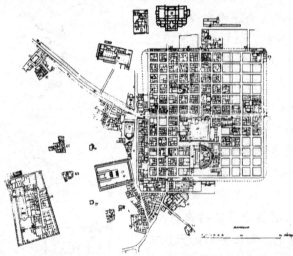

图 44 提姆加德（Timgad）规划图，一个由图拉真（Trajan）皇帝大约在公元 110 年为第三军团的退伍军人建立的罗马殖民地。它旨在巩固罗马对北非的征服，并"教化"柏柏尔人（Berber）。这座城市是一个方块，一侧 350 米，像任何罗马军营一样，在城市中心有轴线和堡垒相交。值得注意的是后期的边缘的延伸，以及南部入口的阻隔和移动。柏柏尔人在 535 年之前摧毁了提姆加德。

顺应地面形状建造防御墙，防御墙的建造完全独立于重复性的区隔图式。埃及的营房工程卡洪（Kahun）则是更早时期的这种城镇的样板，卡洪为建造金字塔的众多劳工和监工提供住宿空间（图 43）。

　　罗马军营的方正设计众所周知，中轴和十字形在四个门之间交叉。这种军营可以在一夜驻扎后就被抛弃，也可以成为一个永久性城镇的一种布局。这种规划支撑起许多欧洲城市中心的布局（图 44）。知之不多的还有这样的事实，那就是中世纪的大多数新城，也都使用简单的、规则性的正方形的街区设计和分割区域（在 12、13 世纪，这类建造爆发式涌现）。在我们的印象中，中世纪的城镇是不规则的、风景如画的、"有机的"，但在事实上，一旦拥有机会，国王和市民们就热衷于建造规则的、实用的居所（图 45）。

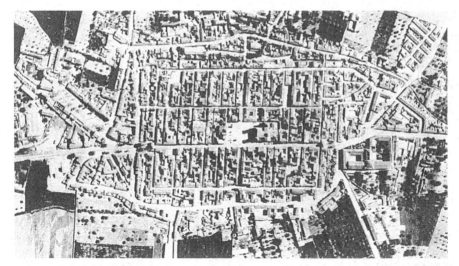

图 45　西班牙格拉纳达（Granada）附近桑特菲（Sante Fe）的"巴斯蒂德"镇的空中垂直视图（1958 年）。该镇于 1492 年成为对战摩尔人的最后一个城镇。当时机成熟时，中世纪的城镇规划者使用了常规的几何形式。这些在新城规划中产生的经验深度影响了印度群岛的法律。

　　中世纪的经验导致了 1573 年印第斯法的颁布，在那里西班牙皇帝直接指令建造了安娜瑞卡（Anerica）城市群。在 250 多年里，这样的规划设计主宰着数以百计的城镇的建造。这些法律为场址选择，为街道和街区的方正有序布局，为建筑设施的朝向，为中心广场的形式（通常被公共建筑和富人的住宅所环绕），为隔离有害活动，为城墙的建造形式，为公共土地的处置，为城市地段和农场的分配，甚至为各种建筑的风格统一，提供规则。这样的法规，绝不是什么神奇的东西，只是一个实用的手册。每一个规定都有对应的理由，使这种模型得以迅速实施。(图 46)

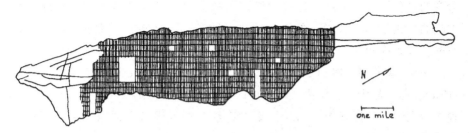

图 46　这是委员会制定的 1811 年的纽约市规划。这个规划指导了整个曼哈顿岛未来的发展。这个机械式规划，范围广大，不太重视地形地貌，其动机是满足未来街道建设的需要，也是为了澄清革命后的土地所有权。

　　受土地投机和土地分配驱动的美国的格状城镇建造，也是我们所熟悉的同一体裁的典范。城市建造专员在 1811 年提出的在华盛顿广场上建造纽约城的报告（图 46），就是这种设计动机的一个清晰的陈述。我们可以拿出这个报告中的一段与宇宙模型理论进行比较："我们必须牢记于心的是，城市主要是由栖居在城市中的人组成的，对于居住而言，直边和直角的房子建造最便宜，也最方便居住。具有决定意义的正是这种朴素简单的反映效果。"

机器模型不仅仅是格状布局的一个具体应用（事实上神性的中国模型中也具有格状的设计特征），更重要的是它反映出了关于部分与整体的关系以及部分与整体功能的某种特殊的观点。它支撑起勒·柯布西耶（Le Corbusier 1887—1965）的光辉城市（Radiant City），这是第一眼看去形式上就那么独具特色的城市。按照这个模型，城市由小的、自主的、无差异的部分组成并链接为一个大的机器，这个大的机器则具有明显的功能和运动差异。这个机器有力且美丽，但它绝不是体现宇宙的神力，也不是宇宙的镜像。它就是它自身（尽管它也使用涉及尺寸、主导、轴向性这些类似的设计，来强化和突出机器的速度、力量）。

在一些更具人文色彩的形式中，在阿图罗·索里亚·马塔（Arturo Soria Mata）的设计作品中机器模型也有所体现。他的设计关注健康、空间开放、居住经济，关注借助最少的交通工具实现便捷通达。他所倡导的线性形式，实际上是一个精彩的机械形式。在埃德加·钱布利斯的路镇（Edgar Chambless's Roadtown）中，在勒·柯布西耶的作品中，都可以看到这种形式，而在米留丁（Miliutin）的理想城市中，这种形式则得到最充分的呈现。他的索斯哥罗德（Sotsgorod）是机器理念的一个清晰表达，尽管他的动机是严肃的，但表达的极致竟产生了一种漫画效果。他把城镇和电站链接起来，或者再组成一条装配线。他聚焦于各种转运，聚焦于有序分离的各种活动、生产的过程以及工人的健康。工人的健康被他视作整个过程的关键因素。简单，经济，健康，秩序，部分自主。孩子和成人分离开来。双人床和窗户内的"脏抹布"是不允许出现的。（图 47）

在阿基格拉姆（Archigram）、索莱里（Soleri）和弗里德曼（Friedman）的大胆思想中（图 48），机器理念依旧活跃。这种理念不仅体现在他们独特的形式中，而且体现在系统分析的强有力的概念中。这些模型就像一整套明晰的部分被一种精细限定的动态链接联结在一起，成为一个世界，像一架巨型飞机。往小了说，机器模型依旧植根于我们今天处理城市问题的大多数方法之中：细分土地的操作，交通工程实施，设施部署，健康，建筑编码和邮政编码，等等。分配公平，通道畅通，选择多样，技术功能完善，生产高效，物资充足，身体健康，单元自主（意味着个体自由，

图47 线性郊区由阿图罗·索里亚·马塔（Arturo Soria Mata）于1894年设计，它位于马德里市的两个主要径向区域之间，原本打算包围整个城镇。每个街区包含大约20个用于建造小房屋和花园的地块。地区性服务沿着中央大道排列，通过该大道为收入微薄的人提供廉价和卫生的住房。直到佛朗哥政权建立之前，管理公司在该区成功运作。这个理念通过一场激烈的线性城市运动最终得以普及。

还意味着剥夺空间以及在空间上投资的自由），则是驱动这个模型运转的精致的动机。这些动机颇有争议但绝非低劣，非常契合机器概念。于是，拥有可分割的部分的机器，可以被进行局部分析和局部改善，具有极强的经济效果。（图48）

图48 约纳·弗里德曼（Yona Friedman）1958年提出在老城区上面建造一座高架网格城市。无需连根拔起现有的居民，而是逐渐适应性地扩展城市，并创造一个新的栖息地。这幅图景温暖明媚，但这个想法寒冷恐怖。

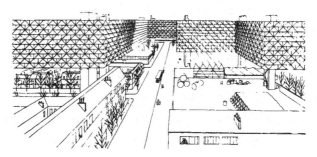

　　明晰的合理，其荣耀和危险，在机器概念中达到了极致。当然，人们也在困惑，城市是不是该有超过这个概念更多的一些什么。把城市认作为一部机器，就是说把城市视作一种由坚硬的部件组成的、持续通过运动与力量转换（甚至信息转换）而运作的一种设施，而不是把城市认作一种宇宙的象征，会不会是一种误导？不过，这种机器理念的确大有优势，特别适用于空间的快速的、均等的划分，特别适合对人流与物流进行驾驭。对于一些特殊的情境而言，三维或者二维的方格布局和线性形式具有很多特殊的用处。局部自主性的保持，能够保证自由和适应性的实现（当然，或许也会是异化出现?），对于理解各种复杂的实体，是一个强有力的策略。

对于机器模型而言，标准化带来的好处也伴随着一种压力，那就是孤立，一种不那么人性的倾向。勒·柯布西耶的光辉城市或者索莱里（Soleri）的巴别迪加，都会是非常乏味的地方。分割，过分简化，纯粹的工作机器美学，如果我们想象自己实际生活在这样的地方，我们会感到冰冷和心生厌恶。这种城市似乎建立在根上就是错误的概念之上。另外，即便我们把社会的、心理的和生态的忧虑放在一边，剩下的也不仅仅是一部装备完好的、基于清晰的理由设计并实现的机器，它还是一个最实用、实现最强功能的人工环境。还有，相比较宇宙城市模型中公开展示的社会控制力量，机器隐喻常常遮蔽了某种看不见的社会控制形式。

即便是已经走过两个世纪，第三个伟大的规范理论模型依旧是新近出现的有机城市模型。认为城市应该被看作一个有机体，这个概念与 18 世纪和 19 世纪生物学的兴起相伴而生。这个概念是对工业化压力、巨型城市出现以及空前的技术跃迁的一种 19 世纪的应答。这一潮流的力量持续发挥作用，体现为生态学思想的政治影响不断蔓延，体现为将人类文化纳入社会生物学新领域的学术争斗。虽然有机模式实际上影响了比前面两个模式更少的定居点的建设，但它依旧是当今专业规划人员中最普遍的观点，对这种观点的热情也在作为外行的市民中蔓延。如果我以批评这种观点作为终结，那我也必须承认对此要做一个长长的补充说明，并且会有些遗憾地说，世界或许不会是这样。

如果城市是一个有机体，那么它一定有一些使得生命实体区别于机器的典型特征。一个有机体是一个有确定的边界、有确定的大小的自主的个体。它不会通过简单的扩展或膨胀或无限地添加部件来改变自身的大小，而是随着大小改变而重组自身的形式，并达到极限或阈值，在极限或者阈值点，其形式会发生激进的变化。虽然它有明确的外部边界，但并不容易在内部进行划分。它的确具有彼此分化的组分，但这些组分彼此密切关联，没有明确的边界区分。组分间以某种微妙的方式协同作用、彼此影响。形式和功能不可分隔地链接在一起，作为整体的功能是复杂的，组分的协同作用完全不同于简单的组分集合，因此，不能够简单地通过把握组分的性质来理解整体的属性。作为整体的有机体是动态的，但它是一种自稳性动态：一旦受到外力干扰，内部的调节就会使有机体趋于回到其某种平衡状态。因此，它是一种自我调节。它还是一种自我组织。它修复自身，产生新的个体，经由出生、成长、成熟、死亡的循环。节律性、周期性的活动是它的常态，包括从生命周期本身到心跳、呼吸以及神经脉动。有机体是有目的的。它们也会病弱，也会承受压力。它们必须被理解为一个动态的整体。情感上的惊喜和困惑与我们对它们的观察相伴。

生物有机体的概念相对来说是一个新概念。它在 18 世纪发展出来，但直到 19 世纪才在恩斯特·海克尔（Ernest Haeckel）以及 赫伯特·斯宾塞（Herbert Spencer）的工作中第一次得到完整的陈述。这种意象在人类居住地中的应用则是一种新的见解，这种见解解释了在此之前的许多疑难和困惑，强化了之前的许多规范性概念，似乎这些概念直觉上就是正确的。这一模式所带来的许多理想都有早期的先例：在乌托邦思想中，在浪漫的景观设计中，在社会改革者、自然主义者和他们的学生们的地方性热忱工作中都体现了这种理想。思想先贤们创造了 19 世纪的有机定居理论，并在 20 世纪进行了发展。帕特里克·盖德斯（Patrick Geddes）和他的后继者刘易斯·芒福德（Lewis Mumford），美国的景观设计师弗雷德里克·劳·奥姆斯特德（Frederick Law Olmsted），社会主义改造者埃比尼泽·霍华德（Ebenezer Howard），地方主义者霍华德·奥杜姆（Howard Odum）和伯顿·麦卡耶（Berton Mackaye），提出邻里中心思想的克拉伦斯·佩里（Clarence Perry），一个梦想人类社区和区域景观是一个和谐整体的生态学家，还有大量的诸如亨利·赖特（Henry Wright）和雷蒙德·安温（Raymond Unwin）这样的具体实施这些理念的设计者们，都是这种有机模型理念的创建者和发展者。（图 49）

他们的作品和他们的项目至今仍然是经典的城市物理规划的训练基础，尽管经常以一些二手的、成色不足的形式出现。即使这些文本开始在一些"最重要的"学校中显得有点过时，它们所包含的思想在其他地方则得到更广泛和更深入的传播。这些作品是英国的新市镇、美国的绿地城镇，甚至是世界上大多数现代新市镇的中心，至少口头上是这样说。该模型在芬兰的新城镇塔皮奥拉（Tapiola）、英国早期的贝德福德公园（Bedford Park）和汉普斯特德花园（Hampstead Garden）周围，以及美国的雷德明（Radburn）和查塔姆（Chatham）村，实现了一种发达、完善的形式。近些年来，生态在公共事务中的应用强化了这种模型。它的基本理念隐含在大多数关于城市形态的公开讨论中，甚至影响了像昌迪加尔（Chandigarh）和巴西利亚（Brasilia）这样名义上对立的城市样板。（图 50）

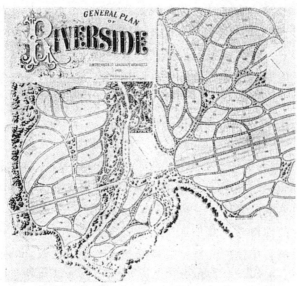

图49　1869年弗雷德里克·劳·奥姆斯特德为伊利诺伊公司设计的伊利诺伊河畔住宅郊区的原始规划和当代照片，位于伯灵顿铁路与芝加哥郊区的德斯普兰斯河交界的地方。充满植被的街道以浪漫的方式蜿蜒；这些房子处于河流沿岸的公园以及十字路口的小公园的背面。

　　第一个原则是，每个社区都应该是一个单独的社会单位和空间单位，尽可能自主。不过，在其内部，场所和居民应该高度相互依存。有机模式强调合作来维护社会，而不是把社会看作竞技场。每个内部组成的形式和功能本身与其他内部组成和相应的功能有明显的区别。进行生产的地方应该不同于其他地方，如，应该不同于睡觉的地方。无论是表面上还是实际上，社区都应该是一个整体。它将有一个最佳的尺寸大小，超过这个尺寸，它就会变得病态。

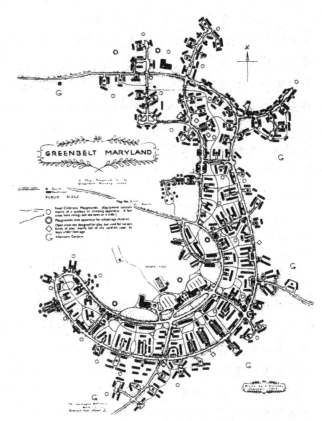

图 50　1937 年，马里兰州绿地规划，当时大约 2 800 人住在两层排屋和三层公寓里。弯曲的超级街区与地形匹配，在起伏中支撑起社区中心。这是基于适度的补贴住房的一个成功实验，但它周围的绿地后来卖给了开发商。

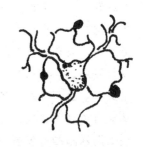

　　在内部，一个健康的社区是一个异质的社区，有各种各样的人和场所。这种混合有一些最佳的比例，一种"平衡"。各部分之间不断地交换，共同参与社区的总体功能。但这些部分彼此不同，彼此扮演着不同的角色。它们之间不是平等的或重复的，而是多样化的，在彼此的多样性中相互支持。由差异性角色（常常具有不平等性）彼此支撑形成的核心家庭模式，往往被视为一种居住模式。一般来说，一个居住单位的内部应该是一个有层次的结构，呈树状分支，每个分支又包含有次级单元、再次级单元等。就像活细胞一样，每个单元都有自己的界限和中心，同时又彼此连接在一起。"邻里中心"，或者说包括日常使用的配套服务的小型住宅区，是城镇组织的一个关键概念。它们同时具有社区运作的高级功能和低级功能。

居住地像生物体一样，从出生走向成熟（与生物体不同的是，它们不会死亡）。功能的实现是有节奏的，健康的社区通过保持其动态的、稳态的平衡而稳定。通过这种不间断的循环和平衡，社会和各种资源得以永续存在。如果有必要扩大，就应该通过建立新的殖民地来实现。最佳的状态是在生态高潮阶段的构成要素拥有最大的多样性，经由系统的能量得到最有效的利用，物质得以持续循环。当平衡被破坏时，当最优混合发生同质性退化时，生长破坏了边界，循环失败，失去活力，构成组分差异消失或自我修复停止。这种疾病是有传染性的，如果得不到治疗或切除病灶，疾病就会顺势传播。

某些物理形式与这些理念相匹配：放射模式；有界的单元；绿地；集中的中心；浪漫的、反几何的布局；不规则的弯曲的"有机"形状；"天然"材料（这意味着是传统材料，或接近其未加工状态的材料）；温和的低密度的住房；可见的土地上的植物和动物的距离；丰富的开放空间。受到推崇的是树状模型而不是机器模型。在有机模型理论的一些粗略论述中，城市的组成部分甚至明确地被认为与动物的功能相似：呼吸，血液循环，消化和神经冲动的传递。人类事务、工艺品生产或传统的活动，在露天进行；初期的生产加工链条，比大规模、自动化、高度合成的生产过程更受重视。对过去的农村和小社区有着强烈的怀旧之情。历史地标受到保护。各种景观中的不规则性或奇异特征成为某种令人喜悦和让人积极响应的东西。

由于我们在这里汇集了围绕着居住的有机模式的一整套理想，不可避免地我们可能会对每个贡献者的思想的某些方面有失公允。然而，它是一个非常连贯和自我支持的概念群，其主要价值是社团，连续性，健康，功能完善，安全，"温暖"和"平衡"，不同部分的相互作用，有序的循环和反复发展，能够保持亲密的尺度，以及与"自然"（即非人类）和宇宙的亲密关系。这不仅对城市规划来说是一个极好的处方，也是对城市的起源和功能（或者说功能未能实现）的一定意义上的解释。它对城市规划产生了漫长而深刻的心智影响。尽管它一再受到攻击并部分丧失了信誉，但似乎没有其他公认的理论能够取代它。它仍然以政策修辞的形式，控制着城市设计的实施和公共政策的制定。尽管最终还会有人批评这个有机理论中的许多重要观点，但这个理论依旧蕴含着诸多的启示。

核心的难点是类比本身。城市不是有机体，就像城市不是机器一样，也许不像有机体还要甚于不像机器。它们不会自己生长或自己改变自己，也不会繁殖或修复自己。城市不是自主的实体，城市也不会贯穿自己的生命周期，不会彼此感染。它们也没有像动物的器官一样有明显区分的部分功能。人们很容易拒绝这种比喻的粗俗形式——街道是动脉，公园是肺，交通线路是神经，结肠是下水道，市中心是通过动脉输送交通血液的心脏，而办公室（商人、官员和我们这样的知识分子聚集在那里）则是大脑。但更加困难、也更加重要的是，要看到这个比喻的根本性无能，以及它如何导致我们不假思索地切断贫民窟，以防止它们的"传染性"蔓延，引导我们寻找最佳规模，阻止持续增长，划分用途，努力保持绿地，抑制相互竞争的中心，防止"无形的扩张"，等等。有时，在某些地方，这些行动可能是合理的，但这些"有机"的行动，真的是模糊了我们的愿景。

如果我们剔除这种核心隐喻，许多理想即使不再设置在这样一个连贯一致的结构中，依旧可以得到保留。其中一些理想，如表面上的保守主义，对虚幻过去的怀旧，则很容易被剥离掉。对"有机"形状自动偏好也是如此。曲线的使用所具有的视觉效果，与提醒我们和器官或动物相近的情况相去甚远。具有特定有机形式的个别类比可以作为新理想的线索，用于建造建筑物的结构或水与空气动力系统。结晶形态也是如此。在城市建设中，两者可以不加区别地同等对待和使用。

不过，我们必须更加认真地对待其他有机概念。例如，等级概念似乎自然而然不可避免的是控制复杂性的一种方式，这种方式可以从树状模式和其他有机体的某些模式中很容易看出，它并不是一个宏大的自然法则。它是动物和昆虫之间的一种常见的社会组织模式，在面对可预测的压力时，它保持一个小单位的连贯行动。即便使用得不是那么成功，它还是被国王、将军和公司总裁们用来维持对大型人类组织的控制，尽管非正式的社交网络经常发展起来颠覆它。它是对我们的头脑非常方便的一种成像方式（就像二元论或边界），是我们所拥有的一种基于长期进化发展的心理装置。

但在城市这样的非常复杂的组织中，等级关系很难得到保持。一旦被强行设置，它对人类互动所要求的便捷流动是不利的。城市中没有"更高"和"更低"的功能，或者至少不应该有。元素和子元素之间不存在相互依赖关系。在分支结构中，除非所有关系都是非常集中和标准化的，否则，通过层次结构向上或者向下传递某种物品或者某种服务是非常困难的，因为在树状结构中层次结构的主要功用是索引和编目。在某些正式的威权组织中，层级在被痛苦地维持着，在这些组织中，这个正式通信网络的主要分支点是控制的关键。在城市规模上，等级制度不断重新陷入无序或产生新的不同的秩序。不过，由于缺乏替代的概念方案，我们发现很难放弃这种"非常突出"的模型。

明确的、部分可分的原则，在进行居住地设计的过程中，给了我们巨大的智力支持，即便如此，它也会产生严重的后果。一个城市中很少有更复杂的元素是具有明晰边界的可分离的器官。出于选择、灵活性或产生复杂意义的原因，融合转换是一个非常常见的特征，在这里歧义是很重要的。强加一个明晰的边界往往会减少准入，或有助于提升某种社会性控制。必须努力才能维持各种明晰的边界。我们对基于边界的各种各样的分离的偏爱，已经产生了非常严重的后果。

一般来说，小型居住社区（比通常规定的小得多）在城市生活中发挥着重要作用，但也存在着更大的功能社区，通常是政治社区。但是，如果没有安全、自由和福祉的严重损失，那么今天没有一个社区是自治的，而且它们也不可能再次变得自治。它们彼此之间并不整齐；它们没有明确的定义；很少有生命能在很大程度上与它们结合在一起；许多生命完全逃离了它们。我们也很难把社会或经济专制推崇为当代理想。事实上，即使两者在有机理论中都是显著的，但等级和自治在本质上是对立的概念。

最佳城市规模似乎也是一个难以捉摸的概念。没有人能够确切地知道它，所宣称的具体规模始终都在变动。诚然，环境质量随着城市规模的增加或减少而变化，因此，对应的形式也应该改变。小（一个家庭花园）和大（一片广袤的荒野）都有重要的价值，但实际问题非常复杂。更有可能的是要求制定新的发展战略的阈值（如需要排污的密度），而不是任何绝对限制。不幸的是，不同的阈值不会发生在同一生长点，因此它们的复合效应是模糊的。更好地了解阈值规模的特定作用，特别是关注增长率的重要性，可能比传统上寻找最佳规模更为重要。第 13 章和第 14 章我们将再次讨论这一问题。

稳定的城市（如果我们指的是动态的、自我平衡的稳定）似乎只能是一种意愿。城市不断变化，而这种变化不仅仅是走向成熟的必然过程。生态高潮似乎不是一个恰当的类比。城市不是由不思考的生物组成的群落，城市是会学习的人类的产物，它们遵循着不可避免的传承，直到达到某种刚性的极限。文化既稳定了生境系统，也破坏了生境系统的稳定，我们不清楚我们还能希望拥有什么其他的生境。高潮状态并不明显地比任何其他状态都好。近几个世纪以来，在任何意义上，我们从未保持过稳定的高潮。

对自然的感情和接近自然、接近生命体的愿望，是非常广泛存在于整个城市化世界里的情感。根据有机规则建造的定居点对我们很有吸引力的主要原因，是这种建造方式允许我们拥有这种密切接触。然而，自然是非人类的东西，离人类和文明越远，自然就越多。按照这个规则，荒野比狩猎营地更自然，狩猎营地比农场更自然，农场比城市更自然。但人和他们的城市就像树木、溪流、巢穴和鹿径一样是自然现象。至关重要的是，我们已经把自己视为整个生命社区的组成部分。

最重要的是，也许正是这种整体观点是有机理论最重要的贡献：习惯于把居住地看作一个由许多功能组成的整体，其不同的要素（即使不是严格可分离的）处于不断的、彼此支持的交换中，过程和形式是不可分割的。在丰富性和各种微妙的链接中，这种有机的想法以及与之伴随的惊奇和喜悦情绪，具有超越永恒的神圣模型和简单的机器模型的巨大优势。如果该模型能够摆脱对过于简单的与植物和动物关联的关注，摆脱仅仅基于界限、稳定、边界、层次和不可避免的生物反应的考量，那么该模型会变得更加适宜。融入目的和文化，特别是学习和改变的能力，或许能够为我们提供一个更连贯和更有说服力的城市模式。

第五章　一种一般性的规范理论何以可能

在关于城市的起源、发展和功能的各种理论生机勃勃的发展过程中，在相应的规划过程理论（决策理论）与之结伴发展的同时，我们尚未形成一种充分、恰切的关于城市形式的当代规范理论。存在着一些信条和观点，但没有一种系统去努力陈述一个场所的形式和这个场所的价值之间的一般性关系。对于城市的形态，如果我们仅仅具有一些理所当然的理解，那么，除了一股批判和主张的声浪之外，对于城市应该是什么的问题，我们实际上就丧失了分析的理性基础。

乌托邦城市的梦想似乎无从而来、无从而去。一旦革命成功，各种革命的理论对于城市应该是什么几乎毫无洞见。"科学的"规划者们把所谓的"废话"搁置一边，他们更关注现存的事物如何变化以及在当下的境遇中人们应该如何筹划生存。即便是这些科学的处置方式也充满着未经检验的价值。针对具体的物理性问题，各种专业人员直接提出在适度范围内可操作的解决方案。他们很少有时间去思考任何一个解决方案的理论基础。如果一个方案适用于一个特定的时间、场所或者文化，那么，另外一个特定的时间、场所或者文化或许就会很快取代它。城市设计模式只能带来极小的收获。

这些限制或许是不可避免的。但并不意味着没有可能创建一种连接的规范理论。存在着大量的能够这样做的原因，这些原因可以得到非常明晰的阐释，也允许一种明晰的辩驳。伴随着这些思想的发展，历月经年，不断地抛光和褪色，其中的许多怀疑在不同的时间也是我自己的怀疑。不过，到了今天，我有了我自己的立场。

反对观点 1：在重要的人类价值的满足体验意义上，物理形式不具有意义重大的影响。这些人类价值涉及我们和其他人的关系。在伊甸园的孤岛上人会感觉悲惨，而在贫民窟中人却也能感受到快乐。在获得满足的意义上，没有人会否认社会关系或者个体品性的关键性作用。不过，也没有人否认诸如氧气匮乏或者无立足之地这样的极端物理条件的重要影响。反对者会反驳说，显而易见，这些极端的条件与讨论的问题无关，因为这些极端状况几乎不会发生。在真实存在的城市中我们所做出的物理性选择决策，常常不太考虑空间性限制。然而，一点，一点，伴随着一个城市的现实状况逐渐形成，缺乏光照，寒冷，居住空间拥挤，交通受阻，植物或者水的缺乏，等等，对这些无关紧要的事情的潮水般的反对就会接踵而至，成为具有说服力的论点。于是，我们自然要强调这样的观点，即物理条件和社会条件共同使我们感受悲惨或者体验快乐，尽管一些时候，这种体验会显得含糊。

反对观点 2：更准确地说，物理形式自身对人类的满足体验没有重要的影响。除非你对某人所占有的某个地方的特定社会环境特别关注，否则，你实际上无法评判这个地方的品质。爱斯基摩家庭（或许我们应该说传统的爱斯基摩家庭），非常惬意地生活在其面积使得北美人无法忍受的住所中。一处物质条件很差但属于你并且给予你安稳的社会地位的房舍，与一间类似的使你被强力驱赶进去的房舍相比，会有完全不同的意义。

这个观点非常生动。极端的物质条件的作用并非独立于社会情境的观点，再一次得到重申。但是，在大多数现实事例中，社会形式和物理形式各自的作用是很难辨别的。如果一个人想要改变一个地方的品质，通常最有效的方式就是同时对其物质性设置和社会体制进行改变。同样，反对者会在这个观点中发现一个非常特别的必然推论：除非在极端事例中，大多数社会性模式不会独立产生巨大的影响作用。要认识这一作用在某种社会体制——姑且说一个核心家庭——中的某个个体身上产生的影响，你必须对其典型的空间设置有一个明确的概念。

鉴于这种紧密的关联，在维护其他方面的持续稳定的同时研究一个因素的特征变化依旧是重要的。社会调查很少认识到这个事实，即无视社会模式发生的空间位点便分析社会模式。空间性调查进行得更甚，在进行空间分析时甚至敢于无视人的存在。非常明显的是：在既定的一套社会模式条件下，物质模式对人产生着非常重要的作用，分析这些物质性作用，对于整体性的理解非常重要。至少这样一点似乎是可能的，即一些物质性的作用足够广泛，能够适用于社会模式中的一些温和的变化，或者说，其应用甚至具有一般性，因为在人类的本性中、在人类的文化中，存在着一些规律性。这就导致：

反对观点 3：在一种拥有稳定的体制结构和价值架构的单一文化中，物质性模式可能会产生可预见的作用。但是，要建构一种跨文化的理论是不可能的。因为会不可避免地把一种文化的价值强加到另外一种文化之上，所以构建这样的所谓跨文化理论甚至是危险的。每一种文化对于城市形式都有其固有的规范，不同的城市规范之间彼此相互独立。

每一种特定的文化都有其倾向的居住形式，这一点是显而易见的。有两种方式可以回答这样的反对。第一，就像上面提及的那样，一些作用会有其固有的特点，但是，那种对文化约束下的规范的挣脱，必定是有意义的。第二，对于形式的一些关注或许可以超越特定的文化，与此同时对这些关注的解决方案则是特殊的。对这些关注的一个清晰的定义以及形式如何作用于这些关注会是一种一般性的问题。这是我们下面将会提出的一般性方针。尽管如此，危险还在。就像任何处理人类价值的理论一样，一个漂亮的一般性处置方式，掩盖了一种种族主义的偏见。意识到这样的危险就是一种对危险的防范。

反对观点 4：不管是发生了作用还是没有发生作用，物质形式都不是一种关键性变量，但对这种变量的应用将引发变化。我们的物理设置是某种我们生活其中的社会的直接结果。如果首先改变社会，环境也随之发生变化。如果首先改变环境，那么这种改变一旦事实上实现，你将什么也没有改变。研究城市形式，对认识作用于某种社会体系的更久远的影响会有一些价值，但这种研究无关乎对世界的改变。

引述物质变化对社会形式日渐衰微的影响，并不比展示一种社会变化，即便是革命性的变化对一个城市的物质模式更少产生直接影响，更令人惊讶。社会模式和物质模式都具有惯性，通过一种干预变量，通过人的行为和态度，二者伴随着时间的流逝彼此互相作用。并不令人惊讶的是，这些次生的作用是模糊的、缓慢显现的。因为价值的根源是个体的满足体验和发展体验，于是，一切都足以表明：首先，物质的变化将对他或者她产生影响，即便是这些变化仅仅产生了很小的社会影响；其次，这些变化经常独立于一种主要的社会变化而发生。一个国家中的公共公园的创建就是一个典型的例证。这些公园没有改变我们的社会，但是它们给许多人带来了愉悦。

另外，物质性变化有时可以用来支持甚至可以引发社会变化。新德里的那种城市形式，支持了不列颠统治力量的主导以及社会阶层的国际性构成。拓展训练营依赖于荒野中的危险，去改变青少年小群体彼此之间的行为方式。奥奈达社区和震颤派社区建造了一种特殊形式的设置，以便建设一个完美的社会。不考虑具体的情境设置，去绝对地强调这些类别中某一类别的优越性是愚蠢的。为了使研究彼此相关，表明相关性能够促成一种物质形式的变化并且这种变化能够独立于特定的社会变化对个人产生的影响，是有充分理由的[1]。

反对观点 5：在一个城市或者一个区域范围内，物质形式并非极为重要。这种观点认为，一个人的家或者工作场所或者邻居处所——大多数人在此过着他们的生活——的外观，某种意义上与这个人的生活质量相关。但是一个城市的外观与这个城市没有什么关联。在城市或者更大的尺度上，需要进行的是经济和社会的考量。

这是一个流行的观点，甚至也是大多数专业规划师持有的一种观点，也是被专业设计的历史、被惯常的区域决策的本性所强化的观点。它实际上也是事物存在方式的一种反映。我们将尝试表明：把城市的物理功用仅仅限制为一种纯粹的局部性的作用，是一种错误的区域划界。那种设想出来的包含着大规模城市形式的特性，的确是无关紧要的现象。但就这一点而言，读者最好还是屏住呼吸，悬置自己的判断。

反对观点 6：即便是在城市形式和价值之间存在着一种显著的联系，这种联系也是不适用的，因为压根就不存在"公共利益"这样的事情，即便在单一文化和单一居住区中也是如此。存在着一种利益的双重性，其之间总是彼此冲突的。一个规划者唯一合适的角色就是：通过展现当下的城市形式和当下城市功能的相关信息，通过推测城市的未来变化、解释各种可能的行动产生的影响，来清楚地说明这种冲突产生的过程。

在利益的摩擦格外明显的同时，我必须承认自己相信那种陈腐的观念，即所谓的公共利益。这种过时的信念的基础是这样一种思想，即人类为生存、为很好地活着，便有着一些基本的要求，在任何一个既定的文化中，都有一些重要的共同价值。一些关于公正问题的抽象概念，对未来一代的关心，对人类发展潜力的探寻，等等，都可以补充说明这个特别的论点。应当承认，这些抽象的思想可以以许多不同的方式与一些具体的问题联系起来，对此究竟谁有最突出的洞见，并不总是非常清楚。在任何情形中，专业人士都不能宣称一种独占。不过，这些概念应该承受理性的争论，在这些争论中，一个公共规划师总会持有一些一般性的偏见，这些偏见限制了他所拥护的对象的选择范围。即便这一点不那么真实，但对于任何为了确定自己想要的东西而努力的团队（还有对这个团队的专业支持者）来说，一种规范理论还是有用的，对于任何漠然的、道德中立的规划师而言，这

---

[1]　不过，如果两种变化一起发生，不考虑社会模式具有的意义、不考虑两种形式的变化产生的影响，这种变化几乎不可预见。这一点使我们又回到反对观点 2。

样的规范理论也是基础性前提。

反对观点 7：规范性理论——明确地说，就是那种一般性的评价规则——在涉及地基、桥梁这种单纯的实际对象时，或许是可能的[1]，但是对于一些审美形式来说就是不合适的。在这里，我们依赖于艺术家和批评家的难以捉摸的内在知识，或者我以"我知道我喜欢什么"来对之反击。一个伟大城市的美是一个艺术的问题，不是一个科学的问题，是一个极具个人性的事物，是平庸的语言无法言说的东西。

我的第一个回答：城市自然也是实际的客体，城市多样性的、明晰的功能可以是多重性的、明确的讨论主题。进一步说，当集体决策扩展并超越小的团体时，这种决策要求这样的讨论。

我的第二个也是更基本的回答是："实用的"功能和"审美的"功能是不可分离的。对于那种为非常实用的目的使用和发展起来的认知和概念来说，与之对应的审美体验是一种更强烈、更有意义的城市形式。理论必须涉及城市的审美方面，尽管这个方面可能是更加困难的任务。事实上，必须将功能和审美问题作为同一个现象同时处理。各种场所的一些复杂的、主观性的东西，将会逃离我们，其他一些方面将会进入讨论，甚至获得认同。在辨识一个精美的油画时，艺术批评不仅仅是絮叨的点评，批评者会振振有词，即便他们的言说在许多时候很难理解。

反对观点 8：即使那样……城市形式依旧是精细、复杂的，人类的价值体系也是这样。城市形式和人类价值之间的链接可能是难以理解的。不仅如此，城市是如此复杂，你能设计一座房子，但你永远无法设计一个城市，也不应该设计一个城市。城市是广阔的自然现象，我们的能力不足以改变城市，我们也不足以知晓应该如何去改变城市。

对这个问题的最基本的回答只能是经验性的，在此之外加上一种信念，就是说，即便完善的知识我们无法获得，局部性的知识依旧是有用的。把设计一个城市视为设计一座建筑，显然非常危险并且是一种误导，这一点在随后的章节中我们将详细论述。不过，我们的确介入的是复杂的、大规模的、"自然的"现象，但借助一些知识，并非不可避免地产生灾难。整块的区域被规划出来，清理后用作稳定的农业，山边的梯田种植稻米和玉米。巨大的人工港口建造起来并得到维护。中国的大运河 1 400 年前挖掘，直到今天还在运作。在形式和价值的纠缠之中，存在着大量的中间地带值得开掘。我现在就倾向于转向这个中间地带。

---

[1] 桥梁、地基是纯粹的实用的客体，除非它们不可见。

首先，这样认为似乎是合乎逻辑的，即我们采取的每一个行动，至少是每一个理性的活动，都发生在对价值和目标审慎思考的长链的末端。我们走向电话是为了拿起电话，拿起电话是为了打电话给某个人，为了告知这个人安排一个会议，这个会议是为了说服一些人，为了让这些人通过一项规定，通过这个规定将对感染了病菌的空罐子和井口的间隔距离设定一些限制，这些限制是为了使罐子和井口在以后不要挨得太近，拉开距离是为了减少致病有机物进入井水的机会，进入井水机会的减少是为了降低居民的疾病感染率，疾病的减少是为了延长居民的健康寿命，健康寿命的延长是为了居民更具活力和更加幸福。这个长链中的每一个短链都是当下的一个目标，都可以基于它与上、下链联系的强度得到检验。我们既要问："我们这样做是为了什么？"我们也要问："下一步是否能够真正实现我的目的？"

我→为了 A→为了 B→为了 C→为了 D→为了 E→为了 F→为了 H→为了……最终达成 G

```
I
in order to
in order to
in order to
in order to
in order to
so that finally
```

同样符合逻辑的是，非常清楚，这是一个非常不真实的人类行为图景。在走向电话之前，没有人会停下来，去仔细检查这样一个令人烦恼的推理长链。这个长链的低端是沉没在习惯之中的，与此同时，长链的高端是消失在云端的，只有在雄辩的演说时刻，这一切才会得到揭示。我们停下来思考的只能是链条的中段："打电话召集一个会议是不是使规定获得通过的最好方式？" 即便在争论展开时，整个的行为链条也永远不会得到审查。反对者永远不会质疑打电话是安排一个会议的最好方式，他们只会同意阻止疾病是一个值得做的事情。他们会集中关注什么是他们认为比较好的阻止疾病传播的方式，如喝饮料取代喝水，或者建造净水工厂。他们或许会指出加大水井间隔带来的一些比较严重的后果，诸如使用简易工具的人无力获得廉价的水供给。

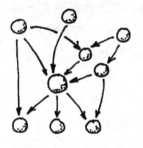

问题不仅仅是目的链条和行动链条的冗长以及这些链条在某些地方链接得不那么安全，而且还因为不同的链条以令人困惑的方式消失，以至于单个的行为产生自多元的价值并且产生双重的结果，这些结果本身又反过来作用于其他的价值。最终的结果是一个树丛而不是一个链条，或者更精确一点说，是一个根和枝相互交错、相互嫁接的树丛。当我们把这样一个事实，即不同的人具有不同的价值、对同一个结果会有不同的印象附加到上述困难时，当我们进一步把任何问题情境的变化所产生的价值和结果都会随着时间的变化而变化也另外地附加上去时，就会立即发现我们很难相信我们能够带着任何理性的目的去行动，涉及公共事务时更是如此。不过，尽管没有依照空气动力学理论飞翔，蜜蜂实际上还是在飞。

事实上，我们是通过限制我们的理性来明晰行为的界限，继而来管理这些模糊性。比较一般性的目的通常能够达成，但对这些目的的检验既不是来自目的自身，也不是来自目的的链条。特定的行为是直觉地、文化性地决定的，或者是个体习惯性地完成的，继而是"不假思索地"实现的。我们把我们的明确性限定在价值丛的非常确定的区域内。我们会集中关注一个或者两个结果或原因，而忽略其他的结果或原因；我们拒绝接受异端邪说，我们把细节交给专家。凶悍的对手会心甘情愿地接受一种上层的或下层的界限，以便能够在一种确定的空间中战斗（这样，赢得一场政治斗争的能力在相当大程度上就依赖于选择界限的技巧）。初始的公共争论常常范围极广，它们通常只是通向关键时刻的导引，直到某个人说，"好了，因为我们必须决定，让我们接受……"

因为关于城市形式的决策影响着许多人，所以它们必须至少是明晰和理性的。不仅如此，尽管冗繁，但理性还是我们做出更好决策的仅有手段，公共决策事实上应该是理性的。如果我们留心最具物质性的规划报告，我们会看到一种涉及这种公共目标的一整套策略。它们首先陈述一些像健康、好的生活环境、高品质的生命质量、高标准的生活条件、最有效率的对土地的使用、资源的保护、稳定且内在统一的社会、机会的最大化等非常一般的公共目标。在这种一般形式的意义上，很难达成某种认同，并且这些一般形式的内涵也相当含糊。这样的报告于是会跳跃到更低层级的主张：一条地铁线路应该建造，因为它会缩短 A 地到 B 地的旅行时间；更进一步的是郊区发展应该得到抵制以便阻止"杂乱蔓延"；为安全考虑，所有超过两层楼高的建筑应该有两个出口以应对火灾发生；等等。这些主张与那些广泛的目标之间的联系处于未检验状态，而且事实上它们很有可能就不具有可检验性。特定的主张常常是合理的，它们特殊并且明确。作为特定的解决方案，它们可能会导致诸如对商业中心的强制性转移或者引发经济适用住房的短缺等不想要的结果。所以我们或许就在这些具体的空间性主张提出之前开始提出一些目标，看看是否可以以其他不同的方式行事。

我们甚至可以一种愚蠢的方式发问："为什么不延长 A 地与 B 地的旅行时间？""杂乱蔓延有什么不对吗？""仅仅为降低建筑的成本，增加火灾引发的死亡的危险值得吗？"

非常一般性的目标和城市形式之间的链条，通常是不可计算的。另一方面，低层级的目标和解决方案，受到其手段太严格的制约，对其目的的实现来说过于轻率。在这两难之中，突出那些尽可能一般的目标，似乎是合适的选择，这些目标可以不用规定特定的物质性解决方案，而这些目标的实现则可以可检测地、明确地链接到物质性解决方案上。这就是应用于城市尺度的、我们熟悉的那种效能标准。适度的一般性就是那种略微高于特定的空间性安排的一般性。例如，既不是"一种令人愉悦的环境"，也不是"到处是树"，而是"在夏天可以发挥一点作用的微气候"或者是"从每一个居住点都可以看到的一些常生的生物"。

如此看来，具有效能特征的这种理论似乎可以成为构建一种规范性城市理论的基础。发展一种兼具有限性和一般性、有可能涵盖所有关于城市形式的重要问题的理论，就是我们当下的目标。这种理论将替代传统意义上指导有关好城市的议题讨论的教条规范。

■ **第二部分 关于理想城市的一种理论**

第六章 效能的维向

效能的特征比较具有一般性并且容易得到使用，通过参照城市的空间形式，效能在一定程度上可以得到度量。不过我们知道，一个地方的品质取决于那个地方和占有这个地方的社会的联合作用。我们可以设想三种策略来避免把整个宇宙纳入对城市效能的度量的那种企图。第一，我们可以详尽说明形式和目的之间的链条，这些目的的存在源于一些物种存在范围或者人类居住范围的具体规定，例如，人类对气候的容忍度，或者小规模的社会群体的重要性，抑或作为一种网络通道的城市的一般性功能等。第二，我们可以增加对一个地方的空间性形式的描述，在这种描述中，那些特定的社会机构和心理态度直接与这些形式关联，反反复复地影响着城市的品质，正如我已经在第二章的结尾处讨论过的那样。上述这两个策略，在下面都会得到运用。

第三个也是最后一个是：我们必须认识到，对于城市设置一种效能标准是非常愚蠢的，如果我们是在一般化意义上理解这种标准的话。断言理想的稠密度是 1 英亩 12 个家庭或者理想的日间气温是 68 华氏度，或者说所有的好城市都应该把居住人口组织为 3 000 人等，都是需要质疑的论断。关于城市的效能我们希望获得的一般化的东西，是那些关于城市效能的一些可辨识的特征，这些特征主要依赖于它们的可度量的空间性品质，与之对应，不同的群体倾向于获得不同的位置。这些可辩论的特征应该能够用来分析任何城市形式或者城市主张，基于特征维向指引的具体的位置，可以通过具体的数字，也可以仅仅使用"大致"这样的词语来确定。一般而言，对于大多数文化和大多数人来说（如果不是所有人的话），维向应是最为重要的品质。理论上来说，维向也应该包括所有的品质即在一个物质处所中的人的价值（当然，这最终还是一个无法接受的严苛的标准）。

例如，我们或许把持久性视为一种效能维向。持久性是一种程度，它意味着一个城市的物质性要素阻抗破损或者衰败、保持自己的能力以便能够更长时间地运行。选择这样一个维向，是因为我们假定，关于自己所在的城市，人们都倾向于认为持久性非常重要，尽管也有一些人想要这个城市转瞬即逝，而另外一些人想要城市永存。进一步说，我们知道如何度量一个居住地的一般性的持久性，或者至少知道如何度量持久性的几个重要方面。一个帐篷营地可以与穴居人居住地比较，在既定的一套特殊的价值体系下，我们可以告诉你哪一种更好些，或者人们可以对之做出属于自己的评价。他们还可以决定，为了获得某种价值，他们在多大程度上心甘情愿地放弃一些持久性。或许我们通过展示那些对每个人都不太好的极短和极长的持久性，来确认一种最适宜的持久性的范围。尽管持久性与最基础的人类价值的链接仅仅是一个假设，我们还是相信这个假设是合理的。持久性与所偏好的存在方式、与人们之间的相互联系，足以把这种思想即持久性维向视为一种可运作的中间目标。与此同时，这种中间目标与像建筑材料、建筑密度、防水结构这样具体的物质性征相对应的城市形式的连接，会得到明确的强调。

作为一种有用的政策指导，一整套的效能维向应该具有下述特征：

1. 它应该具有主要涉及城市的空间形式的特征。就像在上述讨论中得到广义的界定那样，对于人类和人类文化的性质要给出比较确定的一般性的陈述。在一定程度上，承载着这些特征的价值会随文化的变化而变化，这种价值对文化的依赖性必须得到明晰的阐述。但这种维向本身以及基于这种维向的分析方法则应该保持不变。

2. 这些特征应该尽可能地一般，同时要保持这些一般性与形式的特殊性之间的明确联系。

3. 应该有可能把这些一般性的特征与一些重要的目标和文化承载的相应价值联系起来，至少能够通过合理的假设链条将其联系起来。

4. 这些一般性特征的设定应该能够涵盖相关的居住形式的所有属性，以某种重要的方式与基本的价值关联。

5. 这些一般性的特征应该以效能维向的方式存在，与之相伴，在不同情境中的不同团体将自由选择最佳位点或者"令人满意的"开端。换言之，在价值变化或者价值演进的地方，这些维向依旧可用。

6. 与这些维向伴随的位置应该可辨识、可度量，至少正在使用的可获得的信息能够得到"大致"辨识和度量。当然，它们可能是复杂的维向，因此，维向的位置不需要是一个单独的点。进一步说，可获得的数据或许会暂时性地避开我们。

7. 这些一般性的特征应该具有同等层级的一般性。

8. 如果可能，这些一般性的特征应该彼此独立。就是说，与一个维向对应的达标水平不应该隐含与其他维向对应的特定指标。如果我们无法产生独立的维向类别，而交叉关联是明确的，我们就会尽量减少设置。对独立性的测试，需要具体的分析。

9. 理论上说，对这些维向的测量应该能够处理那些随着时间变动而变动的属性，形成一个可以进行当下评价的扩展图式。更为理想的是，度量应该处理当下的状况，但也能够适用于当下事件向未来的发展。

10. 有许多先前的尝试可以概述出度量"理想城市"的一套标准。我在下面提出的一些维向并不是我原创性的发明。附录 C 表明了我所使用的资源。先前设定的标准至少已经被我们上述的一些准则所打破。那些标准或者有时过于一般，要求一种包含有文化的、政治经济的以及其他非形式化属性在内的复杂计算（通常是不可能进行的计算），以至于远远超越了居住形式。或者它们仅仅是一些针对特殊情境的特殊的物质性解决方案。它们可能混合了空间的和非空间的属性，混合了不同层级的一般性，混合了不同尺度的可应用性。通常，它们受制于一种单一的文化。它们没有包括对人类价值非常重要的所有的城市形式。它们经常呈现为绝对的标准，或者寻求最大化或者最小化而不启用维向。这些标准常常无法依据明确的方法得到辨识和度量。它们常常互相重合。

下面我们所列的清单是以一种能够避开这些困难的方法，对相关资源进行修改和记录的结果。这个清单中假定的那些一般性基于一些规律：宇宙的物质本性，人类的生物学的和文化的常量，一些通常出现在现代大规模居住地的属性，其中包括这些属性的维持和变化的过程。

一些关于人类居住地的本性的观点有必要在任何相关的讨论中涉及，尽管这些观点不很清楚或者不具有一般性。不幸的是，非常容易说出城市不是什么：不是一个晶体，不是一个有机体，不是一台复杂的机器，甚至也不是一个错综复杂的通信网络——像一台计算机或者神经系统那样，可以通过重新组织它们的应答模式来进行学习，但它的原始要素从未相同。是的，城市在某种程度上像是神经系统，城市在相当重要程度上是通过信号，而不是靠下订单或者机械的链接或者有机的聚合连接在一起的。在一定意义上，城市的确是在发展、在变化，而不是沿袭某种永恒的模式不变，或者伴随着时间的流逝进行着机械的重复，甚至也不是仰仗能级降低（熵增）的一种永恒的循环。

不过，生态学的思想似乎更接近给出一种解释，因为生态系统是一个栖居地的有机整体，在其中每一个有机体与自身同种类的其他有机体，以及其他物种和有机的构成都有着某种关联。这种关系系统被视为一个整体，具有其固有的一些特征性属性，这些特征性属性涉及系统的涨落和演化、物种多样性、通讯的相互性、营养循环以及能量通道等。生态系统的概念涉及非常复杂的系统，涉及变化，涉及有机分子和有机要素的结合，涉及大量的行动者和形式。

更进一步，一个生态系统似乎更接近一种居住地。在其中，复杂的事物最终必须以它们自身的方式得到理解。如果仅仅从其他区域借鉴某种东西，整体的图景必然会损毁，尽管隐喻性的借鉴是理解所必需的前提步骤。

当然，考虑到我们的目的，生态学的概念有它的缺点。生态系统由"不计后果的"有机体构成，对自身深深地卷入生态系统以及这种卷入带来的后果没有意识，没有能力以任何一种基础性的方式改变自身。如果不受干扰，特定的生态系统会趋向其成熟性的稳定的顶点，在这个顶点，基于既定的有机设定的限制，物种的多样性和能量利用的有效性都达到最大。养分的循环会逐渐地在下沉中消失，能量则不可避免地逃离系统或者不再能够获得。没有任何东西可以明确地被知晓，也不再会有渐进性的发展。有机体的内部体验——其目的、其图景——已经彼此无关；有的仅仅是外在的行为表现。

对于人类居住地来说，一种演进中的**"学习中的生态学"**或许是一个更恰切的概念，至少对于某些有意识的行动者来说，有能力修正它们自身继而有能力改变游戏的规则。占主导地位的动物则能够有意识地重组物质、转换能量流的路径。对于多样性、相互依赖性、语境、历史、反馈、动态稳定性以及循环演进这些熟悉的生态系统的特征，我们必须添加价值、文化、意识、进化（或者退化）、发明、学习能力、内部体验的连接、外部行为等这样的特征。意象、价值、创造以及信息流在这个过程中发挥着重要的作用。跃迁、革命、突变可以发生，新的路径会被接纳。人类学习以及文化能够使系统去稳，或许某一天，其他物种将会加入这种非确定性的游戏。这个系统并非不可避免地趋向某种固定的极值状态，也并非不可避免地趋向熵最大状态。一个居住地是一个有价值负载的安排，有意义地发生着变化、实现着稳定。通过一种广大和精细复杂的网络，系统的要素得以连接，这样的网络只能被理解为一种境遇性系统交叉的序列，绝非僵硬的或者瞬间的链接，而是没有边沿的织物的组成部分。每一个部分都有一种历史、一种语境，这种历史和语境随着一个部分向另外部分的移动而发生变化。按照一种特殊的方式，每一个部分包含着这个部分的境遇性信息，扩展开来也就包含着系统整体的信息。

自然，这个观点中隐含着各种价值。好的城市就是那种在维持这样的复杂的生态系统的连续性的同时允许产生渐进性发展的系统。好的基本蕴含是：个体的持续发展或者小团体及其文化的发展，是一个逐渐变得更复杂、更具丰富性连接、更有能力、更能获得和辨识新的力量——智能的、情感的、社会的以及物理的——的过程。如果人类生活是一个持续的生成状态，那么它的连续性就是成长和发展（基于连续性的发展，一种循环的状态）的基础。如果发展是一种变得越来越具有能力、越来越具有丰富性的连接，那么，在时间和空间中，感觉到个体与环境联系的增强这种感觉本身，就是成长的一个方面。于是，一个好的居住地就提升了一种文化的连续性和居住其中的人们的生存能力，增强了在时间和空间中的连接体验，允许或者激励了个体的成长：通过开放和连接，在连续性中发展。

自然，这些价值能够运用于评判一种文化和一个场所。无论是在文化还是在场所中，都存在着一种张力以及连续性之间的一种循环和发展——稳定性之间的发展，稳定性连接要求一种一致性以及变化和成长的能力。据此，组织起思想的文化以及成功地处理了各种张力和循环性的机构，应该是所期望的东西。类似的，一个好的居住地也是一个开放的居住地：通达、去中心化、多样、适应力强、包容。这里所凸显的动态的开放性显然不同于环境决定论者（以及大多数乌托邦）对循环和稳定的坚持。一流的状态是走向发展，同时保持着时空连续性。因为一种不稳定的生态系统具有促成发展和引发灾难的可能，因此，灵活性以及学习的能力和快速适应能力就变得非常重要。冲突、压力以及不确定性不能排除，与压力相伴的人类的憎恨和恐惧情感也不能排除，但是爱和帮助肯定会在那里。

城市的任何新的模式必须用客观性的关系陈述整合价值陈述。我所勾画的模式既不是一种成熟的模式也不是一种明确的模式，我更具体关注的是规范理论。但是正在阅读此书的读者会发现这些一般性的倾向——连续性、连接性和开放性——成为随后所有章节的基础，即便是这些理论尝试使自己适用于任何特定的境遇时，依旧如此。

鉴于一般性的看法以及为城市的空间形式构建一套有限的效能维向的任务，我给出如下的建议。其中的每一个都不是单独的维向；它们每一个都涉及一群的品性。但每一组群又都具有一种共同的基础，并且可以通过一些一般性的方法得到度量。在这里，我直接命名这些维向。随后的章节将详细地讨论每一个维向。

有五个基础维向：

1. 活力：标志着居住地的形式对有活力的功能、生物学的要求和人类能力的支撑程度，最重要的是如何保护人类种族的生存。这是一种人类中心主义的标准，尽管或许某一天我们会考虑以某种方式来支撑其他物种的生命，即便那些物种对我们人类自身的生存并无什么帮助。

2. 辨识力：标志着居住地可被其居住者在空间和时间中明确地感知以及明智地辨识和赋予结构的程度，标志着居住者的心智结构与居住者的价值和概念的结合程度，这种概念是环境、人们的感知和心智能力以及文化结构之间的一种契合。

3. 契合力：标志着城市形式以及居住地的空间能力、管道能力和设施能力与人们的行动的匹配程度，这些行动是人们习惯性地介入或者希望参与的事务，是行为设定的恰切性，包括人们对未来行为的适应力。

4. 通达力：人们抵达其他人、各种活动、资源、信息或者场所的能力，包括可以抵达的要素数量的差异性。

5. 控制力：标志着使用和进入空间与活动的程度，人们的创造活动、维修活动、改造活动和管理活动，都能够受到使用这些空间、在这些空间中工作或者生活的人的控制。

如果这五个维向包含了居住地品质的所有主要的维向，我自然必须添加两个元标准，这两个标准总是附加在任何好的事物的列表之中：

6. 效率：在任何既定的上述环境可实现的水平上，在保证其他价值的前提下，创造和维护居住地的成本。

7. 公平：按照诸如平等、需要、内在价值、支付能力、付出花费、潜在贡献或者权力等一些特殊的原则，环境收益和成本应该分摊到居住地中的每一个人。公平是平衡居住地成员之间利益所得的标准，而效率则是平衡不同的价值之间利益所得的标准。

这两个元标准显然不同于前述的五个标准。第一，它们本身毫无意义，除非成本和收益被先前的五种基本价值明确限定。第二，两个元标准彼此介入对方的基础维向，因此二者不具有自身的独立性。它们是前述五个维向的一种重复性的次级维向。对于其中任何一个，我们都可以发问：(1) 什么是达到活力程度、辨识力程度、契合力程度、通达力程度以及控制力程度要求的成本？(2) 谁来判定在多大程度上所有这些得以实现？

我建议将这五个维向和两个元标准作为居住地品质的包容性度量尺度。团体和个人对其进行不同方面的评价，继而赋予其不同的优先性。不过，要实现对这些维向的度量，处在一个真实情景中的一个特殊团体，需要有能力判断他们所评价的场所的相对好与不好，需要获得必要的线索来改进或者维持这种好。所有五个维向在一定程度上要能够得到界定、得到辨识和得到应用，并且这种应用能够得到改进。

现在，情况真的如此吗？这些维向真的达到了上述讨论中给出的所有标准吗？它们展示的是一个城市的真正的"好"，抑或仅仅是一个书面的罗列？这些维向的定位通过一种具体的方式确定和度量了吗？它们是不是研究工作的有用的准则？它们是否能够应用于不同的文化和不同的时间？关于最适宜的条件如何根据资源、权力或者价值的不同发生变化，是否存在着一般性的前提？这些维向的实现程度是否与特定的空间模式相关，继而所提出的解决方案的利益可以得到预测？我们对场所的倾向真的会随着效能的转变而显著地变化吗？所有这一切都有待观察。

首先，有必要详细阐释每一个维向，以便扩展出它的次级维向，继而解释这个维向与特定的形式和更一般的价值可能发生的关联。这样做，我们就能够审视存在着哪些根据，指出我们的知识中的某些断裂。不过，很快就会明显地看到这种根据在何种程度上仅仅是推测性的。

第七章　活　力

　　如果一个环境能够支持生活在其中的个体的健康和生物学功能的正常运作，能够保证寄居其中的物种的生存，那么这个环境就是一个好的栖居地。健康与否的界定，异常困难。健康的许多方面（即便是良好的健康状态本身的定义）更多地依赖于社会结构而不是环境结构。我们将关注那些相对而言得到比较清晰界定的健康方面，这些方面在相当重要的程度上依赖于空间环境的本性，这种本性植根于人类生物学的普遍特性，这样它们就可以以类似的方式跨越不同的文化。或许有三种主要的环境属性关系到健康、良好的生物学功能和物种的生存，三者造就了一个有活力的地方，一个适宜的生命场所。

　　1. 可持续性。那里应该有充足的食物、能量、水、空气供给和适当的废水处理等，环境的"吞吐量"必须足以支持生命的存活。供给和处置的物理系统，资源的相对占有密度，居住地的位置，与隔离和空气流动关联的建筑及景观的作用，空间、土壤、植被的保护方式，以及这种方式所要求的供给能力，都影响着这种可持续性。耕地、温室效应、水土保持、林木管理、排污系统、井道、煤矿、河流控制、内部通风、食品市场、导水系统、公厕、场址安排等，都是要达到这种可持续性目标所需调动起来的空间设施。

　　2. 安全性。一个好的居住地是那种没有危险、没有毒害、没有疾病或者是危险、毒害、疾病都得到控制的地方，人们较少地具有遭遇这些危害的恐惧。它是一种物理上安全的环境。安全性的达成涉及空气污染和水污染的问题，涉及食品污染、毒品出现、疾病控制和疾病传播，以及减少人身伤亡、抵抗暴力袭击、阻止水患火灾、防护地震及对遭受上述伤害的人员的处理等问题。清单很长，但其目标和物理手段则相对确定，因为所有这些都与对某些问题的避免相关。

　　3. 协调性。最后，空间环境应该与人类的基本生物学结构协调。它应该提供适宜的内环境温度。它应该支持自然的韵律：睡眠和行走，警觉与漫不经心。它应该提供最大限度的感官输入：不会让人负担过重，也不会剥夺对人的必要的刺激。他/她应该能够很好地听、很好地看。这一点对于一个孩子的正常发展或许尤为重要。像台阶、门、房间和斜坡这些环境要素，都应该符合人体的尺度和力量，如高度、长度、连接处、手控性、前视和人的举力等。这些都涉及人体工程学的基本数据或工程学的人类要素。环境要素的设置应该激发对身体的积极使用，使得身体的任何一个部分都不会因为缺乏锻炼而退化。这些问题中的一部分已经得到很好的界定，其他问题——特别是支持人体的韵律——则尚不明晰，但是，这些问题的内涵则处在不断的发展中。

或许在过去的年代仅有为数不多的狩猎—采集社会或者农业社会的小规模定居地能够享受一种可持续的、安全的和协调的生活场所。除了战争期间的防卫考量，这些至关重要的要求通常不会成为城市建造者们真正的、紧迫的动机。周而复始，城市建造者们总是被迫把官方的注意力集中到瘟疫、火灾或者饥荒上面。对作为人类栖居地的城市的可持续性关注，相对而言不过是一种新近的现象。

这三种要求对于每一个人都是共同的，毒品使所有人受害，无论是在哈肯萨克还是在索维托都是如此。这些问题通常都作为"环境问题"的一部分进入公共议题的讨论，这是在狭义的、误用的意义上使用了环境这个概念。不过，置于健康和个体生存或者避免饥饿和恐惧之上的价值，会随着地域的不同而发生变化。活力并不是一种绝对的好，除非是为了某种特殊物种自身的生存，因为该物种是生物学地居于其中的。一种生命可以为其他目的牺牲自己，这种牺牲换来更长久的生活。一些风险是可以接受的。如果可能，我们是否想有一种完全健康的环境，在那里没有伤害、没有疾病、没有压力？实际上，只要代际延续可以实现，一种短暂的和痛苦的生活可以被接受为是一种自然的甚至是恰当的生活。在任何情境中，个体的死亡都是不可避免的。

生物学意义上的健康和功能，实际上并不意味着舒适。一个柔软的座椅，一次便利的旅行，一种温和的气候，一种平静的死亡，或者是一次愉悦的就餐，或许无关健康，甚至不利于健康。健康的一些状况或许会违背本能的驱使，有一些危害或许是隐藏的或者不属于我们的常识部分。这样，专家们或许"最为知道"谁处在真正的危险之中。这一点引发出为他人利益而行为的伦理问题，这种行为甚至常常违背他人的意愿。比如，人们应该被强制性地饮用添加氟化物的饮用水吗？

良好的健康和流畅的功能，或许能够被体验并且被享受，但它们的确很难度量和界定，尤其是当我们涉及精神健康问题时。而不健康和遭受挫败则更加容易得到辨识。有效的环境法则于是就倾向于注重问题发生的阈值，而不是某种最大值。我们总是寻求风险的合理水平，而不是完全没有风险。诸如压力、疾病、重复性失败或者死亡的标准通常被设置为某种可容忍的范围。有些时候，个体会寻求风险，通过风险测试自身、享受危险。基本的法则是群体的生存，与群体生存相伴的就是个体的良好状态以及使用和发展人类内在力量的机会。例如，一个成长中的孩子，应该能够逐渐地扩展其生活的范围，越来越多地遭遇其所生活的世界，以越来越大的责任担当磨炼自己，并且总是有能力退回到自己的"巢穴"。显然，这些准则是将要发生的一切的基础，因为生物性的生存支撑着所有其他人类价值。活力是一种保守的、也是非常一般的法则——一种被动的、支撑性的属性。它在强调连续性的同时，又为个体的发展提供机会。因为基本的目标是物种的生存，这种目标涉及物种的再生产及其后代的养育，与之相关的法则尤其具有重要的意义。

尽管这些法则很少被实际地遵循，但在环境规划的理论文本中，这些问题的存在已有很长历史。维特鲁威（Vitruvius）在公元前 1 世纪已经为健康的居住地的设置与设计制定了法则，并且收集了大量的早期知识。以同样的方式，古代的印度文本论及了居住地设计中的健康法则，同样的法则也出现在印度的法律中。这些法则中的大多数都涉及气候和可见污染物。关于由新的知识武装起来的那种不可见的世界，19 世纪英国的卫生改革家引入了大规模的排水和供水系统，这个系统把那个时代的城市积水地变成今天相对健康的居住地。

不过，活力问题依旧突出。在我们已经知道的许多区域，这些知识尚未得到很好的运用。发展中世界的大都市生活与 100 年前的西方城市几乎一样危险。在富裕城市的贫困区域，疾病和营养不良依旧在流行。新的生存威胁也已经出现：世界性的食物、水、能源短缺（至少在太阳能的经济性可利用之前是这样）；核灾难；大气及海洋的全球性污染。伴随着技术的发展，新的灾害不断地产生出来。甚至我们的污染物排除系统本身都会以新的污染方式出现。

新的生存方式、对先前的健康威胁的去除、知识的发展，都发现了从前没有被察觉到的威胁，或者把旧有的问题、已经接受了的宿命变为可解的问题。例如，变得日益明显的是：窄频人造光的长期照射会剥夺我们对来自阳光的宽频光的刺激感应，继而会打乱我们内在建立起来的、以太阳日为基础的身体韵律；对诸如霍乱、佝偻症等给人体带来严重威胁的疾病的去除，使我们把注意力转移到引发心脏病或者癌症的可能的环境问题，或者转移到更细微的空间的预先设定对心理疾病的影响；当地震可以被预测时，人们就会考虑如何以及何时撤离一个受到威胁的城市。这样，尽管在改善人类居住地问题上已经有大量的成功事例，但今天面对的问题与以往相比依然很多。由于我们日益增强的期待，似乎使得真正的实现变得更加遥远。

像任何上述我们罗列的维向一样，活力越来越成为一种公共物品，因为健康和生存是广泛认同的价值，而由健康的威胁所引发的疾病，在发病率中则经常是含糊的。在这个领域，我们更有把握为其他人做出判断，特别是为即将到来的下一代做判断，因为我们能够推测他们也希望健康和生存。像大多数公共物品一样，活力总是在缺口出现时才得到重视，因为任何人对活力的投入，都很少与其自身的利益直接关联。下游的饮水者饮用来自上游的污染物，在我们自己的发射井中的弹头是有益的，因为它一定会发射到其他别的城市。伴随着我们逐渐意识到我们的动物自然本性和我们的生理设定之间的契合的重要性，环境对健康的威胁似乎总是在增长。

新的排污系统、排斥工厂扩张、限制烟草或者汽车、关闭战争工厂等，导致了巨额的经济投入。当我们对这些问题进行一个"理性的"分析时，我们就受到这样的问题的困扰，即对生活价值的资金投入的计算以及对当下规划好的投入和发散的未来投入的比较。当然，存在着由活力匮乏引发的亚等级的投入，但是这种投入很难得到辨认。于是，对增强活力或者保护活力的度量，就由于公共权威的介入以及知识应用的滞后而变得格外主观任意。

把世界改变为更适合居住的最早的方式，与简陋的庇护所，与作物和动物的家庭饲养，与在接近食物、燃料、水源的地方选择定居地，直接相关。长距离交通和现代食品生产在把我们这些生活在比较富裕国家中的人明显地从早先的约束中解放出来的同时，也引发了由于世界范围内的可持续性丧失而导致的短缺。结果是，人们开始重新考量涉及一些基础资源的地方自治的价值。

在历史上的另外一个时期，居住设计领域的专家设计了许多防卫性的设施：要塞、城墙、外垒等。这些中的大多数现今已经过时。我们似乎生活在武装对抗的阴影之中，尽管地下设施一直处在建造之中，但我们始终在制定着各种疯狂的疏散计划。利用城市的形式结构抵御进攻现今已变成挫败犯罪侵扰，或者变成与我们身边的各种移动杀手共处的方式。大多数交通规划都在关注与交通事故发生率相关的物理模式和物理规则之间的各种关系。

各种结构为了避免火灾、洪涝以及地震而选择场址、进行设计，这种知识具有巨大的价值。救助、安抚以及调控服务的空间性组织，也是对抗自然灾害的一种重要因素。不过，我们现如今才刚刚开始研究人们如何在这样的灾害中生存。类似的，关于抑制传染性疾病的肆虐，关于纯净水、食物以及药物（尽管有极少部分涉及商业领域）的供给，关于废水的排放和净化处理，关于医疗护理的空间组织，我们拥有大量的有价值的知识。

糟糕的小气候产生的负向作用广为人知、令人恼恨，但是除了室内的一些技术性应用方案如空调和供热中心之外，通常很少受到有效管理。建立起一种能够产生更愉悦、更健康的小气候的结构，技术上是可以实现的，但缺乏可行性。能够向所有的建筑场所提供太阳能，如今是城市规制的一个重要要求。我们现在还不具备进行大尺度的气候控制的能力。或许是一种幸运，城市空气污染问题现在已经得到广泛的研究，已经采取的有效步骤就是对污染进行控制。如今已经认识到但尚未得到很好解决的问题是：室内空气污染更为严重，特别是像美国这样的国家，人们 95％ 的时间是在室内度过的。

城市噪声和城市光线对于健康意味着什么，现在的研究仅仅才是开始。噪声一直以来就被单纯地认作仅是一种轻微的不适，而光照更被视为一种便利，只要经济许可，光照密度就会快速地提升。现在变得清楚的是，噪声和光照的辐射都直接或者间接地影响人体健康，因为二者会强化或者扰乱人体节律：干扰睡眠或者破坏身体内部功能与正常波动的同步性。城市生活或许应该在我们身上强加一种外在的时间结构这样的设想，会导致城市活动被时间化这样一种后果。

在日常活动中的流行趣味出现的同时，传统的居住地设计总是寻求减少人的躯体的付出：缩短距离、避免人类搬运、消除高低变化、导入机械升降设施以及操作节省劳动的设施。人类重体力劳动的记忆几近消失。对北美一个郊区的新近调查显示，一个成年人身体移动的平均水平要低于一个常年卧床人的身体移动的水平。增加身体的使用而不是避免身体使用的设计或许正当其时：不单纯为那些沉浸于运动的作为人口少数部分的运动员提供空间，更是要安排鼓励日常生活中的身体运动的空间，甚至是要安排强迫身体运动的空间。

人类在自然环境中适应并且演化。但对于人造设施应该在多大程度上复制自然环境，我们今天的认识还相当有限；我们同样远非清楚，相比较人类的那些原始属性，人类今天的健康在多大程度上提升了或者下降了。但是关于维持生命的具体环境，我们现在拥有大量的知识，我们面对的巨大困难是如何应用这些知识。这些知识的价值是明确且广受认可的。对于这个主题，存在着可观的可使用的文献。

把城市转换为一个活力场所的资金投入以及合理分配这些投入所面对的困难，前述已经提及。除此之外，还有其他投入。因为关于健康的许多知识是"看不见的"或者是神秘的，所以专家们总是主宰着对问题的讨论。增强活力倾向于集中控制亦或是倾向于胁迫，因为分散的投入必须收回到它们的代理机构。抑制毒品要求治安管制，这也激励了抢劫和走私。抑制吸烟常常也需要像召集一支军队那样的力度。剥夺对麻醉药品的选择会使人难以承受。当环境控制必须被应用于整个世界的范围时，这种必要的和危险的权力就变得膨胀。一种绝对安全的、管理完善的世界中潜在的单调和压迫，是科幻小说中惯常的主题。一种理想的气候或许是令人乏味的。甚至具有这样的一种可能，即当一个物种的个体不再与压力和危险抗衡时，这个物种将会面临更大范围的危险。不过，这些危险似乎离我们今天还很遥远。

我们可以从人类的健康问题转移到其他物种或者整个生物共同体的健康问题。如果说我们非常经济地依赖于生物共同体中的物种，那么，这种转移就是人类事务的一个直接的扩展。我们显然非常关注牲畜的疾病和庄稼的歉收。我们同样关注对于我们人类具有价值的动物和植物的生物多样性的保持。整个生物共同体健康中的那种人类利益，应该在这样的背景中得以评价，即我们依赖于作为整体的生命之网，在生命之网破裂时人类会承受痛苦。于是，地域性的生态系统的稳定性，对于我们而言就应该成为一个重要的尺度。

我们是否应该走得更远，走向整个生命共同体的健康？或者走向我们选择出来的、认为它们具有其自身生存权利的其他物种的健康？许多人或许已经做好准备把他们的关注扩展到哺乳动物那里，这些哺乳动物在自然历史中曾经那么接近人类，我们与它们发展出了情感性纽带，我们认为在某种程度上可以与它们交流。这样，对宠物狗和宠物马的健康的关注，就可能成为一个富裕的城市可接受的一种合理标准，尽管这种标准很少被公开提及。几乎没有人呼吁关注老鼠、蟑螂的健康，甚至对于像蝴蝶这样的美好而无害的物种（自然指的是对人类无害）的健康也无人提及。至今为止（这一点或许会发生变化），我们的主流价值还是以人类健康为中心，以那些我们人类直接依赖的物种的健康为中心，以那些我们间接依赖的作为整体的生物共同体的一般稳定性为中心。

概括说来，关于城市形式，在活力的主题之下有大量的效能维向：

a. 可持续性：涵盖水、空气、食品、能量和废弃物的适当性。

b. 安全性：对环境毒物、疾病或者灾害的避免。

c. 协调性：人类对内在温度、身体节律、感官输入以及身体功能的要求及其与环境之间的匹配度。

d. 对于其他对人类的存在具有经济价值的生命物种，如何为它们的健康和生物物种多样性，提供良好的环境。

e. 整个生物共同体的当下和未来的稳定性。

在尺度 a、b 以及 d 经常得到考量的同时，其他维向即便是得到广泛讨论，也几乎没有得到很好的应用。即便如此，这些尺度对于长期规划来说能够得到普遍、有效的应用。

第八章 辨 识 力

对一个居住地的辨识力，我的意思是那种能够被感知并且能够被识别的明确性，是那种能够以一种内在一致性的对空间和时间的表达把自身的各种要素与其他事件和地方链接起来的便易性，并且这种表达能够与非空间性概念和价值连接起来。它是特定的环境形式和人类的感知与认知过程的交汇点。这种能力总是被错误地定义，又总是被虚伪的会意多次略过。这种品质实际上存在于对城市的个人情感的根基之中。在个人与场所之间的相互作用之外，这种能力不可能得到分析。感知是一种创造性的活动，不是一种被动的接受。

辨识力依赖于空间形式和空间品质，也同样依赖于文化、性情、地位、经验以及观察者当下的目的。于是，对一个特定场所的辨识力将因不同的观察者而不同，就像特定的人对特定形式的感受能力会因不同的场所而不同一样。尽管如此，不同的人对同一个地方的经验还是会有一些明显的、基础的稳定性。这些稳定性来自我们的感知和认知的共同的生物学基础，来自对真实的世界（重力、惯性、处所、火等）的一些共同的经验，来自居住在特定地方的人习惯性地使用的东西的共同的文化规范。场所拥有一种或强或弱的判断力，事件也是如此。与地点联系在一起的活动和庆典，在一定程度上支撑着对自身的感受，这种感受本身就是鲜活的和一致的。

辨识力的最简单的形式就是识别能力，对这个一般性术语的狭义理解就是"对一个地方的判断力"。在一定意义上识别能力就是指一个人可以辨别出一个地方或者说出一个地方不同于其他地方，即说出这个地方具有的一种鲜活的或独有的，或者至少是一种特殊的属于自身的特性。这通常是一种设计者们要寻找的品质，也是在设计者中间热烈讨论的品质。因为识别一个对象的能力是任何有效活动的基础，因此，这显然是一种平常的、实用的功能。但事实上，它拥有远非如此平常的，更加深刻、更富意义的蕴含。

大多数人都有过身处非常特殊场所的经历，他们都珍视这种经历，对缺失这种经历感到悲哀。在辨识这个世界时有着一种纯粹的喜悦：光的变换，对风、触碰、声音、色彩，以及各种其他形式的感受。一个好的地方可以联通所有的感官，使得空气的流动变得可见，体现这个地方的居住者的感受。因为可感知的、可识别的地方都是承载着个人记忆、情感和价值的便捷的抓手，因此对鲜活的感知的直接享受会由此更进一步地放大。场所的识别力与个人的识别力紧密链接。"我在这里"支撑着"是我"。(图 51)

图 51　巴塞罗那的盖尔公园酒店，高迪（Gaudi）通过对形式和材料的丰富想象力，赋予了一个古老的原型——正式的巴洛克式楼梯——一个独特的身份。

强烈的熟悉感会使人产生对一个地方的一种感觉，就像会产生一种空间形式一样。一个人的家的景观或者一个人的童年时代的景观，通常都是极具可辨识性的。当形式和熟悉结合在一起，情感性的效果会变得强大："我是非凡城市的一个市民。"旅游业就是基于这种意义的对一个地方的肤浅开发。当然，并没有许多人沉溺于享受一种独特环境——威尼斯，山峦洼地，一个孤岛小镇——中的日常生活的愉悦（亦或是一时一刻的恼怒，但至少提升了感受力）。

事件也会有这种识别性；这就是那种"对特定时刻的感知"。特殊的庆典以及壮观的仪式会在相当程度上提升这种感知。时刻和场所会彼此强化，创造出一种生动的当下场景。这种创造的结果就是对当下的、物质世界的一种积极介入，并且在介入中放大曾经的场景。(图 52)

对一个事件或者场所的识别，可以通过辨认、回忆、描述这样的简单测试得以进行。这类测试如今已经合理地得到发展。人们经常会要求辨认一些照片或者其他一些表现形式，文字性地或者图片性地回想起一些场所。辨认和回想的快捷性与强度可以粗略地量化，就像对大量受访者所做的那样。这些测试通常通过田野描述的方式实施，识别和描述被回想起来的

图 52　令人难忘的物理环境强化了一个特殊的事件：在巴塞罗那老教堂的台阶上跳撒达纳（Sardana）舞。

场所与事件，继而在一定程度上为分析原发事件或者场所提供基础（与之相伴的是对受访者的文化和个人经历的认识与了解）。但是就像许多设计师试图做的那样，单纯地依赖于田野描述本身，就忽视了相互作用这样一个重要因素，而正是这种相互作用赋予这种过程以敏感性。对于那些实际生活在那里的人来说，这种描述是那些分析者的感知的一种替代。当然，单纯依赖于人们如何做出应答，而不去研究这些应答所涉主题发生的现场，同样是不正确的。但是，这两种错误是不一样的。

　　辨识力的另一个因素是形式结构，在小规模的场所的意义上就是对部分之间如何匹配的辨识，在大规模的居住地的意义上，就是对定位的辨识：知晓一个场所在哪里（或者什么时候在哪里）。这种知晓意味着同时知道其他场所（或者其他时间）如何与这个场所关联。定位或许是对一次导航行为（"跟我来"）的一种不很清晰的记忆，亦或是一种具有或多或少结构的心智地图（从一个模糊的拓扑网络跨越到一种几何比例的图形表达），还可以是一种顺序影像的记忆序列（在绿房子上方的榉树位置左转），还可以是一组文字的概念（茂密的灌木环绕着市中心的贫民窟），还可以是所有上述一切的组合。

　　定位的实际意义足够清楚：糟糕的定位意味着浪费时间、浪费精力，对于一个陌生人尤其如此。对于如肢残人士、智障人士、听障人士等残障人士，特别是对于盲人，这一问题尤为严重。感知结构必须伴随着日常生活范围的扩展而不断地得到建构。在今天，我们中的许多人被要求去认识庞大的城市化区域的结构。

　　当然，对于导航而言，还有比包括地图、人等在内的环境形式更多的协助措施。不过，糟糕的定位引发的恐惧和困惑，以及与之相反的清晰的定位带来的安全和愉悦，把环境形式深入地连接到心理层次。另外，清晰的定位可提升通达性，继而扩大了机会出现的可能。通过感知局部如何匹配在一起，局部性结构使我们很容易识别我们所处的位置。

一些人高度重视好的结构，另外一些人则可能对之漠不关心，除非这些人离开他们惯常熟悉的路线。人们总是使用不同的线索建立结构：对发生在一些区域或者中心的活动或形式特征的识别，对顺序链条的识别，对方向性关系、时间和距离、路标的识别，对通道和断裂、坡度和全景以及其他许多方面的识别。借助于勾画和绘图训练，借助于路线描述，借助于旅行中的访谈，借助于对距离和方向的估算以及其他许多技术，很容易对结构进行测试。这种测试在遍布世界的许多地方进行。对于大规模的结构形式和图像结构之间的关系，我们现在已经有了相当的知识：这些关系如何伴随着文化和境遇的变化而变化，以及在什么样的方式中这些关系似乎是不变的。不过，关于环境图景如何发展，我们知之不多。尽管如此，基于特定地方的一定的人口、结构性优势和弱势的组合图景，还是可以产生出来的，正如这些地方整体上可以得到确认一样。(图 53)

图 53 位于玛莎葡萄园（Martha's Vineyard）东端的查帕基迪克（Chappaquiddick）的一位居民，描绘了她对那个岛的认知。将其与普通的轮廓图进行比较会发现：熟悉的地方被扩大了，各种名字被聚集在一起，但岛的基本特征被保留下来，特别是自然特征。

还存在着时间上的一种定位。这种定位包括：对安排我们日常生活的钟表时间的把握，知道一些事件何时发生，协调我们的活动和其他人的活动。它还包括当下的时刻如何与新近的或者遥远的过去与未来链接这种更深的情感性辨识。对于大多数人来说，相比较空间上的定位识别，这种时间上的深层定位识别显得更加重要。更进一步，因为我们对时间的内在表征要弱于我们对空间的内在表征，因此我们就更加依赖于外在的线索去保持我们在时间上的准确定位。这样，对于锁定和扩展我们的时间定位来说，环境形式和发生顺序就变得格外重要：钟表，自然过程，活动韵律，信号，文物保护，庆典，仪式，等等。通过让人描述时间链条，估算时间和持久性，描述过去和未来，时间上的定位可以得到分析。但是，时间定位的分析技术远非像空间定位的分析技术那么发达。(图 54)

图 54　在佛罗伦萨的奥利奥广场（Plaza dell'Olio）上，圣萨尔瓦托·维斯科夫（San Salvatore al Vescove）的立面（约 1220 年）嵌入大主教宫（约 1580 年），由此可以看到城市规模的一系列历史性飞跃。另外，在希腊的寮屋居民定居点中，建造的顺序使未来成为可见。

　　作为形式的两个方面，识别性和结构允许我们在空间和时间自身的意义上识别和构造时间与空间。接下来我们讨论的这些品质将帮助我们把居住地形式与我们生活的其他方面的属性联系起来。第一个层次我们可称之为一致性：环境结构与非空间结构的纯粹的形式匹配。就是说，一个地方的抽象形式与这个地方的功能的抽象形式是否匹配，或者与栖居在这个地方的社会的属性是否匹配？例如，如果是一个家庭居住场所的话，所居住的建筑的尺寸是否与一个家庭匹配？亦或是它容纳的是不是许多毫无关系的家庭？一个地方的强烈的视觉特征是不是居住在此的特定团体的强烈社会性特征所塑造的？居住地的所有权和社会主导性是否与世间事物的可见的区分和主导相匹配？在活动的巅峰状态，城市的形式是否呈现得最为显著？大的场所是否与大的群体关联、主要的通道是否与主要的流动关联？可见活动的节律是否与社会活动的节律一致？或者是否与地球自转的节律、人体活动的节律一致？举一个最普通的例证，巨大的停车场就是一个丑陋的、令人不适的、经常让人迷失方位的设施。它具有一种破败货场的意味；充斥其中的是如此之多的轿车空壳。与此同时，房屋中的停车空间展示的则是家庭轿车，一种具有个性的机器，邻居通过车的表面就可辨识出车的所有者。

　　一致性是一个充满意义的环境的感知背景，在完整的意义上，这种背景是一个非常复杂的主体。通过对一个地方的局部组成、各种链接、作用强度进行抽象或者图解，通过观察所有这一切如何与那个地方的功能、经济、社会或者自然过程的相似的各种抽象形成匹配，一致性可以得到检测。通过询问当地人对场所和功能之间的形式匹配的描述，这种一致性可以得到证实。

　　透明性或者"直接性"是相对简单的关于敏感性的另一个构成。这里我要说的是人们能够直接地感知各种各样的发生在居住地的技术性功能、活动、社会和自然过程。人们能够看到实际工作中的人吗？可以听到海浪撞击海岸的声音吗？能够观察到一个家庭争论的过程吗？能够看到一个卡车装载的是什么样的货物以及城市废水如何被抽除吗？能够接触到售卖的是什么样的东西吗？能够看到什么时候停车场停满吗？能够观察到货币和信息的流转过程吗？在这些过程中，一些过程非常重要，一些过程非常有趣，还有一些过程非常琐屑，另外的一些过程则令人厌恶。它们传递出居住地中具有一致性的"一种生活的感觉"，是更深层意义的直接的感性基础。它们向我们的感官直接呈现出的各种功能，帮助我们理解我们的世界。由此我们获得实际的能力，我们获得成熟。一些过程是基础性的，感知这些过程就是一种根本性的满足，例如，人的行为和运动，生产的过程，维持、照料和控制的根据，群体冲突与合作，儿童的抚育，人类情感，出生与死亡，植物的移植，太阳的运行，等等。一些过程也必须可见以便允许我们运行日常功能，而其他一些功能则最好处于隐蔽状态。关于现代城市的一个通行的抱怨是：城市的不透明、冷漠与迟滞。但来自隐私、谨慎和控制的动机则激励我们维持这种不透明性。这个主题会非常敏感，但我们的文化似乎正在转向开放。这种透明度可以通过田野调查、通过居住者和陌生人（包括盲人）对所经历过程的描述得到分析，在这些探究者观察城市、聆听城市、触摸城市和嗅闻城市的过程中，这个城市的实际过程明显地呈现于他们面前。(图 55)

图 55　一个渔夫在威尼斯的一条外围街道上织网。一种基本的经济活动立即呈现给感官，这在当代城市中是罕见的。

　　城市环境是交流的一种中介，展示着显性的或者隐性的象征：旗帜，草地，交叉路口，布告牌，图片窗，橘色的屋顶，尖顶，梁柱，门，乡村围栅。这些标识告诉我们所有权、社会地位、群体隶属关系、隐蔽的功能、物品和服务、恰当的举止等等我们想知道的东西。这是那种我们可称之为可识别性的辨识力的组成，这种可识别性使一个居住地的居民能够通过那些符号性的物质属性彼此之间进行准确交流。环境标识的这些系统，几乎完全是一种社会性创造，一个文化上的陌生人常常对此难以理解。但是，通过任何熟悉的观察者，这些系统的内容、精确性以及强度可以得到分析，通过对居住在那个地方的居民进行访谈和图片模拟测试，这些发现可以得到证实。一个地方的特定的标识可以丰富或单薄，可以准确或错误，可以重要或琐屑，可以开放或闭锁。它可以是有根基的，就是说对应特定的活动、人或者条件，锁定在某一地方或者某一时间；也可以是自由移动的，仅仅具有抽象的关联。环境形式或许可以被操控去控制这种空间性话语，也可以被操控使得这样的话语多一些自由、少一些冲突且更具表达性，同时更加有根基、更加准确、更加有用。环境形式可以以新的方式得以创建、得以整合，可以去详细阐释一种环境语言继而为进一步的空间性交流，扩展我们的能力。（图56）

图56　市民们可以利用城市的外表进行交谈。但人们必须知道这些符号才能理解这种交谈。

　　符号学，研究以符号交流的形式来处理结构的意义，继而发展出一种研究语言和文化人类学的学科，新近开始转向研究居住地的意义。抛开符号学所做的努力，关于环境象征如何被使用，我们还要希求更精细的知识。当下，我们正遭遇着把来自文字语言的概念——这是一个纯粹的交流体系，使用的是分立的、序列的符号——转译成环境语言的困难，在这种环境语言中提出的各种条件，我们都无法完全把握。

　　一些受到时髦思想吸引、受到先前"功能"理论引领的当代建筑师，参与到以一种自由的、不拘一格的方式操作可用的象征的设计中，通过这样的隐喻去强化他们的建筑的象征性共鸣。在所钟爱的幻觉之下，他们想要的意义栖居于对象之中，他们还玩弄着一种莫测高深的游戏，游戏中的讯息要么很快耗尽，要么在冲击过后，再次变得无法理解。

一致性、透明性和可识别性是辨识力的组成部分，这些组成部分描述了居住地形式与非空间性的概念和价值之间的明晰关联。但是，还存在着一种更深层次的关联，一种更加难以特化和度量的关联，我们或许可称之为关于一个地方的表达的或者符号性的意义。在使用者的意识中，在何种程度上一个居住地的形式会成为基本的价值、生命过程、历史事件、基础性社会结构、宇宙本性的复合性象征？这是一个城市的整体意义，而不是借助于分立的符号性元素传递出的意义序列。在一些时候，它是存在的一种背景；而在其他时候，它或许仅仅是一种修辞性的参考。

一个居住地是否应该在这种意义上得到设计，是一个具有分歧的问题。有些时候，一个大城市会有那种超级的功能，那么，城市建造者的首要任务就是要关注这个城市是不是其社会理念及宇宙观念的一种活生生的象征。例如，一个伊斯兰城市就是在努力成为、也被广泛地认为是那个社会的基本宗教理念的一种表达。任何深刻的符号化过程都是留给个体的幻想，是对形式的偶发性特征的运作。尽管如此，一些象征性的连接，总是在一个人的环境和他/她的核心信念之间形成。他/她的选择会聚焦关于家的象征，聚焦于那些代表民族、邻里、自然、神性、历史或者生命循环的象征，这些象征性的联结带来的安全感和深度，丰富着他/她的生活。于是，我冒险提出一个一般性的主张：一个好的地方应该是以某种方式认可这个人和这个人的文化的地方，这个地方能够使得这个人意识到他/她的共同体，意识到他/她的过去和生活的网络，意识到所有这一切所包含的时间和空间。这些象征具有文化的特异性，同时也拥有像寒冷和温暖、潮湿和干燥、黑暗和明亮、高和低、大和小、生和死、运动和静止、呵护和忽视、洁净和肮脏、自由与约束等这样的寻常生活的体验。

一个地方的意义很难刻画，同时在不同的人中间、不同的文化之间发生变化。不过，一般性的意义依旧存在，不可避免地能够相互交流，它们是居住地设计的必要构成。一个人必须对这些要素具有一种理解，以便能够分析一个地方对这个地方的人的影响。标准的访谈方式已经发展起来，用来沟通包括语义差异、概念格式、主题直觉、故事书写，以及其他技术之间的连接。这些技术对意义深层结构的表面特征进行处理，涉及效力、活动、优良度等维向。这些能够使调查对象设定他们自己的维向的技术，通常都是更具敏感性的技术。这些技术都强烈地依赖于惯常性的言语应答，在寻求标准化复制的过程中，承受着某种浅薄性带来的不适。这些意义最好是在与居住者的扩展性讨论中发掘，或者通过与居住者生活在一起、在某种程度上同情居住者的过程中发掘。对于传说、神话、艺术、诗歌内容的分析，对于个体记忆或者图片的研究，也是通往理解的大道。

确认和结构是辨识力的"形式性"组成。一致性、透明性及可识别性则是辨识力的特殊性组成，正是这些特殊的组成把环境与我们生活的其他方面连接起来。所有这一切都可以以某种更直接和更客观的方式得到分析。另外，象征意义、最深层次的可识别性则是通过直觉把握的，在根基上是难以捉摸的。

不管多么重要，这些特性中没有哪一个是绝对需要的，都不需要实现其品质最大化。没有人想要生活在一个无限生动的地方，在这种地方，任何一件事物都与其他事物明显地联系在一起。我们并不想寻求各种形式和社会之间的一种绝对  的一一对应；我们不想生活在一个金鱼缸中；我们愿受一种激发情感的多样性的冲击。人类的认知有其界限，认知过程远比引发心智结构变化的过程具有更大的价值。在迷惑性、含糊性、神秘性之中，存在着各种快悦（它是发展的一种资源）。相比较已经确定的事物，我们更想要可确定的事物，我们更想要复杂的连接、尚待开掘的领域以及一些伪装的自由。隐私——拒绝透露个人信念和行为的信息的那种能力——是一个敏感性的问题，是对抗专制的避难所。

理想的辨识力有两个重要的品质：第一，存在着一种界限，有了这个界限个体能够拒绝透露关于他们自身事务的更多信息，或者能够拒绝人们明确地超越这个界限，否则，人类的意识就会过载。第二，一个居住地应该允许一种意义的展开式创建，那就是一个简单而显著的第一秩序结构，在这种结构得到更充分的体验的同时，它获得一种更广泛的秩序；这种结构激发全新意义的建构，通过这种结构居住者们建造属于他们自己的世界。我们尚不清楚如何能够度量（或者确定）这种展开性的实现程度。人们如何在这种意义上评价一个地方？如何决定人们想要什么程度上的展开性？对于那些享受着现代城市、拥有巨大多样性的人来说如何能够达到这样的展开性？直觉上看，这种展开性或许是重要的和正确的，但是把这种展开性刻画为一种可操作的尺度则是困难的。尽管如此，一个向新秩序开放的城市要优越于一个固守秩序的城市。

辨识力是一种重要的功能性关注，因为辨识事物的能力，限定行为时间的能力，发现行事方法的能力，读解标识的能力，都是目标达成、行为有效的必要条件。它还是生活在自己喜欢的地方而获得情感满足的基本条件，也正是因为这个原因，人们为拥有这种敏感性而在努力。它还是可以交换的。在严重的方向迷失可能发生的情境中，在建设者希望创建或者维持那些能吸引富裕人群的地方时，它会保持其行为的明确性。它的应用事实上是普适的。它是群体认同和群体团结的一种强大的支持。它与人的心智发展的连接，或许是其最基本的价值，因为一个城市本身就可以是一种深层的、全面的教育设施。创建秩序是认知发展的精髓。敏感性有效地维持着成年人身份认同的连续性以及一种文化的稳定意义。对于尚难领会抽象的文字术语、更容易接受周围世界的直接景象和声音的成长中的孩子来说，这一点或许更为有用。如果一个孩子可以自由地探索它，可以随时从其中撤离到某种安静的、安全的地方，那么，这样一个丰富、感性的世界，一个由展开性的秩序刻画的充满多样性意义的世界，便是一个极好的成长环境。特定物种的生存，依赖于对有能力的后代的抚养。如果我们把关注倾注到人的充分发展，我们就拥有了两个首要价值，即安静和安全。

不错，一个高度灵敏的世界也是一个不好适应的世界。这个世界的结构或许太清楚、太固定以致不那么容易重建。新的理念总是在模糊的边缘出现。不过，如果强有力的意识参与到对事物的改变，它自然也会支持其持续的有用性。罗杰·斯克鲁顿（Roger Scruton）这样评述：因为教皇希克斯塔斯（Pope Sixtus）穿越罗马的那个街道既具有美学的意义，又具有功能性的价值，于是"即便在没有宗教的时代，穿越这些地方的旅行依旧会保留着某种满足的体验"。

通过建造一个权力的纪念性设施，或者在一个神权政治的国家建造一个宗教中心，辨识力经常被用来推行和维持某种永久性的、主导性的地位。不过，在所创造的影像具有多样性和过程性，而不是单一和静态链接的多元与动态场景中，它也同样有效。由于我们要理解各种变化还存在着一些困难，因此一些特殊的设计就会强调深层潜在的韵律，这种韵律通常或者在表达某种转换过程的当下状态，或者在对历史进行着某种压缩。不同的人有不同的构造结构的战略，因此，一个居住地的可见的组织就不该是封闭的和单一的。多样性的线索会重叠交叉、彼此渗透，产生一种更加繁复的网络。使得变化和多元性更具可理解性，或许是今天最具挑战性的对辨识力的应用。

就像在一些大城市中发生的那样，建造一个高度敏感的居住地的经济成本是巨大的。成本不仅仅包括用于建造和维护的那些最直接的耗费，而且包括充分发展起来的形式秩序所对应的常规性功能的失效。与此同时，在不需要深思熟虑的设计的地方，辨识力可以以非常小的成本获得，甚至可以零附加成本获得。在使用最少的材料工作的时候，在辨识力的获得与其他成就整合在一起的时候，这一点会得到特别的证实。对一个地方的辨识，并不依赖于高度的完好、奇异的材料或者完全的控制。

因为辨识力是一个知识和态度的问题，对于特殊的群体而言，其间接的政治和心理成本会很高。例如，如果它非常经常地被用于维护社会统治，它自然会被用于扩展革命性意识。它表达与一个群体友善的价值就同时意味着表达仇视另一个群体的价值。这样，它就会是一个战场，即便是在物质和功能性成本很低的时候也是如此。还因为它通常不被认为是一种明确的价值，发生的特定的战斗也就显得模糊，或者表现为似乎在为某种其他领域而战。显然，辨识力的一个关键属性，就是一个地方的影像被广泛共享的程度。

我们已经对居住地的辨识力有了长久的体验，尽管它曾经仅仅是间或地呈现为一个明晰的问题。我们可以借用优雅的历史城市和景观中的珍宝储藏，延续和记住历史与景观。这样的例证已经得到大量研究，但通常仅仅作为孤立的对象被处理。在这些地方的居住者眼中，它们的影像间或可以看到。在一些著名的地方反反复复地吸引我们注意力的同时，我们很少考量那些大多数人度过他们生活岁月的寻常居住地的可识别性。对那些规模巨大的城市化区域的影像的研究，意义非同寻常，这些地方正是大多数发达世界的人们现在居住的地方。

因为品质是意识和环境设置之间的连接处，达成这些品质的手段自然划分为两种：一种是改变城市形式；另一种是改变心智理念。设计者们通常关注第一方面，具体的设计是一个很长的清单。

通过建造一种可理解的街道模式，通过强调街道和目的地的一致性，通过促成交叉点的易解性，或者通过沿着一些重要的街道创建活生生的空间序列，我们可以把循环系统阐释为居住地结构的关键。巴洛克大道就是这样的一个经典例证。基于街道细分的清晰的格局，则是更新近的、更简约的例证。(图57、图58)

我们也可以建造具有强烈视觉一致性的分区或者赋予这些分区可见的边界；建造具有特殊风格的活跃的中心；在关键性的时间和地点建造视觉和听觉的地标性建筑；开发和强化自然的属性；保护或者提升现存的城市特性；等等。

图 57 一个偶然的视觉序列可能会有一个强大的效果。在科尔多瓦（Cordoba）狭窄街道的穿行中，空间以蜿蜒和打开的形式吸引人前行。

图 58 可以明确地设计一个意味着要在运动中体验到的视觉序列。这幅想象中的高速公路的草图，呈现了它的转弯，它的上下移动，相邻空间的打开和关闭，前行的视野，从侧面经过的物体的序列。

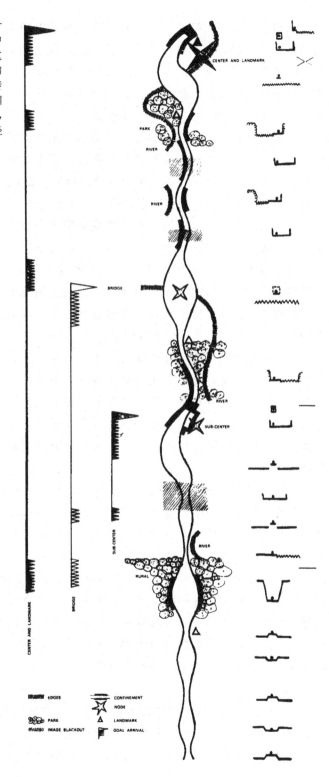

把建筑定位于指向太阳的运动，使得罗盘方向清晰可读，增强了我们对时间的辨识能力。由此我们可以使得在遮蔽之处的活动的环境更加清晰可见，或者使得这些活动与活动的环境更加融洽。精心的维护和可见的看护由此可以得到提升。社区的庆典因此获益，所提供的景象和声响使得一天或者一个季节的时间，具有了戏剧性。

时常看到的是试图去控制或者抑制各种地方的可识别性，而发展或者提升这种可识别性的努力却不常见。在通过历史文物保护现在与过去连接的同时，少有人构想现在与未来的连接。盲人、聋哑人、老年人、智障者、儿童以及轮椅使用者这些特殊群体的感知要求还没有得到常规性的考量。

通过改善人类感知环境的能力来提升辨识力也是可能的，对于那些所受的训练集中于物的设计师来说，这一点尚未得到更多思考。我们或许可以教育环境中的人参与到环境中去，更多地了解环境，赋予环境以秩序，把握环境的意义。"环境教育"于是就走出丛林和田野，拓展到我们生活在其中的城市。在这样做的时候，它触及到社会问题，而正是这些问题使得这种教育工作更加危险、也更有希望。

命名、标识、记录、符号编码以及其他相似的方法，可以提升获得信息的水平，继而使环境设置更具可识别性。借助于符号性操作，艺术家和作家创造了新的环境意义，教会了我们看世界的新方式。在印象主义画家描绘之后，巴黎变得更具可识别性，对于这一代人来说，废弃物堆积场的金属废料不再是混乱无形的。我们好像把狄更斯创造的那个伦敦作为真实的城市在经历。

间接地说，辨识力受到控制的本性的影响，受到行为和形式的匹配程度的影响。居住地的所有者倾向于强化这种连接的心智判断。一个优良的功能匹配通常意味着一个更加和谐的景观，通常（不是总是，不是任何时候）也是一个更加透明、更有意义和更可识别的景观。

过去，对辨识力的考量一直仅仅依赖于对物理环境的分析。诸如和谐、美、多样性和秩序这样的概念，被认为是事物本身具有的属性。设计者们无意识地依赖于他们自己具有的隐含价值和感知，把这些价值和感知投射到物理世界，好像这些是这个世界固有的内在品质。不该这样！我们一旦从影像和一个地方的使用者的优先性开始，我们就必须把地方和人放在一起考量。

为一些人群增加敏感性的那些类别形态，应该明确体现在公共政策中，上述提及的一些"客观的"检测可以用来度量相应的成就。对于既定的群体，一个居住地的辨识力可以与另一个居住地的辨识力进行对比。政策问题应该围绕着辨识力的相对重要性得到解决，要考虑谁最需要这种辨识力以及什么样的限制要施加在这种辨识力之上。任何大规模的居住地中的多元性，总是会引发技术性问题。因此，辨识力在更加稳定和更加同质的社会中，更容易达成。这一点在贫穷的居住地和富裕的居住地都同样重要，因为人类的感知是一个常量，但达成感知的手段却大有不同。总是存在着这样的危险，辨识力被用作获得统治或者稳定地位的一种手段。但这绝非辨识力所固有的品质，或许设计中最有意义的问题，必须与那种多元的、动态的、相对平等的社会中辨识力的达成联系在一起。一致性、结构、和谐、透明以及可识别性，构成我们能够明确进行分析的辨识力的各个方面。而意义的品质以及展开性的品质依旧使我们困惑。

第九章　契 合 力

　　一个居住地的契合力是指其空间和时间模式与其居住者的惯常性行为的良好匹配。这是在行动和行为设置的形式及行为循环之间的那种匹配。这样我们就可以询问：一个工厂建筑、在这个建筑中的机器及投入使用的空间和物品是不是达成其生产目的的一个好的系统？工作的行为与工作的对象如何流畅地结合在一起？从管理的观点看，即从劳动力、从对工作过程的良好运行角度看，这应该是生产效率的反映。类似的，人们会问，教室是不是一个好的教学场所？或者会问，一个新的露天大型体育场是不是进行一场精彩足球赛的一流设施？与个人关联的契合力则是胜任的感觉，即把事情做好的能力，能够充分地做好事情的能力。

　　契合力与人体的特性及物质系统的一般特性（重力、惯性、光的传播、尺度关系等）联系在一起。这些内容都是普适的。但是，契合力是场所与行为的整体模式之间的匹配，因此其紧密地依赖于文化，即依赖于期望、规范以及行事的惯常方式。

　　场所需要调整以适合行为的方式，行为也要改变去适应既定的场所。即便是来自不同文化的渔民具有不同的应对大海的方式，渔民也要学会去适应大海。在游戏中，对行动的调整最为显著，在游戏中，行为是具有弹性的。庭院网球就是从一个特殊房间的随心所欲的特性中演化出来的一种游戏。台阶球（Step ball）则是城市门廊的一种产物。

　　郊区住宅与富裕阶级、中产阶级和北美人匹配，不适合从遥远的牧场移居过来的贫穷的美洲土著纳瓦霍人。新入住的纳瓦霍人开始改变郊区房屋，而在这种房屋中的居住方式也逐渐增强着对房屋的适应。但是不适应一直存在，纳瓦霍人会感到不舒服。与活力这样的量度形成对比，尽管在对原因一无所知的情况下，可以发现一些不匹配的证据，但如果无视一个场所占有者的文化，我们无法对契合力进行评价。考古学家们则以更强烈的形式，承受这种困境带来的痛苦。他们盯着古代城市的遗存困惑："它是怎样运作的?"

契合力这个术语与舒适、满意、效率这样一般性的语词,有着松散的关联。伴随着期望的变化,这些语词的意义会发生变化。更有甚者,一个舒适的场所也有可能是一个不健康的场所。像健康一样,在契合力缺失的时候,它更容易得到辨识。相对而言,不当匹配更容易被发现。在一个场所正常运作的时候人们很少注意它的存在。尽管如此,场所和行动的完美匹配,还是会如在精美的大厅演奏调试得极好的乐器、在一个漂亮的船上呈现一个水手娴熟的技术的过程中呈现出来。这样的场景总会传递出一种胜任的兴奋体验。达成这种胜任,需要极好的训练与精良的物件的匹配。

城市设计和城市管理中面包与黄油的考量处理的就是契合力问题,考察彼此的匹配是否低于一定的水平,目标指向要尽可能满足公开的、通行的行为方式。这些问题涉及一些设计的"功能性方面",通过这种设计我们可以把它从某种不呈现功能的形式中剥离出来。

单纯的量的适应是契合力的基础性方面。有足够的符合一般标准的房屋吗?运动场足够大吗?房间的数目足以应付将要建造的工厂吗?不幸的是,这些数量背后的质的基础常常受到忽视。我们忘记了可得到的居住单元的数量依赖于我们所秉持的质量标准。工业区的建造是否合适依赖于对工厂类型的认定,运动场空间的计量依赖于对运动的理解以及对可容忍的空间密度的界定。

我们沉迷于数字数据,相比较那些柔软的、极具主观性的模式和情感,这些数据更精准、更稳定、令人印象更强烈。代表交通拥堵的数字压倒了那些穿越马路的步行者的沮丧。一间房屋的面积要求(它本身就是从适宜的面积体验派生出来的结果)压倒了便捷的社会交往所要求的模式特性考量。规划者们急迫地增加开放空间的数量,忘记了去监控这些空间的质量。某种事物的数量成为这种事物的最重要的特性(这样的事例太多,如公共的露天广场如此之大,以至于几乎看不到活力、无法令人心动),但关键性因素应该是行为的契合。

考察契合力有两种方式。第一种是观察人们在一个地方的行为,以便能够看到公开的活动是否很好地与一个位置的特性相匹配。运动受阻了吗?人们能够比较容易地实施他们想做的事情(如抬起某些东西、打开一扇门或者与其他人讲话等)吗?我们能够看到多少明显的不匹配(如踌躇、跌跤、堵塞、尴尬、意外事故、明显的不适)?那个地方是不是过分拥挤或者是不是没有被使用?存在着实际的使用和形式的不和谐吗?如,草坪前废弃的汽车或者是破败肮脏的道路,缩短了步行路线。(图 59)

图 59 一个可见的不适合。波士顿公共图书馆底部的长凳是人们最喜欢坐着和晒太阳的地方。它与图书馆的大立面比例匹配，但与人体的尺度不配。

需要注意，大多数上述疑问都是与麻烦相关而不是与好处相关。但是指向不适的显著线索显得轻微和短暂：一个片刻的查看、一个皱眉、一声叹息。对于受到观察的人，观察者的观察必须迅速，必须对被观察者的价值和生活体验产生共鸣。在某种程度上，这些观察都不再是中性的、"真实的"观察；这些观察已经是解释和说明。但是这些观察可以通过照片或者音频记录成为文献，其他观察者可以校验这些解释。

第二个方式就是直接询问使用者本人，他们对一个地方的合意性的判定是这个地方的契合力的最终度量。可以要求他们给出一种判断：对于你想要的东西这个地方运作得如何？在这个地方你遭遇过什么样的困难和麻烦？更具体一些，可以请他们回想昨天他们在这个地方做了些什么，做这些事情时他们遇到了什么麻烦。如果他们对暴露自己还有些犹豫，可以间接一点提出这样的问题：其他人在这些地方遇到了什么麻烦？或者，你想在这些地方做哪些你现在还没有做的事情（这一点不是非常牢靠）？

契合力涉及的是地方和实际的事情，或者说，涉及的是在意识中想做的事情。那些无意识的需要则滑落掉了，除非与健康之间的稳定链接可以得到控制。即便是有意识的愿望，对于未来的满足也无法提供完好的预见，除非这个人对于他所期许的契合有着过往的经验。

系统性的研究总是由环境偏好构成，以抽象的方式或者通过像照片这样的对相关对象的模拟进行表述。具有环境、个性以及社会特征的诸多偏好的相互关联，正在得到广泛研究。在我们的文化中，被公园景观和小镇景观吸引的这种共同情感，已经出现。但其中存在着令人迷惑的混乱。这些偏好是无数的人和物质性因素结合的一种复杂产物，在其中，一个地方的象征性意义或许会压倒其实际的契合力。其中的因果链条难以得到很好解释。建构关于一个地方的稳定的价值维向理论，是建构关于偏好的理论的前提。当下，偏好研究的各种方法比任何一般性的发现都更为有用。偏好更多地基于想象或者普通的报告，而不是基于不那么可靠的个人经验。最有效的方法是那些处理当下体验的方法。最稳固的基础是这里和现在，是地方和在这个地方发生的行为，是重复发生的日常行为，是经验的一般性基础。（图 60）

图 60 在采访中引出的一个典型的"首选景观"。它像公园一样，以水、树木和小山为特色。这是马萨诸塞州剑桥市的奥本山公墓（Mount Auburn Cemetery），是美国公园运动的先驱。

我们应该检验一下任何一种计划中的新形式，看看它是否适合在诸如工作、休息、吃饭、做爱、死亡、教授、治疗、贮藏、交换、交谈、阅读、奔跑等这些过程中产生的行为。对一种结构或者居住地来说，"程序"恰切地说就是一组想要的行为，是适合这组行为的空间性品质，而不是某种类型的具有一定数量的空间居住地。于是，这种计划或许就要通过想象程序化的行为、继而推断这种行为和形式的契合来评价。一旦居住地建立起来，同样的检验可以应用于现实，继而肯定或者否定已经做出的推断，完善后继的推断。

所有这一切都是非常理性的。不过，程序化的行为或许从未发生过。经常发生的情形是，行为总是在不远的未来发生变化。一种程序应该关注诸如运动或者社会性交往这样的一般性和可推测的行为，而不是行为的精细细节。在任何新的场所，行为的变动性都成为一种具有吸引力的属性（其中所有的疑惑，将在下面得到讨论）。（图 61）

图 61　雨伞变成降落伞，石头窗台变成座位：环境和它的物体可以以建造者从未想到过的方式得到使用。

　　进一步说，这些程序性的设计过分强调了行为性方面，因为其假定行为是既定的，而空间则是附属性的，是与行为对应的变量。但是，行为也要使用空间。程序强调的是空间和行为的一种互为居所。程序设计中应该包括使得一个地方很好地运作所需要的训练和管理。它们能够涉及正在进行的契合过程，这种过程会再次开启它所占据的地方。的确，因为人类的行为是如此的可变，于是人们会认为契合力是一个没有结论的问题。充足数量的既定空间，是在适应性的过程中潜在地实现的，满足的是诸如保暖、光照、干燥、通达等这样的人类的基本需求，因而在一个合理的时间段中，好的契合会自然地出现。行为和空间会彼此调节对方。人们几乎可以在任何正常尺度的物理环境中居住。

不幸的是，对于这样简单的答案，适应的过程耗费高昂，有时甚至非常痛苦。它需要时间去完成。一旦实现，一种显著的契合或许会藏匿持续性的困难，这些困难一般的观察者无从可见，但对于那些与之纠缠的人而言，则是真实的存在。

空间引发行为也限制行为。在现存的地方出现的不适与错配一度是可接受的，因为对应着其他新的地方开启的可能性，各种期望会发生改变。一座房屋中的一个新的厨房会使另外一座房屋中的旧的厨房贬值；得到一部新型电话的人会产生一种不同于没有新电话的人的孤独体验；一个新的领域的一种新的游戏扩大了游戏者的能力范围。人们操作着事物，在事物中发现新的用途。契合力不是行动和地方之间的一种僵硬的链接。乐观点说，后者不能决定前者，前者也不能机械地转换为后者的某种特化。契合力是松散的，它有腾挪的空间，它依从于创造性的惊喜。环境程序于是就应该与发明新的行为设置关联在一起，使得行为中的创新和设定运作在一起。

很显然，场所应该适合于我们想做的事情，于是我们的讨论就此开始。现在我们纠结于一些伦理问题，这些问题就像我们行进道路上的旧石头。我们应该在这个世界上如何行动？谁的行动应该是契合的？我们应该考虑适合我们自己行动的空间是否适合其他物种的行动空间吗？或者说我们的行动是否应该趋向于我们自己的不同于其他物种的行为？不过，让我们埋葬掉那些石头，认同契合力是场所与展示于外的或者存在于意向中的当下处于场所之中的人类行为之间的匹配。这种契合力可以通过场所或者行动的调节，抑或通过场所和行动的共同调节达成，也可以通过在新的地方创建新的行为实现。

习惯性行为具有惯性，可以压倒一个新的场所所具有的特性。与此同时，场所的变化相对缓慢，并且，如果行为和新的场所完好地匹配，习惯性的行为会得到强化。场所的持久，稳定了我们对行动的期待，继而减少了不确定性和冲突。就像文化那样，它告诉我们如何行为。我们在一个教堂中静默，我们在一处沙滩上仰卧。行为设定的稳定性于是就成为行为的契合力的一种构成。

"这个地方运作得好吗"是一个常识性问题。对此的回答常常倾向于表面化，对于大规模的场所尤其如此。为方便考量数量巨大的场所和活动，场所和活动被划分为刻板的群组，在这种划分中，物质形式和人类行为以这样的方式溶合在一起，以至于很难对契合力进行分析，很难去考量其中一个是空间重建而另外一个是再次使用。"单个家庭住宅"是一种结构形态，以一种正常方式生活在其中的标准的社会单元决定了这种结构的内容特征。这种家庭单元的真实的差异性，这种家庭的生活方式或者这种家庭的空间构成，在土地使用的地图上无法看到。创建新的形式和行为是困难的，因为期待和规则的类别划分，依据的是同样（刻板）的心智版图。为适应那些典型的设置，各种标准发展起来，对契合力的分析变成了一种对标准的匹配。"它在运作吗？"逐渐缩小为"院子的一边足够大吗？"或者"它是被一个家庭还是被更多的与血缘和婚姻相关的家庭占据？"分类带来的便捷分析，变成了看待世界、继而看待道德的一种方法。人们应该以单独家庭的方式生活在单独家庭的住房里，这种方式在空间和时间上的分割，有别于其他种类的行为设置。

没有分类和标准，不可能评估大规模的、复杂的整体。但是要描述一个分类，保持形式和行为之间的区分是非常重要的，这种区分的存在能够判断它们二者的整合状态。对一个居住地的完整分析需要对其要素进行分解，空间形式和行为所处的位置是反复联结的。罗杰·巴克（Roger Barker）以这种方式描述了艾奥瓦州的一个小镇。这种描述单调乏味，它呈现了这个小镇既往的没有土地使用地图、没有统计概要时的特征。一旦一种类别化的嵌合体建立起来，我们就可以检验其组分的一个代表性样本的契合力。

对于一个大城市来说，这会是一个艰巨的任务。在这样一个庞大的地方，我们必须选择少数几个设定，这些设定在它们的文化中具有一种典型的、重要的和充满问题的性质。在我们的城市世界，我们或许会选择一些代表家庭生活的特征性的设定（郊外、廉租公寓）、一些共同的工作和物品分配环境（办公室、工厂、超市）、一些熟悉的交通场景（汽车旅行、在干线上驾驶）、一些孩子出没的场所（学校、街道角落、空地），以及一些病人、年迈的人、濒死的人所处的场所（医院、护理院）。对这些选择出来的场所进行的观察和访问，加上在这些场所运行上已经获得的大量的文献，便形成了关于一个城市品质的一种极好的内在视野。这里的问题是："这里在行为和形式之间有一个极好的契合吗？"以及"这种匹配足够稳定并且与参与者的预期一致吗？"各种研究应该包括对这些原型的设计和管理。对原型的分析是理解复杂现象的一种强有力的方式。一种原型的创造是产生影响力的强有力的方式。在由于人类的狡猾多变，使得对建造形式和行为的交互影响的稳定概括变得困难的同时，观察地方性行为的方法则很盛行，这一点显著地表现在环境心理学领域。一个居住地的管理者或许无法发现那种使他/她的问题变得明朗的一般性预言，但是至少他/她可以发现知晓特定案例的方法。在对房屋、学校及医院的研究中，这些方法得到显著的发展，但它们都是一些一般性的方法。的确，我们对各种设置的契合力的关注，聚焦的范围实在是太窄了。在车间、便道、旅行巴士或者空地上进行的相对微小的研究工作，已经获得了它们各自的名号。

　　进行分析是复杂的，对公共场所的分析更是如此，在其中不同的行动者拥有彼此冲突的动机。一个露天广场对游客是一种欢愉，对当局来说则常常引发困扰。一个运动场应该向青少年提供竞争性的运动，而不是为年少的孩子提供想象的冒险。公共空间以及半私用的空间被许多做不同事情的人占用。要进行分析必须处理这些变化。设计必须提供交叉的领域、可转换的用途和容忍度规则。

　　许多设置有意地支持一些主导性的群体。帝都、金融区以及其他权力中心，会以这样的方式得到安置。分析会掩盖这一点，设计似乎也无法治愈它。在合法的和非法的行为之间也会产生冲突。例如，一个孤立的夜间场所会非常适合犯罪行为。(图 62)

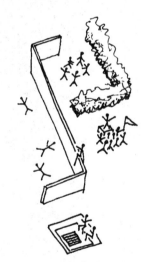

　　因为契合力针对的是特定的活动和特定的文化，因此很难从中发现普遍性的形式。或许，仅有的一般性的形式设计就是那种区域划分：把一个区域划分为许多较小的设置，这样在与自身合适的设置中，不同的行为者会在没有冲突的状况下实施自己的行为。这些特化的设置必须彼此保护，但是又不能划分得过于精准和完全，以至于彼此之间丧失了相互交流。转换和交叉帮助人们彼此相互学习。

　　边沿的模糊性即膜的一些渗透性是必要的，这样，一个人就可以依照自己的意愿从一种设置向另外一种设置移动，或者在决定移动的过程中能够逗留或徘徊。门道、长廊以及活动区域的边沿地带便是敏感且必要的场所。(图 63)

图62　1840年重建后的圣彼得堡（现在的列宁格勒）的中心广场，巨大的尺度设计是为了展示力量和权力。

图63　任何过渡，尤其是一个门口，都是一个逗留和交谈的地方。人可以一下子进入两个区域，可以按照自己的意愿决定处于哪个区域。

　　活动的程序需要具有可操作性，以便能够及时地划分行为者。基于习俗或者有意的安排，一个开放的广场应该具有这样的设置：一个交通终端，一个蔬菜市场，一个儿童运动场，一个成人聚会场所。像空间性边沿一样，时间的边界也是重要的因素。程序安排需要减少高峰区域以便使所使用的设施在数量上匹配。移民们轮换使用的声名狼藉的贫民窟"温床"，就是这样的一个例证。用错开工作时间来满足在路上产生的对空间的需求，则是另外一个更好的例证。在许多物质设施用度紧缺的同时，还有大量的设施使用不足。在这些地方，显然存在着大量不增加成本就可增强契合力的机会。

增强契合力的最有用的措施，更多地与过程的一般性而不是形式的一般性相关。精心的程序设计是这个过程的核心：行为以及作为有机整体所期望、所考量的空间特性的公式化。程序设计应该是任何新的场所设计的第一步，是任何旧的场所安置的第一步。"相比较实际发生的过程，如何实现我们想要发生的过程？"明晰的公式化一旦完成，程序就不仅仅是管理和设计的一个指南，而且也是对一个地方反复检验的计划，去检验其运转的状况究竟如何。

对一个场所的功能的重复性监控，基于这样一个假设，即：一个地方在何种意图中得到使用，它允许哪种持续进行的精良调整，直至达到最好的匹配。即便在一种陌生的文化中，我们也会很快发现那些提醒小心和提醒注意的迹象，这些迹象是功能正常运作的标识。一个实习水手会谈论一艘行进的船，一个到访者会注意到一处整洁的社区。监控和调节可以通过一个中央官僚机构或者对一个愚笨的、意识涣散的居所所有者实施的精心设计的程序来实现。(图 64)

图 64　对一个地方关注的迹象是显而易见的，就像马萨诸塞州橡树崖的营地会面区的这个小屋的前院一样。

借助于使行为变得适合于场所，契合力可以得到增强，反之亦然。人们"习惯于"一个地方，或者"趋向于喜欢一个地方"。他们也可以被训练为使用一个地方或者欣赏一个地方。环境教育的当代努力的一个效果就是向人们展示如何更加成功地开发一片森林或者一个城市。但设计者们忽视了这样的机会，即：向未来的使用者强调他们应该如何在新的地方生活。他们假定：如果场所的形式是正确的，行为上的契合会自动发生，并且会很快实现。新的行为的确发展起来，在没有强迫的情况下，这些行为也会被引导和开发。发明和交流场所中的各种新形式的行为，正如发明和建造新的物质形式一样，是一种创造性的活动。当场所和行为以并行的方式发展时，契合力会最具戏剧性地增强。一个家庭会重新适应新的住房环境，继而在一个同步的过程中，重新塑造其家庭成员与其他人相互关联的方式。对住房的重新设计，是对家庭行为的一种开发。另一个例证则是，一个新的教派团体，同时创造了它的设置和它的礼仪。

一个案例可以用于一个实验设计。可以安排志愿者对一些设置进行潜力测试，在这些设置中，场所和行为通过一种明确的方式得到调节：在地下生活和工作的一种新的模式；专门设计的在地面房屋中的一种公共家庭生活模式；以一种新的方式组织工厂工作或者组织汽车旅行；城市内部生活中的一种新的密集形式；一种新的借助于有限资源的荒野生活方式。伴随着测试的进展，这些实验的设置会被被试自己不断地调节和掌控。如果某种形式成功了，所对应的设置会被其他人尝试以便能够交流新的可能性。如果我们想要拥有一种明确的发明和检验行为设置的方法，我们或许就需要许许多多这样的可能性。由信念和需要激发的这种偶发性测试，产生过也被抛弃过。它们从来没有像人们能够通过学习而掌握的其他实验那样，得到过规划和监控。

改进环境的契合力的最有力方式或许是把对环境的控制交到环境的当下使用者手里，这些使用者是利益相关者并且拥有使环境完好运作的知识。在这里，我们期望着即将到来的我们所关注的下一个维向。如果使用者处于可控范围，对环境而言它要远远好于遥远的环境拥有者；如果环境的设置富有弹性，足够满足使用者为自身需要而做的重新塑造，那么一个理想的匹配就更可能发生。

我把契合力作为一种当下的现象进行讨论，但是，大部分城市建筑而不是房屋所处的使用状态，并不是原初的设计所对应的状态。即便是对旧有房屋的持续性居住使用，即便是这种使用被持久的人类家庭居住稳定下来，许多方面还是发生了变化，因为处在使用场所的家庭不再是原初的家庭，场所已经具有多重性，至少它是变旧了。行为在变，物质性设置却保持着。这种滞后给予我们的生活一种稳定性的假象，而不匹配则是一个自然的结果。我们要么花费精力重塑那些传至我们手中的结构，要么就重塑

我们的行为。(图 65、图 66)

图 65 一个适应了新用途的"老人":波士顿的后湾消防站成了一个当代艺术博物馆。

图 66 杰利科(G. A. Jellicoe)所设计的"限制使用机动车辆"理想城市环境(Motopia),交通和停车场处于屋顶,地面用作公园。但是,由于这些建筑形式是基于各种道路形成的,一旦发现交通圈不起作用,该如何重建城镇呢?

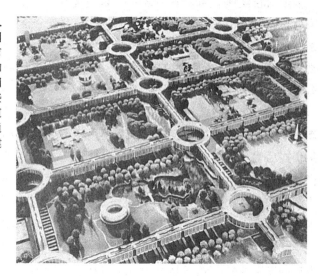

　　古老的城市有巨大的具有防卫能力的城墙,在它们丧失了各种防卫能力之后则成为一代代人的土地负担。因为这些城墙抑制了中心和周边的交流,它们最终以巨大的成本被拆解。一旦拆解完毕,它们就给公园和林荫大道释放出大量的空间。我们的各种睿智的表达方式或许很快就成为某种累赘,并且成为难以移除的累赘。它们会留给我们有用的踪迹吗?旧有的工厂区域典型性地衰落到被局部性遗弃和边缘性使用,不是因为工人和管理者没有工作能力了,而是因为旧有的结构和道路变得过时。相比较对原有场址的重建,转移到一个未开发的地点,成本要小许多。

　　为了连接港口与穿越充满物质喧嚣的旧有中心的内陆铁路,波士顿的商人和建造者抗争了近半个世纪。他们彼此抗争的最终失败,助推了经济主导由波士顿向纽约的转移。当然,城市发展放缓,不单纯是因为物质上的陈旧破败，市场、供给、技能还有资本的转移等因素，或许发挥了更为关键的作用。尽管如此，物质上的陈旧以及相伴随的心理态度也同样发挥着作用。美国东北部的老旧的生产性厂房的状况无疑促进了经济中心向"阳光地带"的转移。

陈旧带来的损失不能单纯被看作是重建带来的成本，甚至也不能单纯看作陈旧背后的留存引发的持久困难。它还包括空间、纯净水、土壤、能源以及建筑材料等这些不可替代的资源的消耗。科幻小说中充斥着对未来全球毁灭的阴郁的指涉。与此同时，规划者们也充分意识到进行准确预测所面对的巨大困难，充分意识到人们不太可能对未来实现控制。考虑到不间断的变化会侵袭他们的设计，规划者们祈求他们的设计具有足够的灵活性以便可持续地有用。于是，在规划中灵活性就成为一个惯常性口号，成为处理不确定性的一种方法，成为安排后继世代的一种方法。似乎明显的是，如果我们想要在一个变化的社会中生存，如果我们想要修复我们的惯常错误或者顺应我们时常变化的内心，那么一个好的居住地就该是一个具有适应能力的居住地。一个灵活的世界就是一个开放性发展的世界。

不过，尽管灵活性已经启用，但它的含义尚不明了。没有人非常清楚地知道如何去达成这种灵活性。它不同于我们讨论的其他维向，关于如何实现灵活性，我们现在知之甚少。对于医院的适应性问题，一些思想已经提出，关于汽车和电话线的报废率问题，也有相应的观点提出。有一些新的文献论及环境灾难的创伤处理问题。对于城市退化的原因和如何治疗，大多还是处于传闻状态，适应性问题的创新也基本上处于装饰性状态。

一个适应性很强的地方，一定是其功能和形式彼此匹配得很好的地方。这种匹配往往通过场所对活动的适应或者活动对场所的适应而达成，也可以通过二者的相互适应而达成。不过，论及未来匹配，我认为最重要的是一种能力，即一个地方在功能上便利地适应未来变化的能力。更明白点说，在更一般的意义上，适应力也是通过具有适应力的人的出现而达成的，而且这种路径通常更便利、更有效。

我们把那些在变化的条件下长时间处在活跃状态的事物视为绝好的事物。罗马的街道网络在当今许多欧洲城镇的中心依旧发挥着功能。在法国，一些农业区域已经持续耕作了一千多年。纽约大市的设计原初就是要允许灵活变动，现在依然如此。就像其当初设计所期望的那样，麻省理工学院的主要建筑的规律性连接和模块式空间，容纳了工作室、实验室和教室不断发生的变化，尽管变化的过程一直伴随着建造的噪声和学术政治的博弈。那么，这诸多存活者的价值究竟是什么？如果这些物质性的存活让我们意

识到了过去，其贡献无疑就是其敏感力了。如果不是，它还能是别的什么？（图11）

除了作为昔日的一种地标之外，这种存活的价值还在于它是不可复制的当下资源，就是说，这种存活和适应使得人们获得的价值，远远大于这种留存带给人们的价值损失。另外，事物的这种存活意味着它们始终保持着对相应的活动的主导。

这里真正的问题是，是通过调整旧的设施来使其适应可接受的标准，还是使得当下的使用适应于旧的设施？一个允许事物在其中生存、又能够迅速被新的形式所取代的环境，事实上也是一种具有高度适应性的环境。

美国社会和它的一些区域就是以这种特殊方式存在的具有高度适应性的环境。美国国土的面积、土地所有权的特性、社会的面貌以及资本主义经济的体制，鼓励资本和劳动力的流动与迁徙，对物品的快速消费、对个人能力的社会性认同，迅速满足了新的环境要求。不过，包括社会纽带的断裂以及对昔日时光记忆的丢失在内的巨大的人性成本，成为这种流动性的巨大代价。资源的逐渐枯竭，或许预示着长期适应力的丢失，但短期的适应力的确已经达成。

只有在清楚地知道它们对于我们意味着什么的时候，我们才会真正讨论内在于适应力的成本以及这种成本与其他环境价值的关系。保持对一个场所的辨识、保持对过去（这是敏感力的一个方面）的记忆以及保持社会性纽带，这种保持所拥有的价值经常处于与适应力的冲突之中。不过，就像我们即将揭示的那样，事情并非必然如此。

当我们讨论适应未来变化的适应力时，我们所说的未来究竟是什么？这种未来是谁的未来？是能够依照战斗的变化游刃有余地调动标准化军团的将军，还是被无法逃脱的不安和恐惧包围的一个步兵？我们是关注那种拥有按照意愿砍伐树木的这种适应力的近期的未来，还是关注那种居住者的生存机会被限制在植被荒芜的土地上的那种遥远的未来？我们该在意多么久远的未来？考虑明天、考虑明年、考虑我们的子女甚至我们的孙辈似乎是正确的。一些人主要关注的是数百年之后水的供给问题或者耕种土地的供给问题。但是，预测未来事件以及想象未来利益所面对的困难总是以翻倍的速度在增长，这种困难的增长引发的长远焦虑必然缩小行动的范围，以便避免那些可能威胁种群生存的行动：活力的问题要重于其他的维向，因为这是最稳定、最一般的生存要求。即便如此，没有人会以任何有效的方式担忧太阳逐渐到来的死亡，尽管我们确信这种担忧一定会到来。因为到那时，我们的物种已经灭绝，那样的问题已经没有意义。

我们的文化（特别是我们的中产阶级文化）表现出一种对未来的焦虑。更多地生活在过去和现在的人，或者对于即将到来的事件持有不同观点的其他文化，对于我们的这种焦虑和我们对灵活性的喜好可能没有太强烈的体验。他们像从前那样活着，抑或他们预先看到了某种世界末日。我们的记忆和预期则是当下生活的一部分。不过，除了有病的人或者残障人士，没有一个正常人对未来彻底无所谓。生存和行动所必须满足的预期的需求，是内在地嵌入物种之中的。适应力是所有文化共有的一种关注。但是关注的范围则依赖于文化价值和知识。

适应力的程度可以通过当下折现的未来成本、通过对形式空间系统的适应以及指向未来的可能的功能活动等彼此之间的相互作用得到度量。然而，这是一个不可能的度量，就是说，除非我们明确我们所说的成本是什么、这种成本谁来承担，我们所说的功能是什么、我们什么时候要求这种功能，以及我们要求什么样水准的功能，否则，度量就是不可能的。我们可以做一个猜测，看看一个电影院的所有者用五年的时间，把电影院转换为同一条街上的一座音乐厅花费成本是多少。这是对其电影院的当下适应力的一个有限的度量。但是这个度量忽略了电影发烧友的花费。如果这个音乐厅在这五年中不被使用又将如何？对于整个居住区及所有的居住者来说这样的计算何等困难！

在适应力和预测之间有一种循环。如果预测得非常好，适应力相对就没那么重要，因为适应力已经被降低为满足当下使用的规划所对应的相对简单的技术问题，降低为可以在已知的时间被已知的用处所替代的问题。不过，如果预测得很糟糕，适应力又将如何度量呢？因为我们对我们必须适应的东西一无所知。

因此，在部分已知的特殊情境中，诸如知晓所倾向的一组可替代的行动这样的建议性的度量就最为有用。于是，一个地方或者一个计划就可以得到分析，并用来估算那些所预期的调整过的折现成本。例如，我们可以询问一个已经计划好的房屋建设进展：在十年内，日益增加的大量的平均规模减小的家庭在那里是否能有住房？对于每一户家庭来说成本是多少？这种计算依赖于对人口统计的变化的预期，答案将限于有限的范围和时间。如果有不同活动者参与讨论这个问题，或者有不同的方式来思考这个问题，答案将是多重的。通过权衡变化的相对概率，或者活动者的相对重要性，答案会得到提炼，不过，这样做，我们是在沿着豆茎攀爬一种方法论的天堂。度量行为，在那些知识和控制非常宽广的特殊案例中或许有用，如一个复杂的医疗机构的物质设施的规划。但这并非意味着其能一般性地适用，尤其是从预测的不完备性视角看，更是如此。

我们永远生活在当下，对于要求广泛的先见知识的度量来说，我们很难将其投入应用。但我们同时意识到一切永远在变化。我们能够生存是因为当变化发生时，我们在秉性中拥有创造性地应对变化的能力。在这个意义上，我们希望环境能够让我们自由地行动，并且环境的发展不会引导我们进入不可逆转的死路。这样，我们或许可以把适应力重新规划为两个限定性的量度：

第一个是可操作性：一种行为的设置能够以简易和渐进的方式在使用上和形式上得到改变，并且在可预见的不远的未来，这样的应对能力可以得到维持。这样，我们可以设定任意的时间、成本和政治权力的界限，看看在这些界限内，何种程度的变化会发生，看看相应的变化程度是增加还是降低所促成的变化的成功率。比较一个小的居住单元和一座大的独立宅院，看看一个中等收入家庭能够在一年内、以有利于居住环境的方式、在何种程度上装修其住宅环境（如扩大空间、重新安排房间、修饰通道，或者调整房屋外饰、重新安排就餐位置、变换房间的用途等）。伴随着家庭进行的持续的修补，这种可操作性带来的好处会逐渐减退吗？

在针对小群体的房间变动设定标准具有特殊重要性的同时，可操作性也是大的、更有影响力的机构所关注的问题。他们也会有同样的基础性问题：在适宜的成本基础上，在短暂的时间中所做的工作可以产生多大的变化以及这种变化是否会降低下一轮变化的开放性？

这里，我们有一个一般性的、在当下可度量的标准，这个标准表明了一个事实，即对变化的一个创造性的应对是最大限度的生存保证。这个标准也可度量一种设置对居住者的当下的开放性，进而间接地也成为对这些设置的一种控制。高度的可操作性会带来一种更好的当下契合，因为契合在此可以比较容易地实现。一个可操作性的环境，也是一个通过操作增强学习机会的环境，这种过程本身就强化着创造性和控制力。

不过，一个可接受的操作不应该使得后继操作变得更加困难。一个"开放计划"或许只允许第一批到来者建立他们所选择的界限。规划中的"浮动分区"（Floating zones）与它的第一个开发者一同搁浅。危险不是来自穿越其中的逐渐积聚的泥沙使得"浮动分区"失效，而是来自它引发的泥泞使得逃生无法进行。需要的是一个稳定存在的环境应对。

于是，适应力的第二个限定性的量度就涉及对未来死路的规避，或许它可以叫做可复原性，或者更精致点说叫做还原能力。如果经由发散的可能性之网从过去进入未来，如果我们能够追溯到网络的一种先前状态，我们就拥有了另外一个机会去消解错误（如果愿意，也可以重复错误）。这样，我们就可以询问：消解错误的代价是什么？

不存在一种绝对的开始，不存在完全可逆的事物。时间之矢只有一个方向。不管多么有效，场所承载着每一个循环的瘢痕。但近似总是可能的。我们可以估算移除一个办公区的成本，估算表层土壤恢复、森林覆盖恢复、原生地自然动物群落恢复所花费的成本。当发展起来的办公区关闭了通向未来的其他通道，其就可以成为成本衡量的一个尺度。我们不需要计算回到某个神秘的纯粹开始的成本，只需要考量一些相对闲置的、生态稳定的状态，这种状态类似于城市开发起始阶段的状态。对于人类而言，这种早期的状态不如当下状态如人所愿。我们仅仅判断恢复的成本。之前的雅典卫城并没有今天的荣耀，一次次损毁与侵扰造就了它今天的状态。

也有这样的可能，即先前的状态比起现在的状态或者某种中间状态更加严格受限。就人类的用途而言，曾经干涸继而水位上升（不是建造）的石质沼泽，其当下状态比起其早期状态使用成本更低、使用机会更多。需要谨慎对待用作评估可复原性的"原初"状态的选择。它应该是稳定的，这样才可能以较低的成本得以保存，它还应该拥有允许许多替代性的新的发展形式。

可复原性是一个有意义的城市量度。例如，我们可以发现，常常被谴责为"吃光了"一个城市耕地的那种有害的低密度郊区，就是一个比较容易复原的区域。即便是英国第二次世界大战时的机场也成功地复原为耕用土地。与之形成对比，地形和水系的变更、土壤的侵蚀、地球上的废物丢弃及湖水不断加速的富氧化，则很难得到复原。宣告在拆除一座新摩天大楼的同时建造一座新的摩天大楼的成本，或者宣告把曾经要建造高速公路的地方最终恢复为一座公园的建造成本，并且把这些宣告的建造成本纳入要不要首先建造高速公路的辩论之中，可能是明智而富于启发性的。什么是复原一个新的居住地或者一个步行商业街的成本？什么是重新使用一些历史建筑的成本？曾经的用途证明是错误的吗？

计算一下把波士顿的后湾还原为旧有的潮汐湿地的成本，包括把现有的人口重新安置的成本，是一件令人好奇的事情。把煤重新填回矿井的成本会是一个天文数字并且无利可取，因为重新填充不会带来任何未来发展的某个分支。而堆放在一起的煤可以一再地被使用，挖空的矿井或许可以转作他用。另外，计算恢复矿井表面的成本，也极其有用。

相比较物质形态本身，可复原性或许更深地受到诸如整体中局部的财产所有权这样的体制性刚性的影响。归属存疑的土地，所有者缺失的土地，对复原的阻碍作用比岩石和废墟更大。

在灾难之后开始运转的是一种特殊的而且非常重要的可复原性形态。这里我们首先关注的是在诸如地震、火灾、受袭、瘟疫或者洪涝这类灾难之后，恢复居住地的成本。不是恢复到未开发的状态，而是恢复到居住地的正常形式，恢复到正常运作的水准。各种结构通常得到检验的是它们对抗这些灾难的能力，而很少在一个城市的规模上考量这些结构应该具有的可复原条件。对这种复原成本的计算在市政防卫规划中或许有用。受制的发展会使得未来的恢复任务变得艰难。不过，复原似乎主要依赖于三种行为：对人力资源的抢救、迅速分配新鲜的物质资源、快速建立明确的重建计划。相比较居住地的其他物质性要素，这种类型的可复原性于是就与社会系统、规划过程、丰富的通道有了更多关联。创造性的、未来导向的行为是一种人类能力，而不是环境的能力。不过，如果物质性的要素促进了那些创造性行为，这种可复原性会受到理想以及间接性地受到其他可操作性要素的支撑。

可操作性和还原能力是两个维向，但不是问题的全部。没有人希望一个具有无限可操作性的世界，也不存在一个完全可复原的世界。有时，我们寻求去固定一种未来或者阻止一种回归，就像罗马人向迦太基撒盐一样。一个完全合适的环境，每个人在其中能够每时每刻都围绕自身、不需要付出任何努力去选择环境设置，这样的环境是一个神话。在冲突和混乱中，场所会变得毫无意义，生命的形态也被消解。就像我上述注意到的，大规模的物质环境的持久和稳定，是一个城市的主要资产。一个处于持续的可修改状态的地方，会是一个没有特色、失去方向的地方。想象一下一个"全功能"房间或者一个工业园区的保留空间。一个地方的适应力和稳定的意义之间的冲突是一种内在冲突。因此，任何试图增强操控性的愿望都必须至少限制在两个方面：永远不要轻易地威胁心理上的连续性，永远不要在太大的范围内释放无法管理的社会冲突。

适应力的设计必须处理所有这些张力。补偿景观变动引发的心理上的不确定的一种方式就是建立稳定的象征性地标。把对未来的选择降低到较小的数目，是使未来决策过程便捷、通畅的另一种方式。当下契合力的稳定性和可操作性在具体的情境中会相互调和。不过在抽象意义上它们会彼此冲突。

对于变化，人们拥有不同的容忍度。一些人渴求新异性，欣悦于处在任何新潮的浪尖。另外一些人则向往宁静和旧有的习俗。在复杂和异质性的居住地，规划使居住在那里的人们选择他们的各自倾向成为可能。一些区域可能是具有高度适应性的地方，在那里各种实验性形式和生活方式受到欢迎。一些区域可能更加崇尚传统，倾向于固定的形式。对于后者而言，在新的技术和习俗在其他地方得到广泛检验之前，甚至在所有不熟悉新的技术和习俗的人都还活着之前，这些新的技术和习俗的推广都会受到阻止。除了所需要的保证整个社区生存的基本可操作性和可复原性之外，"时区划分"也将提供一种适应力的范围，在极地地区和热带地区之间存在着不同的选择。

人们会接受训练去利用他们对环境的适应力，和谐地与环境共处。我们的思考和感知方式倾向于使我们以不变的方式看待事物，直到这些事物开始承受一些突发的、剧烈的变动。老旧的房屋就像从前一样在那里，然而突然间会走向毁灭。我们通常借助于一些庆典使得一种渐变戏剧化，这种庆典似乎把这些渐变压缩为一种关键性的转变：我们安放基石，我们实施启动，我们主持重大的开幕仪式。缓慢的转变让我们不适，但是这种不适不仅可以通过物理稳定性的虚幻设计得以缓解，而且可以通过训练人们去感受他们所遭遇的变化得以释然。变化具有其自身的恒定性：它的方向和速度，它的转换模式，它的历史。如果我们把握了这些恒定性，即便它们像流动的河水，意义和稳定性依旧会得到保持。更进一步，设计者或许会在环境中努力使得这些恒定性更加清晰，而无须引发任何适应力的问题。

尽管适应力很少得到精细的分析，我们还是能够提供一些零散的分析方式。其中的一些涉及居住形式，其他一些则涉及活动模式，还有一些涉及对形式和活动如何进行管理。

一个正式的方法就是提供额外能力：一个足够强大的能在结构的顶端添加楼层的框架，额外的允许充分生长的空间，足够大的能够驾驭人口增长的排污系统，等等。许多富裕人家的老房屋非常容易得到改变，因为在大厅、楼梯和房间中有大量的额外空间，这些空间提供了"松散地契合"当下时尚的灵活性。在一个大宅子中添加一个房间并不困难，甚至在宅子后面再建一座房屋也不困难。类似的，新的房屋可在顶楼建造以扩展空间。可以为不确定的未来储存材料，就像我们现在把石油以低廉的价钱存放在地下的洞穴中一样。街道可以建造得比较宽阔，以便适应未来高速公路的建造。居住地可以开放地设计为一种"成长形式"，就是说可以是一种线性模式，一种星状模式，或者一种棋盘模式，所有这些模式都为每一个先前发展起来的位点提供了继续成长的空间。（图 67）

图 67　老房子很容易被改造成小型的专业办公室或商业办公室。室内空间的尺度适合许多用途，并且能够保持其温暖的感觉。

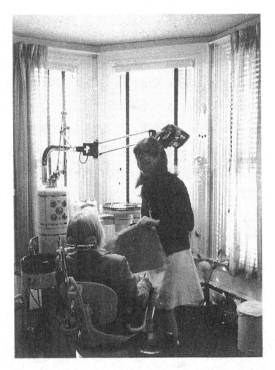

在应用这个一般性的手段的过程中会遭遇很多困难。其中之一就是供应和维护闲置的资源所耗费的成本。在冗余可以廉价、及时获取，以及处在备用状态的冗余不需要太多的看护时，这个一般性的技术最为有效。如果人口的增加和交通量的增加并没有到来，建造一个稀疏的城镇，或者建造一座足以承载两倍运输量的桥梁，将会是相当浪费的。比较理智的是为第二座桥梁或者第二座城镇的建造留下空间。但保留可替换的空地或者保留道路建造用地，会因为一种不确定的未来而诱发大量的成本：设施线路的扩展需要的当下成本，额外的维护成本以及空间性整合的某种损失。甚至存在着一些矛盾的境况，在这些境况中针对未来增长的空间的保留使得居住地如此稀疏以致阻止了未来的发展。不过，在巨大的街区的中心保留尚未使用的开放空间，着力于发展街区的边缘，是一个明智的做法，因为这样的话，留存的中心空间的开启成本低廉，在未被需要的状态下不需要维护和管理。

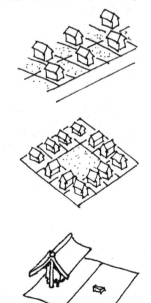

第二个困难是，这种额外能力容易作为一种灵活性而不断地被填充，继而使得这种能力遭受剥夺。后面的空地被利用，仓储的资源被消费，额外的楼层已经添加。这种适应力是真实的，也是转瞬即逝的。不过，通过对这些额外能力的持续性的替代，一些策略能够避免这类"淤塞"。一个经典的例证就是日本伊势的神道寺庙，在那里有两座寺庙场址，旧庙每次清除后新庙就在其上建造（尽管在这个事例中灵活的过程是用来保护一种传统的形式）。相似的城镇设计则是允许沿着城市内部的街道道路在城镇后方的空地上建造新结构的建筑，这样前方空地被夷平，先前的街道空地重新转换为内部的保留空间。财政上的循环周转资助也是保留额外能力的一个类似的模式。不过，在从衰败走向废弃，废弃演变为浪费，从浪费再回到重新利用的这样无法控制的长期循环过程中，这种类型的空间设计还鲜有启动。(图68)

图 68 位于日本伊泽的奈谷神社（Naiku Shrine）的场址替换。每隔二十年，在空旷的遗址上就会建一座新的寺庙，完全是原有建筑的复制品，原有的建筑会被拆除，其遗址将等待接下来的二十年。因此，古庙的形式，而不是建造的物质，已经保存了大约 1 300 年。

额外空间也导致感知模糊和形式缺失。一个仅仅是部分完成开发的空地是沉闷的。再一次，未使用过的剩余，以及对这种剩余的直接移除，便是解决这种心理困境的一种路径。

增强适应力的另一个主要手段是改善这种剩余，强化和扩展通信与运输（这本身就是第 10 章要讨论的一种效能维向）的网络。如果能够比较容易地获得信息、能够比较容易地引进资源，那么我就可以通过微小的努力迅速地改变我的活动。一个导电条允许我在我所希望地方安置我的设备。

如果我当下的状况不令人满意，一个理想的街道系统意味着：在我指定的时刻我能够得到一种特殊的工具或者一种特殊的资源，可以让我转移到另外的地方。从灾难中复苏，极大地依赖于信息的获取以及对资源的快速调用。在历史上，有许多庞大的、复杂的、具有高度通达性的城市，在巨变的冲击下生存下来，尽管其表面上显得极其衰弱。而孤立的村落（缺乏通达力）则周期性地被饥荒、洪水和战争一次次吞噬。

像额外能力这样的好的通道是昂贵的。不过，不同于额外能力，交通为当下以及未来都提供了良好的服务。更进一步，好的通道不会"开裂"或者传递某种浪费和具有歧义的感觉。对于适应力来说，这是一种更强有力的设计。

第三个，也是通常倡导的量度，就是降低局部之间的相互干预，如果这样，那么任何一个部分设施的变化就不会迫使另外一部分发生变化。一个建筑师启用宽尺度的建筑结构，意味着任何的局部使用，都可在不触及几个梁柱的条件下，在所设定的范围内移动，这些梁柱集中承载着建筑的负荷。如果居住地被分割成独立的家庭用房，而家庭又是最能够决定环境变化的社会单元，那么每个家庭就可以在不打扰邻居的条件下装修自己的房屋。如果孩子在空间上与成年人分割开来，那么在看护孩子方面，就不会干扰年长的人的生活（尽管许多这类分割会在其他方面损害特定的社会结构）。在一个医院，如果不断变动的手术室和特殊的实验室可以从相对具有稳定性功能的病房中分离出来，那么手术室和实验室的工作就不会影响病房的宁静。在涉及"超级结构"这个概念时，城市设计师坚持了

一种类似的思想，在这种结构中主要的支撑和运输框架得到固定，与此同时，允许附加在这种结构上的单个建筑持续地变化。遗憾的是，在城市规模层面，这一点则恰恰相反。单个的建筑（尤其是居住建筑）在形式和功能上相对固定，而主要的运输系统却处于持续的变动中。

这个策略中的另外一个变量则是把某一固定位点周围的居住地中的活动组织起来，而不是通过固定的界限把它们分割开来。这里的假设是：具有差异性的活动能够以彼此之间最小干扰的方式在中心点之间的模糊区域展开。无论怎样，当其他活动扩张时，连接处必然会趋于收缩，除非在这些区域的边缘存在着额外空间。

所有这些减少部分之间相互干扰的例证，都依赖于对特定的社会单元的预期，基于这些社会单元，改变环境的决策才得以做出，相应的区分倾

向于变化的环境与不倾向于变化的环境的能力才得以形成。由于对局部环境变化的一种错误的预言，超级结构计划会遭遇失败。一旦特定的家庭失去其作为社会单元的重要性，继而失去其决策的力量，独立家庭住房当下的灵活性也随之动摇。

第四个一般性的策略是"模块化"，在其中标准的单元重复地得到使用，这一点既是因为各种检验表明这些单元特别适合有差异的功能，也是因为这类标准化使得部分之间易于结合，继而易于重新实现结构化。在标准中群体湮没了个体、产生了可复制的单元。一种限定在特定的平方英尺范围内的房间，在一座进行改造的医院中可以用作实现许多不同的目的，而一个更大一些或者更小一些的房间，其适用性则逊色许多。于是可以推测，一座包含有大量的特定尺寸的房间的医院，会比较容易得到再次使用。不过，从经验来看，许多"模块化"方案忽视了这一点。设计者认定任何标准部件的排列都能确保流动性，而事实上却恰恰相反。

把电线和插座旋紧在一起的标准是相互转换的连接能力所具有的价值的样板。在城市范围发现类似的样板则比较困难，就像纽约的规划者在1811年所宣称的那样，一种标准的空地可以让建造者在任何地方树立起一种常规性结构，并且一种常规的街道布局会便利投机买卖和活动的变换。非常类似，以一种通常的标志方位存在的正方形建筑，便利于进行添加，而楼层的标准化设置，则更容易进行添加。

在生产中、在零部件的仓储中，标准化具有一种明显的优势。不那么明确的是，在任何像城市这样复杂的事物中，还存在着通向流动性的有用的通道。当然，这里也隐含着其他诸如单一性或者大规模实施的困难这样的问题。在流动性和模块使用之间的联系，通常比较虚幻。基于大量的经验，我们必须能够预测我们确定使用的模块，这些模块必须适用于巨大的功能差异，必须能够持续性地适用。便捷连接的可能性以及模块单元的再连接必须得到重视；这些可连接单元的易得性必须得到保证。有人会不以为然，认为那些最有用的模块不该是标准的街区、超级结构或者建筑系统，而该是像砖块、管线和木材这类最细小的东西。

最后，自然会有一些特殊的材料、工具和建造技术相对而言易于掌控。相较于固化的混凝土，轻的木制框架更容易变更。小功率的工具、薄板、墙面板、灯泡、平地、抹灰、填缝等，都是小的拼接工作所需要的材料和操作。木材、砖块和石头可以再利用，其他许多复合材料则必须废弃。批量化生产的精细塑料、金属和混凝土管道的使用在初始或有优势，但是在未来会严重地面对适应力困扰。基于同样的道理，也存在着一些内在的易于变化的特殊的活动模式。

相较于事物的形式和活动的方式，对于增强适应力来说，环境管理过程的一些属性则是更加重要的手段。第一，也是最重要和最显著的手段，就是在决策点上增强信息的可得性，这些信息可以借助于对发生的变化的常规性监控获得，也可以借助于有效的预测获得。当然，信息的获得是昂贵的。把决策点转移到已经拥有最好的信息的群体，或者转移到活动现场的人，通常更有效率。一种富于警觉和信息畅通的管理，势必是快速适应的关键。

存在着一些处理不确定性的规划手段。其中之一就是把发展过程划分为不同的阶段，为每一个阶段制定应急计划。陆军参谋部通过探索如何规避最终耗竭，来进行和平时期的应急部署；僵局应该得到预见和避免，相应的一种快速的应急反应必须确保。全方位的应急计划是一种复杂的事务，这种事务常常只是做做而已。这种工作更多地止于下一步以及少数可能的应急。这里，好的预测再一次成为必须。

类似的道理，行动和决策应该是有准备的，但常常会推迟到最后的可能时刻，这样行动和决策就能获取最后一分钟的信息。为揭示未曾预见的困难事件，有意进行的测试会提前进行。在工程设计中也有与之类似的程序，在这个过程中，对创新部分和创新过程的全方位的实体模拟，是一件正常的事情。作为实验，设计一个新的居住地的第一个街区、随后制定一个规划学习这个设计，不是经常发生的事情。

第二个是从分期偿还这个熟悉的金融手段中借来的手段：除了用资本积累替换旧有的投资，我们还可以积累基金来支付让现有的场址返回到某种"原初"状态的花费，这样无需承担废弃结构的负担，使得新的开发得以进行。与可持续性相伴，可复原性得以实现。

对于适应力而言，空间的控制问题会构成严重障碍。所有权常常是零碎的，不能够也不愿意实施或者受制于一种严苛的控制。变通的办法是，我们可以借助于一种手段，让诸如一种公共代理机构或者资本充足的开发集团这样的能够实施所有权和发展权利的组织，实现对所有权和开发权利的阶段性拥有与重组。长期租赁、终生任职及阶段性更新就是这类常见的手段。我们还需要探索其他所有权的流动性形式：界限模糊或者界限交叉的临时性拥有以及所有权的部分权利的拥有等。管理松懈的领域（边远的地区和废弃的地方是与自然荒野对应的体制性产物），为新的方式提供了空间。

通过严格限制产生的效能编码，公共体可以摆脱控制，这种编码使得在既定的效能水平上的形式变化可以实现。经过充分讨论的可转让发展权利，就是增强居住模式流动性的另外一个尝试。"浮动分区"就是如此，这种分区设定了控制标准，但是直到具体的安排出现之前，这种分区并不固定自己的位置。我们现在开始考虑对变化率本身，以及对类似于郊区"成长速度"的条例的控制。增长活动不会被禁止，但是发生的速度要有规定。在限定的阶段中，发展要减速、要均衡或者要受到限制，这样，在其中就有安全性的介入。例如，在一些状态，历史性地标的选定，或许只能基于某些循环出现的、广为扩散的时间段而设定。

所有这些都是在不失去控制的基本目标、不引入许多中期预测的不确定性前提下，能够采用的降低场所控制的一些生硬的方法。

就像采用其他形式手段一样，这个过程也同样意味着成本，并且，这些手段同时也增加了歧义性。"蓝本"的规划、准确的发展控制、把土地整合进分区以及外部产权，所有这一切都是基于我们感受到未来是有保障的。许多规划中的效能管理、发展权利或者长期租契的有关内容，都是针对适应性和确定性的一种妥协。制定这类精细的规则和程序耗费了大量的时间、金钱和管理能量。

有效的适应力依赖于信息的传播，这样决策者就能够吸纳事实上存在的特定的适应力因素。人们必须学会为实现他们的目的去适应场所，如何去重新改造一座房屋和装饰一个房间，或者如何去重塑一座公园。针对新的模式会提供许多实验的机会，也可能有其他人尝试实现新的模式。适应力这个概念本身就极为重要，能够感受到的适应力还具有心理价值，即便是这种价值从未进入实用。

准确的信息和精细的控制是昂贵的东西。伴随着它们逐渐变得复杂和特化，它们孕育出一种技术中心主义，这种技术中心主义本身，对于这些信息和控制的实际使用者来说，构成了一种威胁。集中控制和集中信息应该限定于确保基本的可逆性，或者旨在提高针对直接使用者的可操作性。相比较在信息中心产生的关于当下变化的信息，训练使用者如何监控和调整场所，则更加重要，除非这种信息对基本的可逆性或者对一般的可操作性造成威胁。相比较生硬且简单的规定，调节良好的效能控制更能威慑较小的麻烦制造者。

上述许多方法以及隐藏在各种变换的企图背后的许多推理，都是一些纯粹的推测。在灾难或者社会革命这样的突发变化过程中城市如何适应？

在特定的城市区域中什么是典型的适应序列？这些适应序列在何种程度上被物质性地强硬阻碍或者转向？人们能够学会更加有效地适应相应的设置吗？什么才是对那些具有变通性功能的区域和建筑的真实体验？针对适应力的哪些设计（物理的和管理的）可以投入使用？适应力如何被度量？度量之后如何对不同的场所进行比较？在古巴革命之后，哈瓦那留存下来的物理格局如何被有效地利用？

在计划中、在设计中、在管理中、在控制中、在成本－效益评估中，适应力的系统性度量标准是极为重要的。渐进式的比较手段可以产生：对于特定的群体来说，哪一种选择更具可操作性，或者说哪一种选择具有最低的恢复成本？这种恢复成本谁来提供？这个区域如何在一场洪涝后修复？我们能够增强现存的可操作性吗？对于这些问题，控制或许应该设置所需要的门槛。计划甚至要陈述如下这样的特殊规则："对于 10 000 平方英尺地面空间的每一个单元，在不干扰毗邻单元的前提下增加 2 000 平方英尺必须是可能的"，或者"必须在不使用专业化的劳动力、工具或者材料的情况下，内部空间能够被重新改造"，或者"一个开放空间的完整的装修成本必须控制在预算的范围内，并且费用花费的支付可以延期至使用者使用体验一年之后，而且使用者可以参与装修设计"，等等。

在特别紧张和混乱的时期，当公共行为的评估不明朗时，人们甚至可以合理地把既有政策的所有价值缩减到"劳瑞法则"的底线：

1. 避免最明显的困难：当下明显的不适或者对当下和未来活力的威胁。

2. 保有环境意识、刺激指向环境意识的信息流动，以便每一个当事人对当下的状况和可能发生的变化都有意识。

3. 保持可操作性和可复原性，以便人们能够做出他们自己的调整，以便在遭遇灾难威胁时，或者在灾难发生之后，人们能够从灾难中撤离。

从这种悲观的观点出发，让我们总结一下一般的标准。当下的契合力的度量尺度一方面是指公开的或者意向性的日常行为之间的和谐程度，另一方面是指与之对应的空间性设置。这一点可以通过对场所或行为的调整，或者同时对二者进行调整而实现。分析的手段则是对特定环境中的实际行为的观察，以及与这种观察相伴的处在这种环境中的人对存在的问题和他们的意向的讨论。共鸣和锐利的眼睛是最好的分析工具，对特定文化的一种亲密感受则是必要的背景。对匹配的稳定性的体验是非常重要的。不同的行为者之间的冲突必须得到说明。创建新的、匹配完好的设施，对使用者进行正确使用场所的教育，既是有意义的事务，又能对现存设施实现改善。空间和时间上的分割，使用者控制，精细的程序化、监控和调节，是增强当下契合力的普遍性方法。标准和分析标准的方法是一般性的，而与特定文化对应的处置方式则是特殊的。程式化的分类和标准，行为设置的多元性，文化的变异，使用者之间的冲突，对量化数据的偏见，都是在既定的居住规模中应用这些标准会遭遇到的一些困难。

针对未来契合力的一种弹性供给，则是一个更加微妙的尺度。界定一种一般性的度量标准非常困难。可以提出两个比较受限的尺度，其一，可操作性，或者说在不减损下一轮变化的潜在范围，在成本、时间、力量以及持续体验受到特定限制的条件下，形式和使用的可变程度；其二，还原能力，或者说在先前"开放"的状态下或者在当前状态下发生某些灾难后，恢复某种特定场所的当下成本的考量。两种度量尺度都是一般性的、具有可操作性的和意义重大的。这种度量尺度表达了对两种可预见的善的价值的保护：应对的能力和复原的能力。有一些能够实现这些目标的一般性的正式手段，如超额承载能力、有效的通道、部分之间的相对独立性、模块的使用、循环成本的降低等。还有一些补充性的处理手段：决策点上的通达的信息，具有可变性的规划程序，控制模式的松弛和更新，等等。所有这些手段都有其固有的成本。当下契合力的可操作性和稳定性在某种程度上是彼此相互抗争的，但是在具体情形中总是存在着使它们和解的手段。可以训练人们应对变化，人们之间的多样性倾向在此过程中也会得到考量。所有这些关于契合力的可变的度量，都可以在计划过程中，在设计、管理、控制和评价过程中得到运用。

第十章　通 达 力

　　城市的建造最初是出于象征性的考量，后来才为了防卫而建造，不过，很快城市的特殊优势就显现为：城市极大地提升了可通达性。现代理论家们把交通和通信视为城市区域的核心资产，大多数关于城市起源和城市功能的理论也把这一点视为理所当然。基于对获得物质、消费、服务、工作或者劳动力的相对成本的考量，各种城市活动得以确定。城市的其他价值则直接限制在获得通达力的努力之中。高度的个人流动性曾经是富人的一种荣耀，或者是某种强加在穷困的流浪汉和移民身上的特性。现在，在比较富裕的国家，得益于小汽车和其他交通设施，自愿的流动广泛存在于社会的各个阶层。私人汽车是我们的自由表象，旅游则是一种平常的活动。尽管流动性的增加并不总是带来通达力的提升，并且流动性也会增加其固有成本，但就像我们看到的那样，流动性的价值后果就是更大的通达力的实现。

　　在各种规划文本中，通达力已经得到了很好的研究。通达力的度量（针对开放空间、服务、工作和市场等）频繁地出现在各种报告之中。全部的工程设计都与借助于新的道路、新的移动模式以及交通控制等等的对通达力的分析和操作有关。许多商业企业以及一些家居住房，主要依照通达力的状况选择位置。一些人把理想城市想象为一个巨大的中心，这个中心拥有通往极大丰富性的物品、服务和人群的便捷通道。相反，交通拥堵，工作、商店、学校、公园或者医院等场所的抵达不便，则是城镇居民抱怨的寻常问题。

　　这样，我们就拥有了大量的信息来支撑效能的这个特殊维向。即便如此，在许多显著的度量得到很好发展的同时，这些度量和市民们所称道的高品质的通达力之间，依然存在着裂隙。对这个维向整体的系统性关注依旧欠缺。

　　通达力可以根据提供何种通达力以及为谁提供通达力来划分。或许，最基本的是连接其他人的通达力：亲戚、朋友、潜在的伙伴及各种各样偶然变得熟悉的人。人类是一种社会性动物，至少主要社会成员之间的频繁接触，是人们健康生活的基础性要求。各种类型的原始社会基于这样的规则组织成员的居住，现代社会实际上也是如此，尽管电子通信正在逐渐替代物理上的临近性，拜访他人的旅行依旧是都市旅行的一种重要构成。

第二重要的通达力指向一些人类活动。成人的许多重要活动或许是工作和生活，但其中也必须包括一些重要的服务活动：金融服务、医疗服务、娱乐服务、教育服务和宗教服务。这些活动既代表着为做各种事情——工作、祈祷、学习或者再创造——的人们提供各种机会，也代表为这些人提供有价值的服务，比如建造一座医院、一个银行。最大数量的城市出行记录依旧是从工作地点到住所的交通。另外，除非是乘车出行，孩子们的外出很少得到统计。还有，对国家高速公路需求的峰值也开始由工作日繁忙时段向周末假期的繁忙时段移动。

一些物质性资源的供给，如食物、水及各种各样的其他物资，也对通达力有所要求。当这些资源成为生存的必要条件时，这些要求就会与我们关于活力的第一标准发生重叠。对于许多城市居民来说，这不过是一种通往商店的便利出行。但城市本身却需要一种隐形的供给系统的支持，这种系统为城市提供通达力以获取境外的水源、外地的莴苣以及伊朗的石油。这种系统的紊乱，会提醒那些城市的居住者们，他对某种资源获取的依赖是何等重要，甚至是何等的危险。

人们也试图到达一些地方：到庇护所，到开放的空间或者开放的水域，到某些中心或者标志性场所，到优美的自然环境之中。在一些更发达的国家，或者是基于感官的愉悦，或者是基于它们的象征意义，或者是基于能够为娱乐活动提供充分的机会，我们发现一种对通向特殊景观的通达力的日渐突出的强调。不仅仅是城市区域中的家庭住房位置选择受到这一标准的影响，家庭和公司也使用这样的标准来选择其试图迁移的城市。出于这个原因，它们更倾向于迁往小城镇或者一种乡野地段而不是大城市。美国近期人口的显著移动，在相当大的程度上是受到这种特殊通达力驱动的。

最后，我们需要信息的通达性。在今天，这一点变成了一个关键条件。长期以来，存在着一些满足经济活动的主要条件，这些条件依赖于精确的、不断更新的信息，这些信息涉及中央银行业务、公司发展方向以及流行物品的生产等。但是，对于热衷收集最新八卦消息的邻居们，对于聚集在特定工作区域的职员们，以及对于聚集在大学周围的年轻人来说，这些信息也同样非常重要。彼此相关的信息状况、对信息的处理过程以及对信息和决策的管理，在今天都具有重要的经济功能。与越来越普遍的去中心化形成对抗，中心商业区域的持续增长就是这种重要的经济功能的体现。公司总部及高级商业服务由精细的个人通信线路紧密地连接在一起，这些练达的、富足的城市白领的存在，是向商业中心加大投资的动力。大众媒体、研讨会及电话抢占了既往的作为信息交换基础的临近性固定空间的主导地位，但对于更加微妙和冗长的对话而言，这种替代则又显得无法奏效。我们在第八章"辨识力"中所讨论的标识和符号，便是这种信息通道的一个特殊方面。对于环境质量来说，信息的通达力是一个新近出现的关键因素。理查德·梅尔（Richard Meier）基于此构建了一种城市理论，梅尔文·韦伯（Melvin Webber）则认为当今通信模式的转换，是重新塑造我们的城镇模式的决定性因素。区域之间和区域内的信息流程图，是城市模式的一种潜在的标识。

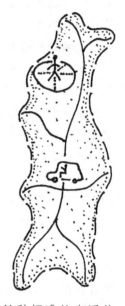

　　通达力的分布是不均匀的。一个女人可能被限制在家务范围内，另外一个人则可能被限制在轮椅活动的范围内。孩童的空间范围常常是严格受限的，甚至可以狭小到成人强制限定的范围或者特定环境限制的范围内。贫穷而无法拥有汽车的人无法选择远距离的工作。犹太人或者黑人可能会被隔离在一些向往的区域之外。老年人的世界像动力衰竭的火车。在对通达力的分析中，我们应该计算所选择的度量尺度如何随着区域的变化而变化，还要计算这种度量尺度如何随着不同人群的变化而变化。

　　更进一步，通达力还会随着每一天和每一个季节的变化而变化。人们或许会在夜晚或者冬季减少出行。在战争期间发明的雪地摩托，让度假者们能够进入广阔的冬季森林。如果一个人的生活节律不同于某种标准的生活节律，这个人可以非常有效地得到隔离。大城市的一个好处就是可以得到每天 24 小时的服务。这样，日程的重新安排就成为实现有效通达力的一种重要方式。在星期天蓝色法规解除后，购买物品的通达力就得到惊人的改善，当然代价是商店里总要有店员值守。

　　基于通达力的后果所产生的价值的不同，通达力的模式有着许多变换。物理性的运输是一回事情，视觉或者听觉的通达又是另外一回事情。相较于物质性实体，信息能够以较小的能量耗费、更快捷地传递，这样我们就发现通信取代了许多粗笨的流通方式。运输本身也以许多方式呈现：地下管道，船只，机动车，蒸汽火车，自行车，传送带，等等。每一种运输模式都承载一定的物品，都具有一定的速度和承载能力，或具有潜在的流动速度。一种模式或许处于公共控制之下，另外一种模式可能在私人公司中运转，其他模式则是几个独立的运输工具的组合。

流动的渠道属于一种模式的组成部分，正如其属于运输工具的组成部分。一些渠道是高度专业性的：煤气管道只是传输煤气。其他一些渠道则更具一般性：沿着街道流动着各种各样的物品、人群和信息。在大多数模式允许一种双向交换的同时，一些模式则需要限制向一个方向流动，例如，电影银幕或者电视屏幕；皮筏顺流而下；采煤车空驶而返。各种形态的特点是通达力品质的显在的修饰语。一种模式可能比另一种模式更有效，触及更广泛的领域，或者一种模式可能比另一种模式对它的用户更负责，尽管同时可能会迫使其邻居承受严重的不便。因此，运输政策必须集中关注模式融合的最大限度，关注如何减少模式冲突，关注如何提升一种模式向另一种模式的转换，关注如何使模式转换更为便利。

通达力并不单纯是一种应该被最大化的特质，尽管许多城市定位理论把这一点视为不证自明的公理。使得所有的事物瞬间可得，并不比生活在一个需要无穷无尽地适应的世界更值得向往。更有甚者，通达力不能够通过单纯的事物的量的性质得到度量，这些量的性质只需一定的成本和时间耗费就可达成。一旦特定的量的水平得到满足，单纯的数量就失去了意义。价值在可获得的资源所能够提供的各种机会中产生。可以推断，能够到达五个经营不同品质和类别的物品的商店通道，要比能够到达五个经营类似物品的商店的通道更好。前者更容易使人获得想要的特定食物，继而能够刺激其在更大程度上享受食物。这就是在城市品质的各种讨论中经常提及的多样性法则。这个法则适用于事物获取的全部领域。人的多样性，食物的多样性，工作的多样性，娱乐的多样性，物理场所的多样性，学校的多样性，书籍的多样性，等等，都是我们所期望的多样性。存在于所拥有的行为设定中的变化，意味着任何个体会更容易地获得那些与他们自身更融洽的事物，或者会更容易地以新的方式使自己变得更有能力。契合力于是就得到改善。

不过，事实上很难对多样性进行度量。所有的事物都与其他事物具有一定程度的相似性，又具有一定程度上的不同。这些不确定的差异有些微不足道，有些则至关重要。在哪些方面相似、在哪些方面不同取决于观察者的需求和感知。一个旅行者眼中的单调乏味的灌木丛对于技艺娴熟的追踪者而言就是一部百科全书。一个时尚服装店中闪烁的灯光，对于一个囊中羞涩的购衣人而言，几乎没有意义。一个家居物品购买者起先会对其新买住房的前厅物品的购置进行精心策划，但随后在为房屋的内部空间安排而纠结时，就会忽视前厅的物品安排。当重新审视时，会发现物品的许多有价值的差异都很平庸。无论在抽象意义上多么令人向往，只有清楚人们如何感知差异，知道哪些差异特性对人们是重要的，差异才可能真正得到确定和度量。(图 69)

图 69　多重选择可能在当下毫无意义。

不仅如此，我们还发现差异性是有限的。我们只能在一组受到限制的可替代性中进行选择。伴随着可选择的数量的增加，我们会诉诸自我限制：武断地拒绝，归并基本选择，或者收缩注意力。太多的选择会使选择能力瘫痪。城市生活的一些压力潜存于过于丰沛的供给之中，这是一种持续不断的选择和决定的压力。因而，通达力的一种理想的品质，或许就接近于第八章我们讨论的那种"展开的状态"（unfoldingness）。一个好的环境该是这样的一个地方，在那里可以获得涉及物品、人群和设施变化的简单而明确的通道，并且，如果一个个体愿意，这种适宜的变化可以得到扩展：一个可探索的世界，这个世界的广泛的多样性可以按照意愿找到或者忽略。

这样，多样性标准的使用就取决于人们对向往和可以忍受的水准的选择。可以确定的是：这种水准可以通过经验或者训练提升，人们或许能够更从容地做出选择，达到更高层级的价值多样性，更长久地生活在一个充满活力和变化的环境中。但是，伴随着选择的水准不断提升，人们开始关注价值的隐蔽性、简单性，开始关注对通达力的控制。这样，大家共同幻想的一种理想环境就是那种通达力的水准自身可随意愿变化的环境。当问及他们所想象的最好的居住地该是什么样子的时候，许多人都认为是一个寂静的花园中的一座房屋，而这个房屋距离一个大城市的中心只有一步之遥。这样对通达力的操控（可按照意愿关闭流动）本身就成为一种价值。我们喜欢可以拔掉插头的电话，喜欢乘坐快捷的私人交通工具抵达遥远的地方，喜欢一个能够筛选来电的秘书。在一个较大的范围内，对通达系统的控制，是维持经济和政治霸权的基础。于是，绘制主要通信渠道掌控图，掌握在多大程度上能够驱使一些人离开这些渠道，便对分析一个地域具有了意义。这一点我们将会在下一章节看到。

基于一个居住地的一定花费能够获得的通达力，或者基于一定的花费能够达到的通达力的水准，可以使之与所对应的另外的居住地进行比较。当我们谈及个人的交通，花费通常被认为是时间的消耗。对于笨重的、不易磨损的低价值的物品来说，其他度量标准则变得重要。不过，即便是在个人交通的事例中（通常是运输的最重要的形式），也存在着其他付出：钱，能量，体力，人身危险，亦或是拥堵带来的不快、糟糕的路况等。如果所有这些都能够换算为美元，那么这些多维向的因素都不会让我们全无花费。作为一种最好的替代，在受制于其他维向的一定前提下，我们把时间作为最基本的尺度。这样，假定一个人不能支付私人轿车的使用，假定一个人不能进入一个不安全的或者不清楚的领域，那么，这个人就可以把达成一种选择的时间花费用一定种类的 20 个雇佣机会来度量。遗憾的是，对通达力以及通达力的花费的分析，通常局限于官方统计文献记载的各种流动，这些流动就是那些可见的、耗费金钱的流动。相较于步行，轿车出行能得到更好的体现，成人的活动比孩子的活动能得到更好的体现，街道上的运动比建筑内部的运动能得到更好的体现。

时间本身就是一个可变的花费：20 分钟以内的路程无所谓好坏，当路程的时间花费超过 1 个小时，负担的感受便急剧提升。一旦等待和转车时间似乎超过行驶时间，人们会自发地选择低速驾驶，而不选择等待一个快速的公交。时间的花费还可以反转。人们宁愿选择 10 分钟车程去工作，而不选择居住在店铺的上方。旅行的能量花费只是在新近才得到认可。还有一些社会性花费，旅行者仅仅部分支付了这种花费：环境污染和噪声的增加，对隐私的侵犯，提供街道和停车场所所产生的花费，以及旅行意外和死亡产生的负担。现如今大量的城市斗争集中于降低区域的通达力，以便改善其住地的安全性和静谧性。

通常对旅行花费的强调，反映的是一种潜在的假设，即旅行纯粹是浪费时间，旅行就像茶歇或者皮革的边饰那样是非生产性的因素。因此，人们应该都厌恶旅行。不过，在美国，户外消遣是人们追逐快悦的最常见方式。一个好的公司组织的穿越美好景观的快悦旅行，是一种积极的体验。我们会把旅行视为一种快悦，而不是一种罪恶之源。我们完全有可能为工作、消遣或者旅途提供良好的道路景观、舒适的交通工具及各种机会。出于健康和娱乐的考虑，步行、骑行或者慢跑应该得到鼓励。我们的文化在工作和快悦之间造成的武断的划分，就像在其他方面一样，也在交通上体现出来。关于通达力的任何可比性的度量都必须说明移动以及抵达所带来的利益（图70）。

图 70　交通不是纯粹的花费，游览和兜风都是熟悉的惯常。在费城，当有轨电车刚出现的时候，晚上乘坐照明电车到郊区是一种娱乐形式。有些郊游是由乐队提供音乐的化装舞会。

　　改善通达力有很多不同的方式，许多方式已经得到很好的发展并且积累了丰富的经验。人们会自发地思考如何改善道路系统。通行能力或者通行速度可以通过拓宽道路和改道实现，或者通过铺设一条道路、深挖排水管道、延伸机场跑道等实现。道路还可以延伸进入一个新的区域，或者加厚道路的材质。通过建立道路的层级、通过重新设计或者减少交叉路口，或者通过合理化地方性道路模式，当下的道路模式可以被修正以便使得道路更加安全和更有效率。像火车站和机场这样的主要交通终端，通常通过大范围的清理方式使它们更加紧密地联系起来，以便增加通往城市中心的通达力，与之相伴产生的则是聚集、噪声以及污染的扩展。在通达力、活力和契合力之间存在着一种特有的张力。

　　一个新的居住地的设计者，对于道路的布设与良好的通达力之间的关联性会有明确的意识。或许在一条河上架一座桥，或许在轮椅坡道上设置刹车装置，各种移动的障碍会被移除。标识和环境美化旨在方便辨识方向，旨在改善移动体验。这些都是交通工程师们熟悉的设计，这些工程消耗了公共预算开支的相当部分。

　　通达力也可以通过改变模式得以提升。基于快捷、安全以及更宽敞、更少被打扰的考量，小汽车、船以及飞机得以生产。新的或者曾经被忽视的出行模式，如自行车、电招公交等更省钱、方便或者安全的交通工具得以使用。对于旅行区域之间的变换，鼓励那种更加有效的或者更具活力的模式。这样，一个拥挤的城市中心，就应该牺牲一部分私人轿车的空间以改善公共交通，或者把市中心街道转换为步行商业街。

　　人们或许还想管理出行的起始地和目的地。这是出行现象中的一个更加基本的方面，这个问题在各种规划文献中反复讨论过。但这一点几乎没有实现过，它仅仅是保存在一些新建的居住地中，或者仅仅体现在重新安置一个单个的工厂或者工作室的时候。

　　通过增加一个居住地的空间密度，起始地和目的地的关联可以更加紧密，或者至少可以通过更加紧密地打包共享目的地来实现这一点，当然，这种实现在一定意义上受限于对某种主导性的出行模式的依赖，密度增加导致的拥挤，自然取消了邻近性带来的优势。

　　这种模式的应用可以更加精细，我们可以寄希望于家与工作场所合为一体，使得从家到工作场所的行程变得更短。于是，当我们降低空间密度、使住房与工厂分离或者对不同收入的群体进行分割时，我们在无意中降低了通达力。但是，不同于那种把寻求和强化出行速度视为理所当然的整套初始政策，这些针对始发地和目的地的运作模式，实际上强化了现今尚未被很好地认识的通达力。要确保小型化旅行实现，你必须建造旅友生活区，提供旅友商店以及接近这些场所的服务工作人员，你或许会限制人流。

　　空间上的再分区，不是降低通达力系统负担的唯一方式。我们也可以尝试在时间上再分区。交错工作时间或者个体性地调整周末旅行安排等，都是通行的做法。弹性工作时间实验现如今已经在工作场所进行，较长工作时间交错及休假安排等也是这个实验的实施。所做的一切都是为了降低时、空利用高峰期的拥堵。

　　自治性是另外一个战略。如果一个人在家工作，或者在家里种植蔬菜，或者利用太阳能取热，那么他就可以基于低交通成本获取娱乐、食物以及能源的通达力。在更大范围中，国家的自给自足同出此理。反对的观点认为，不断增强的自治性可能会提升由供给的不安全性产生的成本，可能会降低人们之间广泛接触带来的益处。自给自足的家庭农场，是美国人一个由来已久的理想，但它就像一个被隔离的、濒危的生命。全球性交通和通信的增强，已经与不断提升的生活标准联系在一起。不过，有一点依旧是真的，即如果衡量通达力的尺度是抵达各种事物的那种能力，那么，只要负荷的减少不会导致交通系统自身的退化，降低对负荷沉重的交通系统的实际交通需求，就能够潜在地提升这种能力。

信息的通达力可以替代人和物的通达力。电话可以替代日常性商务出行，电视可以替代到电影院的观影出行。改善通信系统是提升信息通达力的一种低成本方式，间接地也提升了其他人和资源的通达力。电话、电视、无线电通信和计算机链接及电子邮件成为重要的连接体，不过，伴随着通信体量的扩大，对信息处理过程的改善变得比彼此之间的连接更为重要。这些设施现如今已经极大地影响了我们普遍意义上的生活品质，不过，它们对城市居住地的物理形式的影响尚不完全清楚，这种影响也处在持续的争论之中。在它们替代了前述提及的许多惯常性出行的同时，它们并不能取代一些更细致的对话，更进一步，它们似乎刺激了新的出行需求。如果这些设施仅仅是简单地替代了前述的个人移动，那么非常清楚的是，电话极大地提高了远距离人们之间的通信频率；而不那么明确的是，它可能带来可预见的各种活动的空间性分散。或许它并没有真正减少出行的体量。

通信技术的急剧发展，产生了其自身固有的问题，即信息超载、威胁隐私以及过量的被动的单方面的信息接收。如果好城市的衡量尺度仅仅是在城市范围内的通信频率，那么这些新的设施的确促成了惊人的改善。但是，如果衡量尺度是满足多样性需求、抵达各种事物形态的能力，那么，这样的改善显然还远远不够。

我们考虑的不止上述罗列的各种改善，因为我们还会干预技术之外的许多事情。在重组邮寄或者运输权能以及进行强制性交通管制的同时，我们会调整对交通和通信的管理。出行规则和政策要降低意外事故和延迟的发生率。在出行本身就是通达力的一种严重约束时，我们会面临对危险的恐惧：由于恐惧受到袭击，许多年长者圈居于城市的单元房中；由于恐惧公共交通设施的运行，孩子们被隔离于篱笆之内。

公共津贴可以用来增强通达力。这是一种政治上可见的增强公共交通服务可获得性的方式，它也以不可见的方式扩展了汽车运行的可通达性。公共道路现如今被视为理所当然的设施，可能不需要太久我们就会把整个交通系统视为公共设施。遵循合意使用的社会政策，其运作成本在设施的使用者和作为整体的社会之间进行分摊。提供不收费的地铁服务、提供公共自行车的建议已经提出。古巴已经开始进行免费电话系统的实验，为孩子和老年人提供低收费服务已经普遍，为盲人免费提供导盲犬也已普遍。相反的策略则是尽可能地把通达力的所有成本，通过汽油税和车辆税，通过道路收费、高速公路收费及极高的邮寄费和付费电视等，转移到中间使用者那里（我们是否还可加上收费自行车道和收费人行道、鞋税、公路标记税?）。这样做的好处是，只有花费才能收益，意味着人们会较少浪费地使用通达力系统。这样做的弊端在于，通达力的获取将基于收入的显著差异分为等级，最基本的需求或许会被其他需求所超越。如果这种税收是可能的并且成本不会高到无法管理，在人们具有平等的收入并且有能力做出明智选择的地方，我们可以直接对花费征税。如果这些条件欠缺，那么平等的诉求便指向公共设施的使用，至少是满足基本的通达力的设施使用。

最后，出行者自己也可以学会增强通达力。他要学会在不熟悉的地域辨别方向，要克服障碍，学会操作运输工具，学会使用道路系统和通信网络。许多人被他们自己的恐惧、无知或者无能闭锁。训练孩子、盲人以及智障者使用公共交通，是让他们自理的一种重要方式。

好的通达力对于任何居住地都很重要，但在一些不稳定的环境中则尤其重要，在移动的能力或者转移的操作危及生存的时候，便是如此。就像我们曾经提及的那样，好的通达力是适应性的强有力的构成因子。就社会意义而言，好的通达力对复杂的、多元的社会至关重要，特别是在这个社会受到社群整体隔离威胁的时候。在穷困的社会中，指向工作、亲属和基本的生活资源的通达力，是一种异乎寻常的需要。在较为富有的社会，对

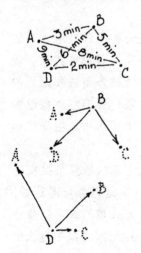

通达力的关注更多地指向多样性，指向信息的通达性和专业化活动的通达性。在增强环境意识上，通达力系统可以是一个战略性的要素。社群之间的通达力的平等性，始终是重要的；谁来控制这个系统，同样也是重要的。快捷和无所不在的通达力，也会以事故、噪声及无法回避的侵扰等形式，产生不适当的副作用。对空间使用者的控制，常常会与通达力的特定标准抵牾，这一点我们将会在第11章讨论。要达成合意的、广泛的通达力，同时保持特定的地方性属性和地方性控制，必然要求一种构建物理模式和制度模式的机敏能力。

存在着无数的衡量通达力构成的方式。涵盖整个居住区的通达性，涉及所有居住群体的那种比较一般的衡量尺度，尚不易发现。在这一点上，还存在着大量的困惑。其一就是，有意义的通达力并不是绝对的，它取决于人们想要什么样的通达力，这一点在我们讨论涉及的其他维向上也是如此。"客观的"尺度受到愿望的浸染，也可以同不同的人群发生变化。但是，我们可以针对一般性的愿望进行通达力的比较。我们也可以基于诸如其他人群、信息等这样的基础性资源，对通达力进行概括，这种概括可以满足许多不同的目的。但无论如何，我们也不能排除"主观性的"价值。

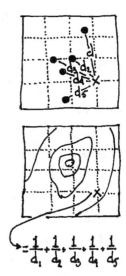

$$= \frac{1}{d_1} + \frac{1}{d_2} + \frac{1}{d_3} + \frac{1}{d_4} + \frac{1}{d_5}$$

就像我们上述讨论过的那样，在对多样性的界定上存在更深的困惑。同样，这样的界定将依赖于感知和意愿上的差异。它也存在着诸如如何绘制一种一般化的时间-距离地图这样的技术上的困难。描述一个路线的"吸引力"或者负面影响，则是另外一个棘手的问题。

尽管带着其固有的困难，时间-距离地图还是描述一般性的通达力的一种方式。另一种方式则是绘制向不同的人群开放或封闭，或者感觉上向不同的人群开放或封闭的区域地图。在不同的区域之间存在或者缺失的链接在地图上得到显示，借助地图理论，这些链接可以得到分析。高于或者低于既定的通达力标准（在一个停车场的两个街区之内，驱车 20 分钟可抵达的某种类别的 20 个工作机会）的区域或者人群，可在地图上显示。通达力的量化水平，可以基于人口群组进行统计性分析。

也可以绘制潜力地图，在这样的地图中，通过某一点的距离或者时间—距离的划分，基于这一点的任何类别的通达力特征的量化指标都可以计算，计算的结果则显示为一种等高线地图。

这种潜力地图中最基本的单位就是每 1 分钟的人数，或者每一英里的人数，因为人数的接近被认为是所有其他种类的通达力的一种一般性指标。潜力地图还会涉及人数之外的其他东西，例如，每 1 分钟内可用停车场的面积，或者每 1 分钟内工作的机会等。通达力的多样性也可就此产生，就是说，我们可以定位最近的依据某种规则划分而彼此不同（例如，规模的不同，或者学费的不同，或者社会一体化程度不同，或者是学术品质不同）的五个学校，并且计算一下它们从某一点出发的往返总时-距。这些量的特质导致的空间性分布，就是这些学校的相对通达性差异的地形图。

　　这些种类的地图和统计数据可以进一步基于不同的人群进行比较（有汽车还是没有汽车，明眼人还是盲人），以便分析平等性问题。还可以基于不同时间进行比较，以便显示夜晚或者交通高峰时刻的通达力变化。

　　关于通达力衡量尺度的更精细讨论要求更精细的语境。对于今天的北美城市，有三种分析类型可能最具典型意义：人的通达力潜力图，不达标的通达力图，可能的通达力范围与实际启用的通达力范围的比较图。如果要更精细一些，分析者可能会这样做：

　　1. 借助通用的分析模型，基于每分钟单位时-距的人数，计算和绘制一张居住地的潜在人口变化图。我们可以进一步揭示，如果依据收入对人进行衡量，如果通用的分析模型针对的是公共运输或者步行，这种计算和图形绘制会怎样变化。我们也可以计算诸如工作机会或者开放空间这样的人们通常向往的事情的通达力潜力。我们可以据此分析峰值、凹点以及陡变，分析突发变故的人。在规划分析中，潜力图是不寻常的，却是极有力的，是一种浓缩的表述。

　　2. 针对特定的活动和场所设定最小通达力的标准。对于当下居住在居住地的人们的日常生活而言，这些活动和场所被视为是基础性的要素。这些活动和场所是区域范围内所期望和可实现的，如购物、医疗服务、学校、开放空间、市中心及与能力匹配的工作机会等。在这类案例中，时-距上限将由一个地方的人们通常可获得的通达力来衡量。另外，通达力也可以以地方性范围内的对所期望的特性的满足来度量，如幼儿园、本地商店、公交站点、一定尺寸的房屋建造、一种私人户外场所、一个空置的或者废弃的场所、一个会场、不同的社会阶层的人数下限等。在这些场景中，时-距上限应由步行出行来度量。在上述两种情况下，可绘制特定的居住地的人口数量图，数量图能够显示哪些人拥有的通达力低于既定的标准。这个数量图也可以基于不同的阶层进行分析。尽管尚不具备系统性，但对通达力标准的这些分析，在规划工作中已经被熟知。

　　3. 对于在特定居住地中的一些特殊位置上选择出来的人群，绘制"可抵达的"区域性地图，使他们相信：可以通过合理的花费、在合理的时间内、没有危险、没有不适或者没有被排除感地抵达欲达之处。分析者或许也注意到这些人所喜欢的出行路线，就是说，分析哪个地方的花费是超支的。将这种精神上（主观上的）的区域与实际移动所面临的客观性障碍进行对比，分析哪些区域实际上是排他的或者危险的，哪些区域事实上太远、

太贵，以至于无法抵达。基于愉悦考量或者必要
性考量，也可以把这种主观上的区域与这些人实
际使用的区域进行对比。于是，我们就可以分析
不同人群对"居家范围"的认定是否受制于不同
的选择、受制于客观的障碍、受制于精神上的
作用。

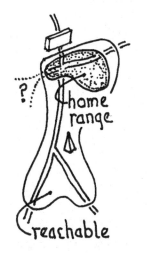

　　这种针对通达力的分析，不仅对于居住地品
质的研究是基础性的，而且对于社会平等和区域
经济的研究，也有显著的功用。通达力是城市居
住地的一个基础性优势，通达力涉及的可抵达性
和分布，是居住地质量的一个基础性指数。没有
人想要最大限度的通达力，人们只想要最适宜的通达水平，尽管如果我们
愿意拓展，这种适宜性水平会不断提升。这是一个潜在的可抵达问题，抵
达的障碍可以是物理性的、财务性的、社会性的，亦或是心理性的。通达
力指向哪里、对谁而言，必须得到分析，通达力的运行模式和花费也必须
得到分析（花费也可以是超支的）。通达力的三个亚维向是：既定的通达力
对应的事物的差异性，针对不同人群的通达力的平等性，以及对通达力系
统的控制。对通达力系统的控制是强化社会控制的一种重要手段。如果通
达力能够在个体控制之下，那么通达力的显著变动性或许会是我们想要的
东西。

　　有一些广为人知的改善通达力的设计，这些设计包括提供新的通达渠
道，重新安排始发地和目的地，去除各种社会的和物理的障碍，提升系统
的可识别性，针对交通运输的通信的可替代性，管理、控制、政府补贴体
系的改革以及对旅行者自身的培训。存在着大量的方式来度量通达力，这
些方式包括时间-距离地图、链接图表、通达潜力图、不合格的通达力分布、
"居域"及可抵达区域的心理地图等。通达力是研究生产力经济的一个核
心，也是理解特定的社会系统、分析城市心智影响的一个核心。

第十一章　控 制 力

空间及与空间联系在一起的行为必须是有规律的。人类是一种有领地的动物：他利用空间来驾驭个人之间的交换，来管理地域之上的产权，继而保护相应的资源。人们在各种地块上、在大量的与自身相伴的人群中进行着这样的控制。不过，我们这里的主题是前者。对空间的控制会产生强大的心理后果：焦虑感，满足感，骄傲或者顺从。对空间的控制，支撑着至少是表现着社会地位。战争的一个主要动机，一直以来就是争夺地域，统治活动也一直是基于特定的地域展开的。这些都是非常普遍的现象。（图 71）

我这里将要讨论的是对人类空间的控制。鼠类知道存在着一些领地，在那些领地中人类就像危险的怪物在游荡。动物所有权的稠密的网络构成了人类所有权的基础。或许某一天这种复杂性会成为一个居住地演化的一个要素。不过，就像我们一直无视这一点一样，在未来的一段时间内，我们依旧还会无视它的存在。尽管如此，我们必须承认我们并没有拥有地球。所有权是人类在现有的人群中，为满足人类的目的而进行的对当下控制的一种安排。它既不是永恒的，也不是完全的。

我们习惯了一种特殊形式的空间控制：对法律上明确界定边界的区域的所有权，其中包括没有以法律或契约方式明确排除的所有权利，这些权利被"永久"持有，并且可以随意转让。

对于我们而言，最为奇特的是，在其他文化中这些所有权有着不同的含义。即便是在我们人类中间，非正式的各种控制与这些合法的控制也是彼此重叠的。

首要的空间权利是在场的权利，是"在"一个地方的权利，据此还可扩展到把其他人与自身的空间隔离的权利（事实上，我们大量的关于财产的意识，都可回归到那种把其他人抛出去的快悦）。在正常的环境中，我有权利行走在任何公共人行道上，但我不能不让其他人行走。

图 71　人们为自己设置了无形的领地。在有些地方，领地会被明确地标记（有时会被侵犯）。

　　第二种权利就是使用和行动的权利，即在一个地方可以自由地行为，或者不需要通过借用而自由地使用那个地方的设施。当然，这种权利应该局限于一些明确的或者众所周知的限制内，也可以通过扩展某种权力对某些人的行为进行限制。我可以在某种程度上规定在人行道上的行为，就像我自己也要接受这样的规定一样。我们所有的人都要沿着人行道行走，沿着人行道拖拉手推车，但没有人可以在道路上过于吵闹和狂躁，没有人可以阻挡别人行走。

第三种权利是借用的权利。当我拥有这种权利时，我可以为自己的使用占用一个地方的设施，或者以某种方式阻止他人与我共同使用这个地方的设施。如果我愿意，我可以把我的谷物铺撒在人行道上晾干，或者割掉道路边上的青草制作草料。在或大或小的程度上，我可以独享这块地方带来的利益。

第四种权利是改造的权利。不管是不是永久性的，现在我可以以我认为合适的方式改造一个地方。我甚至可以摧毁这个地方或者阻止其他人摧毁这个地方。为了某种填埋，我可以把人行道砸坏。在极端的情况下，我可以不管产生什么样的极端后果而任意行为。我可以在夜晚使用气锤粉碎道路，即便是噪声搅扰了我的邻居；我甚至可以在道路下面埋设地雷。对我而言，应该只有两条限制：不能对你的财产地之外的人造成麻烦，不能造成永久性的破坏。在属于你的道路上做你想做的事情，但是要安静地做，要记住在未来还会有其他人想在这条路上行走。

第五项是处置权。我可以把我的路权给予任何一个我高兴给予的人。于是，我对道路的控制就是永久的和可让渡的，就像一笔钱一样。

我们把所有上述方面视作一件事情，就是所有权问题。但是，这些权利是可分离的，不是不可避免的。在一些文化中，土地属于现在正在使用土地的人。这里所有权就仅仅是在场权利、使用权利和借用权利，当主动的使用消失的时候，所有这些权利也一并消失。其他诸如让渡权利、改造权利或者排他的权利等，该归属于氏族或者上帝。控制可以是明确、成文的，也可以是含糊、非正式的，甚至还可以是非法的，就像青少年帮派控制他们的势力范围一样。控制可以是有效的或者无效的，可以是连续性的或者暂时性的，还可以是循环的。

控制上的变化如何会影响一个地方的品质？一个主要的维向的确是使用与控制的一致性，就是说对一个空间的使用者或者居住者的控制程度，要与使用者或者居住者占用这个空间的程度和持久性成比例关系。家庭可以拥有他们的房屋吗？店主可以拥有他们的店铺吗？学生和老师能控制学校吗？工人可以控制他们的空间吗？承租者管理制度，工厂作业团队，生产合作社，"免费学校"，对邻里中心设施的社区控制，都是提升这种空间控制的一致性的通行安排。使用者一致性具有两个优势：基于对空间的最熟悉的使用和对空间的最强烈的改善动机而产生的较好的契合力；在可承受的条件下，能够最安全、最满意、最自由地操控空间。

对这种法则有着大量的改进方式。首先，在一定程度上可以扩展到对未来的说明和对潜在使用者的说明，就像对当下实际的使用者那样。使用者控制必须不能否认所有者自身所享有的其他机会。当下的使用者有必要制定规定阻止其他地方的使用者与其使用同一地方，但其他的人具有使用这个地方或者一些相似的地方的合法权益。郊区的地方性管辖，或许否认了想在郊区拥有自己的家的所有阶层和种族的自由。如果对这种自由的否认，剥夺了人们进入这个区域的平等机会，那么代表着潜在的使用者的一些外部的权力，于是就可以决定外来者如何获得进入这个地方的通道，以及外来者如何能够享用和控制这个地方。例如，没有必要规定任何一个人应该拥有加入任何一个居住在自己房屋中的家庭的权利，因为这个人拥有在其他的房屋中建立其他的家庭的自由。但是，如果这个人从一个大的居住地被驱逐出去，这个人便丧失了那种至关重要的自由。我们寻求那种能够不被完全和一般性地排除在外的抵达局域性的终点的那种控制，如：只要不接近房屋或者损毁庄稼，英国人拥有自由通过乡村通道的权利。我们还可以考虑一下小范围的局域性控制，这种控制与管控松懈的公共通道和开放土地关联。于是对非常小的区域的完全管理，就必须由其他地方的潜在使用者的参与来实现。

的确，进一步的探究或许会发生翻转。不去探究空间性设置，而是去考量这些空间性设置是否被它们的使用者限制，我们就会看到存在于任何社会中的各种典型实体：个体、家庭、工作小组、同侪团队、宗教组织、自我认同的族群或者阶层团体等，会去探究这些实体是否拥有一个"基地"，即一个他们可以控制的地方。可以绘制向这些实体开放的空间范围的地图，显示在何等区域范围内这些实体所实施的活动，处在其他团体的控制之下。任何一个优良的居住地都应该是这样的一些地方，这些地方具有极强的个人私密性和稳固的团体，并且在控制范围之内也有一些没有外在有效控制的"免费"或者浪费的土地。

未来使用者的问题则更加棘手。同样，一些与长远利益相关的外部权威力量会遭质询，在当下的使用者与未来的使用者没有情感纽带的情况下，尤其如此。一个人如何能够代表一个尚未出现的人的利益呢？我们只能被迫返回那种更一般、更持久的价值，那种能够与未知的未来使用者高度共享的价值。因此，在一致性的前提下，一个好的控制系统应该包含这样的方式，在这种方式中，地方性控制要能够保持未来活力、未来可操作性与弹性。

还存在着一个更具复杂性的问题，这就是一个地方的使用者是否有能力去实施控制。在一些情形中，一种空间设置由极具异质性和变化性的人们在使用，以至于使得使用者控制成为不可能。地铁系统的站点由居住在地面上的社区共同体所有，地铁系统的巡道员分布在地铁沿线，地铁系统内的轿车由汽车驾驶者控制，于是地铁系统就面对着可预见的各种困难。在其他情形中，因为实现控制要求付出气力，因此，当目标明确但目标实现技术复杂时，当下的使用者就会自愿地将一些功能让渡给专业管理机构，下水管道管理和火灾控制就是如此。

还有一些其他的情形，相较于远处的使用者，当下的使用者或许不太了解、不太关心、不太有能力（或许是表现出来如此）实施控制。这是一种看护人情形，就像我们熟悉的幼儿园、监狱和医院的情形一样。当一些专业人士对于特殊的功能（或许只是在一个暂时性阶段）比直接参与者能够更好地掌握时，控制则以不完整的形式呈现。机场的塔台控制进场的飞机（或者我们相信它能够控制），卫生委员会监控房屋的管道系统。民防系统在灾难中发布命令。非常常见的是，一个地方的小范围的问题（或者是一个地方引起的问题）提升了这个地方的使用者们处理这些问题的能力。一个家庭有能力控制院子里的植物，但是没有能力保持院子中空气的清洁。

讨论这些一致性的局限时，我们必须对不同情形做出区别，即：是使用者在本质上或者所处情境在本质上就没有能力进行或实现有效的控制，还是他们会变得有能力进行控制。前者属于社会判定的本质上的没有能力：太狭隘，太衰老，太年轻，太病弱，或者太恶毒（不过，社会应该特别谨慎地做出这样的判断。许多外乡人、囚犯、病人、孩子要比社会所认定的更有能力进行管理控制，对这种能力的演练有助于治愈他们的疾病、有助于他们走向成熟）。属于同种类型的是那些被暂时性使用的区域以及超越了地方权力所引发的问题，如空气污染（这里依旧要谨慎，空间设置的形式很有可能就是分歧产生的根源。摩天大楼和地铁系统就很难由地方的使用者管控。对房屋以及小型公共汽车的管控相对容易，因为它们可以从街道支撑系统中分离出来）。

在其他情境中，各种问题和地方能力之间的分歧则是显然的和可解决的。管理可以由那些掌握最多信息的人来实施，这些信息包括价值、情感、经验及事实和技术。地方的使用者更具价值、情感和经验。把火灾控制权力让渡给专业人士最为便捷，因为这里技术复杂精细，而意义则是明了和普遍共享的。让渡管理孩子的权利则引发大量的疑难。给予地方的使用者更多的信息或者改变一种空间设置的尺度，有时可以缩小使用者与所产生的问题之间的分歧。

于是，针对一致性问题的平衡标准就是责任：那些控制了某一个地方的人应该拥有动机、信息和权力去经营好这个地方，对这个地方尽义务，满足生活在这个地方的人和生物的需要，愿意接受失败并且纠正失败。借助于教育和管理体系，这种控制难能可贵地同时提升了责任和一致性。这就意味着在不断地提高自身的能力实现控制的过程中，对一个地方的控制应该一步一步地移交到这个地方的使用者手中。训练人们成为地方管理者是一个极有意义的社会任务，这样做就是重塑地方环境设置，以便于为地方管理开启更多的机会。的确如此，增进对一个地方的应有的责任，是进行广泛教育的一个有效手段，在道德上和智识上都是如此。

控制力的最后一个维向是确定性。根据人们对控制系统的确定性的理解，我们可以推测人们的能力范围及在这个范围内的安全体验。这并不等同于说控制力应该保持不变，因为情境的变换或者价值的变换要求控制系统的改变。但是，冲突和歧义意味着浪费和混乱。如果对于空间权利、对于空间的非法使用没有共识，人们将没有安全感，将投入大量的精力用于自我保护。在一个氛围良好的居住地，空间权利是众所周知、明确且被认可的，对应着控制力的现实存在。控制力的流畅传递，是同样的衡量尺度在时间中的扩展。不过，冲突是一种常态，在下文中我将讨论应对这些冲突的一些手段。高确定性和低认同性的结合是一种压制。

在我们通常的土地所有权的概念中，还存在着许多可能变量，这些变量与一个品质优良的居住地要求有着更加紧密的关联。我们是否能够接受模糊的土地边界，在这些边界上产权重叠、随时变动？为应对通常认为是社会现实的东西，是否可以暂时让渡一些社会公共空间的所有权？大多数土地的所有权是不是可转换的，即当土地所有者离世或者搬迁后，是否可以将土地所有权归属于某些公共实体或者信托实体，就像我们经常提到的，建造为生命利益考量的设施？土地所有权是否应该排除永久性改造的权利？土地所有权是否应该与一些公共通道的共享权利以及其他无损伤的对土地的使用权利并存？

现行的控制力转换模式是居住地的一个重要特征。这种转换遵循着一种金钱的交换逻辑还是追随传统的继承路线？这种转换是否最终永久性地落入某些共同体手中？最终的结果会不会是一种暴力的博弈，即从一种暴力之手转换到另一种暴力之手？土地所有权的变动会不会是随机的使用者的不断进出？亦或是每次所有权的变化都按照某些核心中介机构的意愿完成，即或明或暗地进行空间再分配（就像古代的封地理论）？

决定一个地方的未来的控制者，涉及当下的使用者的利益问题。不过在此过程中，对当下的使用者利益的关注或许要少于对使用本身的利益和使用行为的关注。因为，控制的转换具有规模效应和长期作用。在维护对所有权的管理过程中，更大规模的社区考量或许是合理的。特定的转换体系与居住地的适应力紧密关联。使用期保障与对处置权的解除并不矛盾。

控制的动力学超越了转换问题。控制的程度和控制的性质持续不断地处于变化之中：新的集团维护其自身；被许可的行为会发生变化；那些被保护的或者被剥夺的各种资源也同样处于变换之中。这些变化必须处于监控之下以便探查那些不合期许的变化：不平等或者不和谐的加剧，隔离的提升或者能力的弱化，等等。更进一步，控制有时还会进入一种自我损毁的螺旋模式：或许是向下的，即当行为开始逃离任何规定和控制，团体失去其自我肯定；也可以是向上的，即当一种威胁性的控制逐渐强硬，对行为和权利的处理会越来越细致。这些不稳定性也会促生出干预。最后，一致性的理想状态必须受到外在的规定的平衡。

存在着各种各样的物理手段用于安全、有效的控制。其中之一就是借助于篱笆、围栏、标识及地标来标记边界。另一个就是为了控制群体，增强穿透空间的单向可见性，使得监控变得容易。在奥斯卡·纽曼（Oscar Newman）的《可防卫的空间》这本通过物理手段进行空间控制的书中，这些手段得到充分的讨论。

空间还可以通过操控通达性得到控制。各种可移动的墙和屏障可以竖立起来。各种进入的行为集中在各种门周围，通过这些门，进入行为得以被监视；如果必要的话，进入行为还可以被阻止。在控制遭受威胁时，在居住地内或者居住地之间建立的各种道路，能够使得军队或者警察快速进入。为增强一个地方的私密性，有一些道路可以设计成曲折的或者是死胡同。

如果区域相对较小（例如花园或者房屋与公园或者公寓楼相比），如果这些区域可以通过最小的付出得以改造或者维护，那么对于个体或者小群体来说，这个地方就会比较容易地受到控制。相反，大的区域，或者要求特殊的资源才能够得到维护的区域，就需要大的组织进行控制。与一条小渔船、一只热气球、一个泥煤沼、一辆双轮脚踏车或者屋顶上的一块太阳能板相比，一艘远洋客轮、一架喷气式飞机、一座露天煤矿、一个地铁站、一颗太阳能驱动的卫星，会促生不同的实施控制的社会组织。最近发表的关于太空的未来控制的研究，充分地分析了实现控制的技术要求，甚至设想了所要求的严格的空间控制对于那个小的殖民社会可能产生的怪异后果。

符号也可以用来维护控制力。可以创建诸如高速公路上低矮的栅栏或者路面油漆画线这样的象征性屏障或者通道。时间的分段可以控制，空间的分割也是如此。行为可以基于声音进行划分，相应地也限定了特定的时间。在工厂的生产时段，在机器的轰鸣中，工人的行为通过管理得以控制。类似的还有上课时段的教室秩序、礼拜天的教堂秩序的形成。

无论是宝座上的国王，还是摩天大楼里的首席执行官，都会频繁地调用大小、高低和空间距离这些控制工具。这些工具的调用可以强化服从，在各种现代办公室中，这种效果也同样以缩小的方式得以呈现。各种制服和通行证就是空间控制的设计，这些设计有时在私人工厂中使用，更多时候则用于对整个人群的移动的控制。但是，物质性手段必须与社会管理匹配才会有效。必须制定针对所有权、针对群体区域和个人空间的共识、针对恰当的空间行为的教育、针对空间权利的记录的各种法律。

弱化空间性冲突的一种方式就是明确和扩大关于空间权利的社会性认同，以便使每一个人都清楚谁在控制一个地方及如何在这个地方恰当地行为。一些传统社会一直能够相当从容地控制它们的区域，因为它们一直保持着针对土地的整套习俗，这种习俗被宗教教义持续地强化。但是，习俗也始终处于变化之中或者表面上被打破。创建一种针对空间控制的稳定且处于演化中的习俗是可能的吗？

今天，我们主要依赖于核心权威来调节冲突，并借此为不在场的使用者和未来使用者寻求利益。受到立法机构和规划机构的支撑，管制承担着这个任务。不过，一个地方的不同人群也会彼此攻击、相互干涉。尽管如此，我们依旧珍视自由，希望以自由选择的方式行为。更进一步，人群的差异性，正是大城市的吸引力之一。谨慎巧妙地运用控制来维持异质性的空间使用者之间的和平共处，是一种精美的艺术。

包容支撑着这样的艺术，这种艺术就是学习在空间和时间中彼此共存的方式。这种艺术能够通过使用最简单的方式，控制一个最小的区域，尝试无差异地对待自己的邻居的各种奇怪行为。包容的世界公民不会轻易地被他人的行为激怒，会平静地保持疏离，愉悦地观察这些行为。心理的和社会的分散行为在代替管制发挥作用，或者对时间和空间进行打包分割。当然，与包容相伴而来的，或许会是冷漠。

减少冲突的第四个手段就是把空间分割成相对较小、明确区分的单元，以便使相互干扰减到最低程度。这就是我们早些时候在契合力的讨论中已经提及的隔离技术。我们使用内外分隔明确的工作室、私人房间和房屋，我们有不同的民族聚居区，有不同的铁路车场。特殊区域的边界具有隔离作用（一堵阻抑声音的墙，一条绿化带），一些诸如污染和通达性这样的外在效应也由于这种隔离得到规制。不过，这些区域的使用，大部分都是间歇性的，因而会产生居住地空间使用的不完全性问题。

为了避免这种浪费，所有权可以依据时间和地点进行划分。不同的度假者可以在不同时间占据同一间乡舍，学校的教授们也可以依次在不同的周别使用同一间教室。我们过去不认为这将是所有权的一种形式，事实上现在已经就是。现如今，一个地方的形式上的所有权循环出现的时间段，正在一些别墅开发中实施。在这些事例中，必须要求对时间界限进行规定（形式所有权转换的时刻），对使用的"外部"效应进行规定，以及对邻里空间的影响进行规定。这些规定牵涉到下一个空间使用者的空间使用环境。这里，再次要求一个超级拥有者，是某位出租人或是监控临时拥有者之间所有权转换的某些更大的团体。无论如何，对一个地方的相继使用者的控制的形式化，是减少空间性浪费的一种有效方式。于是，稀缺且合意的地方得到有效配置：野外营地抑或水岸农舍，市区单元抑或神圣处所（就像今天耶路撒冷的某些地方那样），猎场，工作坊，会议厅，等等。这样，空间的使用得到暂时性控制的地方，就成为永久性循环而不是转瞬即逝的地方，于是，空间的每一个拥有者就会为之付出更大的呵护努力。无视时间，我们就会浪费我们的空间资源，大范围的区域就会长期闲置。正是拥挤促成了闲置。

既不依赖于古代的习俗，也不依赖于某些优势权威的观念，不依赖于一个包容社会中互相提供住宿的安排，不依赖于精心完成的时间、空间整合，要实现对一个较大区域的联合控制几乎是不可能的。一些合作性社区（如奥奈达人社区）实现了这一点，但其实现的环境极为特殊。真正的合作性控制要求在群体沟通和群体决策中花费大量的精力。

武力可以实现地方控制，这种地方控制通常也展示武力和强化武力。任何一个殖民城市都是一种样板。高度、距离、各种屏障、通道、壮景、风格、规矩、等级，甚至地方名称和植物种植，都在彰显着统治力量。在现代社会中，不同阶层分享的不同的空间控制同样显示着巨大的不平等。这样，对不同居住地的演变的言说，就是对各种各样的社会团体所控制的场所的一种分析。

这个现象的相反一面则是历史上外围区域的持久性地位：弱控制地带。在这些地带，较小的团体保持着他们的独立性，变化的力量或者抵抗的力量可以把他们集结起来。反抗在大山里、在沙漠中、在广大的森林地带集结。在阿尔卑斯山和比利牛斯山，基督教异教徒生存了几个世纪。这些地方，残存的各种社会得到庇护，如果当下的主导语境发生变换，这些残存社会的特殊生活方式，或许在未来有用。在那种生活方式中，在边缘地带的空间性控制的某种失败，或许会激发长期的适应力。类似的方式，城市中大量的废弃物庇护了本地的植物和动物种群，为孩子们提供了逃离成人控制的场所。在这些时候，全新样态的废弃土地在大都市的中心展开。(图 72、图 73)

图 72　位于佛罗伦萨最中心的阿尔诺河（Arno River）的泄洪区规划。这片蓬乱的无人区是对一个钢筋水泥的大城市的一种令人愉快的解脱。在这里你能找到多少个使用者呢？

图 73　荒地是美妙的运动场所。

控制需要付出努力，一个得到很好控制的居住地（是在我们所理解的意义上，而不是在压迫的意义上），总是需要相当程度的精巧的政治力输入，特别是当一个地方的问题变得越来越庞大、越来越复杂的时候（现如今就是如此）。这种控制的代价就是教育、成立各种委员会、进行各种讨论及对各种政治组织不知疲倦地维护。尽管，不控制或许具有超越单纯的努力的价值。成熟的一个标志就是愿意享受其他人的发展，即允许其他人在基于自身努力最小化的条件下，充满活力地按照自己的意愿生活。不过，更为寻常的是，我们严密地控制我们的空间：修剪草坪，驱赶孩童，让闲逛的人不得空闲，不断地油漆、除尘及重新布局以致完美。其实，一种更具选择性的控制可以降低各种成本，增强对其他人的空间开放性。

不幸的是，混合各种功用或者使得这些空间在时间上彼此协调，则要求更精细的控制层级。即便是对"未被控制的"废弃土地的保持也要求相应的控制。控制的程度或许不是主要问题，控制的选择和控制的质量以及谁来实施控制才是主要问题。

在任何社会背景下，对于环境质量来说对空间的控制都至关重要：充分的或者缺乏的，中心化的或者去中心化的，同质性的或者异质性的，稳定的或者流动的。在一个变动的、多元的社会，这一点尤其显得重要。在这样的社会中，权力分布不均等，同等空间范围内的各种问题更加严重。

政治性控制依旧基本上是地域依赖的，即便在许多政治性功能非空间性运作时，或者这些政治性功能以残余的影响方式运作时，也是如此。认为整个世界应该被划分为彼此联结的具有独立的军事权力和城市权力的土地单元这样的民族主义思想，以屠戮的样态威胁着我们。基于土地单元的政治平等观念，或许就是一个绝对的妄想。我们无法想象一种脱离了具体地方的那种政治控制，也无法设想在充斥着世界性污染问题、公司问题、核灾难问题以及水、食品和能源短缺问题的地域上，建立一种地方控制。

大都市是那种具有高度彼此依赖性的区域。在美国，我们还没有实现针对这种规模水准的有效控制，也没有形成基于这样的有效控制产生的共同体意识。在地方性社区中我们倒是发现了认同情感的复兴。遗憾的是，即便这样的地方性情感是强有力的，即便这些地方性社区有能力承担一些环境保护的任务，许多更加严重的问题依旧超出了其所拥有的控制水平。要想实现具有代表性的政治力量对社区空间的控制，就必须要求我们的经济、我们的政治权力及生活方式发生剧烈的改变。与当下存在的问题相应的实现空间控制的有效单位，或许应该接近于一个家庭（即便是调整过的家庭或者扩大后的家庭）、一个小的居住中心或者小的车间的规模。在这样的尺度中，基于邻近性的联结依旧保持；政治共同体的合适规模，能够使得那种具有代表性的政治力量以面对面的方式进行对话。这种方式可以延伸至大城市区域以及世界范围的更大区域。对一个地方的控制是必须的。控制的恰切构建，带来积极的心理效应。不过，不是所有的公共权力都应该受限于地方。

在任何一个居住地，都可以通过两种方式对地方控制的维向进行分析。第一，确认典型的行为设置和主要的通信体系，在基本层面上质问：

① 谁拥有一个地方或者一个系统？在其中是否存在不同的所有权形式？

② 是否存在着有歧义的控制和冲突性控制？是否存在非正式的或者非法的控制？

③ 谁能够在这个地方出现？谁不允许在这个地方出现？谁来规定自身的行为？

④ 谁能够调整或者保持一个地方或者系统并且使用这个地方或者系统的资源？

⑤ 实施控制的人是否有充分的信息、动机和能力实施有效的控制？

⑥ 是否存在外部团体的控制入侵？是否存在着无法控制的问题？

⑦ 控制的现实性和控制的正当性是否在这个地方的使用者中间达成共识？这些使用者是否能够按照他们的意愿、按照他们认为合适的方式自由地使用这个地方？

⑧ 控制模式一直在变化吗？控制是如何转换的？

⑨ 被控制排斥的团体是否有合法出现的机会？是否在未来有可能被接纳？

对最重要的设置和最重要的通信渠道的这类分析，是对任何一个居住地品质的基础性描述。这种分析会通过压缩的形式图表化，用以展示控制规模和控制类型的变化、和谐程度和胜任程度的变化冲突和变化的呈现等等。

进行分析的第二种方式是研究特定社区中的关键性团体，并且询问这些团体的核心成员们倾向于控制什么样的地方及在哪些地方他们必须接受控制这样的问题。同样，这样的分析可以概要性地图表化，以便显示这些团体实际控制的空间（他们的"地基"）、向这些团体开放或者允许他们使用的区域和通道、这些团体受到其他力量控制的时间和空间及一些他们可以得到的"免费的"区域（废弃的土地）。

概括来说，一个好的居住地就是这样的一个地方，其地域控制是稳定的、负责的、和谐的。这种稳定、负责与和谐的控制无论对于使用者（当下的、潜在的和未来的），还是对于这个地域各种已经存在的具体问题都是如此，即具有稳定的、负责的、和谐的控制品性。这些分析维向的相对重要性以及相应的应对层级的恰切性，依赖于特定的居住地的社会语境和环境语境。这些维向中的分析定位可以在与分析对应的领域中得到确认。进行这些定位时会面对一些共同的困境和应对困境的方法。用一般性（或许还有些矛盾）术语比较含糊地表述就是：一种负责的、可实施的、稳定的地方性控制，这种控制向潜在的使用者开放，保持未来的可持续性；这种控制与特定区域的低水平控制交织，与多样性和异常性相容。任何人类社会的连续性都依赖于对自身的生活空间的有效控制，但是负责任的控制对于个体的发展和小团体的发展同样至关重要。我们必须铭记，控制是与地位、权力和主导联系在一起的。不过，这种权力也可以基于开放和平等社会的要求被颠覆。

第十二章　效率与公平

　　效率是一种平衡的标准：它与业绩的成就水平和业绩的亏损水平相关。居住地的效率只能与某个单一维向所能达到的最高水准进行比较，即与某个能够达到的既定的数值进行比较。因为纳入计算的数值彼此之间具有不可通约性（例如，美元 vs 清洁的环境印象），因此效率的"客观的"比较只能在所有种类的成本和收益都基于一种常量计算时才可能进行。然而，在复杂的变量之间的主观比较总是在进行。我们每天都在做出选择。我们可以明确地做出选择，但这些选择却是无法计算的。

　　比较、成本和收益及对一个系统的维护必须放在一起进行考量，至少要在一个较小的时间跨度中进行考量。我们总是倾向于只是考量原初的成本和正在产生的收益，而忽视正在产生的成本，有些时候还会忽视新的行为产生的当下收益。似乎创造什么东西纯粹是痛苦的事情，而使用什么东西则是纯粹的快悦。其实，正相反，我们应该估算价值成本流。遗憾的是，在我们的案例中，除非粗略地考量，大多数价值无法精确地量化，因此，我们不能绝对地基于当下的状况进行折算。我们必须在未来可能贬值、未来可能升值、未来可能停滞、未来可能波动，以及未来可能以其他方式变动等多种可能中，明确地表达我们的倾向。实在不行那只能限制于一种方式计算，那就是基于未来发展的维向，计算当下的价值。

　　建造一个好的居住地产生的许多关键性投入，在其他维向上（如非空间性领域）进行考量就是损失。在分析与其他人类目的相关的居住地质量的投资时，计算这类投入的数量是要做的第一步。这些投入花费一般用钱、能源消耗或者物质资源消耗、政治努力，以及心理压力等多种量值来体现。有必要借助于某一种城市形式理论来降低这种投入中的部分花费。例如，什么样的城市是便宜的城市？或换言之，什么样的城市是节约能源的城市？不过，关于那些非空间性的投入应该如何计算和比较，这些理论依旧毫无办法。我们能够做的仅仅是寻找一些能够降低外在成本达到特定目的的方法，而无法评判这种外在成本的降低究竟是重要的还是无足轻重的。例如，花费较少的钱建造连排房屋而不是建造具有类似宽敞度的居住高楼。但是，与使用中央供暖的稠密单元房相比，连排房屋需要更多的能源用于供暖和往返交通。城市形式理论要寻找兼顾便宜和节能的建造模式，而不是提供一种仅仅是平衡资金花费和能源消耗的平庸方案。尚不存在任何一种理论专门研究生产效率问题，人们通常都是在使用一般性的效率术语来讨论这些问题。一个经济系统中的生产效率受到一个居住地运行过程中的通达力和契合力的影响；非常明确的是，或许在相当大程度上这种效率受制于二者，但这绝非问题的全部。

不过，正如在效率问题单纯用经济学术语度量的时候，经济学可以非常肯定地说明效率问题一样，一种理论在特定时候或许能够对基于这个理论的成本投入问题给予充分的说明。在这种狭义的理解上，一个"有效率的"城市该是具有高水平的通达力且没有任何地方性失控的城市，或者说该是一个清晰、明快且能够适应未来变化的城市。这里，列举一些其效能维向可能会彼此冲突的领域，会是非常有意义的。列举出的领域会涉及效率计算中非常重要的因素（狭义上，这里的效率内在于其对应的理论），在这些领域中，更具创新的、更"有效率的"空间形式，或许是最为有用的东西。在涉及的这些领域中，相对于现实而言理论会走得更远，会显示在任何特定的文化、政治和经济背景中，如何在这些相互冲突的价值中获得相对积极的意义。

一些维向之间的冲突现在已经显现：

1. 由于许多生物学效应是不可见的，至少在外行眼里和短期效应中是这样，因此，一个有活力的环境通常会与去中心化的使用者控制发生冲突。更进一步，倾向于直接使用者的各种设置，对其他人而言更容易产生危害。处理冲突的方式可以是接受冲突双方的一方遭受损失（如，或者对壁炉实施强制性中心控制，或者接受受到污染的空气），也可以是通过增加"外在的"非空间性成本投入，诸如配备昂贵的空调设备或者进行大规模的宣传说服，来弱化人们对使用开放火源的喜好。不过，在我们所限定的意义上，一个内在于相应理论的"有效的"解决方案，应该是一个除了未受污染的热空气之外不释放任何其他东西的廉价的、舒服的、开放的壁炉（如，燃烧氢气的开放火源?）。一个更加成熟的理论还应该能够解释在政治发展过程中的某些位点上，为了激励使用者的自主权，不健康的空气为什么在适当范围内是可以接受的，但不意味着在后继的阶段上也可接受。

2. 在好的契合力就意味着舒适的时候，促生活力环境的思想经常会与适应舒适环境的思想相冲突。一个得到很好设计的按键设置，不需要调动我们的肌肉和我们的心力。不过，按键在另外的维向上降低了我们的效能，因而是低效的，即便这种设置产生了一种令人舒服的适应。一个有效的设置应该能够使得这个设置适应使用者对这个设置的操作。更进一步，有助于物种个体当下健康的事物，或许对于物种种群的整体生存未必是理想的。具有一定压力的环境更加具有进化的优势。当然，或许这不是当下需要担心的问题。

3. 辨识力常常与契合力相反。一个清晰的、结构完整的、充满意义的地方更容易是一个刻板的、不好适应的地方。一个适用于多种用途的灵活可变的地方，看起来似乎总是无定型的、灰色的、界定不明的地方。适用于这种特殊的交叉处的"有效的"解决方案，正是那些能够产生辨识力同时又对未来施加强制性小范围限制的方案，正如基于焦点而不是使用严格鲜明的各种界限来组织一个区域。还有，具有适应能力的空间可能会被降格为内部性障碍，与此同时更具永久性的主要大道组成了特定的居住地形象。不仅如此，面对两种标准之间的无法回避的选择，存在着一些不确定的和处于转换中的境况，其中契合力永远是关键性因素；同时也存在着其他境况，其中人们的安全感受成为最为关键的因素。

4. 当下的契合力和未来的契合力经常是彼此矛盾的。要具有适应能力通常意味着不能很好地契合当下，反之亦然。除非借助于相当昂贵的超额能力的储备，否则，我们很难达到所谓的"好的契合就是松散的契合"（自然，在我们所限定的意义上，这种昂贵的逃避是有效能的，即便在通常的经济学意义上这一点会是效率低下的）。一个区域中的高水平的通达力，或许会是一个更一般的有效的解决方案。另外一种方式则是能够通过廉价的供给和维护而实现的对诸如未被看管的废弃空间或者荒野这类储备的保持。另外还要提及的是，当下的一个好的契合力会具有高度可操作性特征。

5. 良好的通达力经常会与区域的地方性控制产生摩擦。在什么样的环境下，产生摩擦时该支持一方而不是另一方？是否存在着有效的方式能够同时满足两者？

6. 高水平的个人通达力会引发严重的健康问题，正如在我们沉迷于汽车时，我们污染了空气，因此而牺牲的人远远大于最令人绝望的战争。过氧化氢汽车、电动汽车或者脚踏车不可以是有效的解决方案吗？令人惊异的是，除非以昂贵的方式改造，否则即便是地铁系统也无法在这个特定的意义上解决问题，因为，地铁系统在改善安全性的同时，降低了个人的移动能力。不必说，事实上地铁还是最为理性的解决方案。在一般的经济学意义上，地铁比起其他交通系统还是更加有效的，当居住点密集时，地铁能够以个人每英里花费最少的方式运行。但是，这并不是我们衡量效率的尺度。

效率涉及每个团体的成本和收益如何在几个不同的价值类型之间进行分配，公平则涉及使用何种方式对一个类别的成本和收益在个体之间进行分配。对什么才是公平的分配的考量在不同的文化中具有不同的认定。在一些文化中，公平意味着遵从习俗或者惯例。物品可以依照人们的世袭等级或者既得等级进行分配，这些等级被认为是他们固有的价值和能力的反映。在其他一些社会中，一定程度上也在我们的社会中，除非权力被等级或者金钱合法化，分配通常基于比较性权力得以进行（尽管这种方式也不太可能向我们显示公平）。对于我们而言，虽然这些其他规则也很有力，但分配的主要基础还是支付能力，这一事实通常不会冒犯我们，除非它切断了一些基本物品，如政治自由或生存所必需的物品的来源。由于我们都公开地相信，手头的现金来自个人能力和生产力的结合，金钱产生规则对我们而言似乎是公平的。此外，根据货币进行分配，简化了分配的管理，并使得个人能够选择他想要的物品。货物是根据一般性愿望的强烈程度来定价的，并通过这种方式得到合理分配。

但是按价格分配将是相当不平等的，除非每个人都有平等的金钱收入，就是说他想花费多少就花费多少。在我们这个世界的一些地方，所有的商品都对应等价的金钱。由于个体估值的差异，以及由此产生的价格和支出模式的不同，特定物品的分配肯定会是不平等的，但与此同时，一般的选择能力则是公平的。因为公平通常被认为是我们关于公平分配的想法，无论它是适用于所有分配，还是仅仅适用于某些关键的授权，如收入。对我们的祖先而言，公平似乎是显而易见的。如果各方拥有平等的讨价还价的权力，并且在不知道未来可能发生什么的情况下能够坐下来为分配游戏编写宪法，这大概是所有各方都可能同意的唯一规则。这是经典的"自愿合同"假设。这样，不仅看起来明显公平，而且它在智力上的简单也吸引了我们。无论多么脆弱或不完美，它反映着一种道德观点，彰显着存在于每个人心中的内在价值。公平法则似乎也比其他规则更容易适用，至少在理论上是这样，因为它消除了衡量相对等级、需要或价值的必要性。

每个人都知道，所有的现代社会形式，甚至社会主义社会，离这个平等主义思想有多远。如果我们能够开始减少目前的不平等现象，大多数人都会感到高兴。但即使在这个理想中，也有一些理论难题。首先，是所有的商品和成本都应该平均分配（3磅土豆，37平方英尺的建筑面积，每人

27 小时的重劳动），还是仅有某些 "基本" 的商品，如食品、保健和教育能够平等分配？是在 "生命开始时候" 的平等，还是在一些一般的授权力量，如金钱和言论自由上的平等？此外，一个人是如何处理各种需求的？一个残疾人或病人的需要比一个健康人的需要更多吗？内在能力又将怎么样——一个孩子能应付和一个成年人一样数量的物品吗？潜在的贡献是什么——一个具有天生高智力的人是否应该接受特殊的教育，并被免除繁重劳动，从而被要求做出特别的智力努力？事实上，在我看来，古老的乌托邦口号 "根据自己的手段，根据自己的需要"，是比纯粹公平更高的理想。然而，这是一个非常难以实现的理想。

在这些经典的绊脚石中，我们寻找正义，寻找各种简化的手段。一种方法是设定一些最低限度或令人满意的公平门槛："每个人都应该接受至少 12 年的教育"，或者 "为获得必需物品，没有人应该距离商店超过 30 分钟"。在这里，公平集中在被认为是最基本的东西上。第二种方法聚焦于基于物品的公平原则，这个原则是获得其他物品的关键。在我们所处的境遇中，我们可能特别关注活力的公平、通达力的公平或领地控制的公平，就像在其他领域，人们谈论收入、言论自由和投票一样。第三种方法是关注最不受欢迎的群体，并坚持认为任何改变都必须至少改善该群体的处境。这就是决策理论的 "最小" 策略，也就是约翰·罗尔斯详尽阐述的 "差异原则"。

我们离一个公正的世界有以光年计算的距离。在上述方法之前必定有许多深刻的变化已经发生，如在物品和权力实际分配上的变化，在对自我关注上的变化，以及我们对不同年龄、阶级、种族和性别的态度的变化。一个真正公正的系统可能是一个这样安排的世界，在这个世界中所有人都有平等的机会展现自己的潜在能力，同时从他人所取得的发展中获得好处。这显然是一个复杂的应用指南。这是一条公正的规则，但不是一条直接公平的规则。

分配规则必须看起来是公正的，因为正义在于心中。规则必须足够清楚，每个人都能理解它们；它们必须稳定、可预测，并保持过去和现在的经验的连续性。根据一些得到明确理解和长期接受的世袭价值规则进行的分配，比基于缺乏理解和不断变化的需求基础的分配，可能会让每个人满意得多。如果这一世袭规则也能保证每个人的基本必需品，并且能够激励他们作为个人不断成长，那么在这种情况下，这可能确实是适当的公平法则。但是，在某种程度上不断被需求和潜力所调和的公平，则是一种扎根在西方人心中的思想。

公平与我们的效能维向有什么关系？因为这些维向是定性的和复杂的，我们不能期望产生任何如收入的均衡这样简单的指南。但我们可以发现一些关键之点。

显然，每个人都应该有权获得基本的、重要的需求——足够的食物，清洁的空气和水，一种合理的保护措施，免受危险和毒害等等。这一原则从来没有被抽象地争论过，但在现实中经常被规避。环境保护成本较大，利益不均衡。通常很难追踪到环境危害的来源，或者这个来源（比如汽车）可能非常分散，根深蒂固，难以控制。而为后代保护栖息地的义务，更是特别难以履行，因为危险可能只是缓慢积累，不会造成任何明显的危害，而后代却不能发声。然而，这正是我们应保护的对未来来说最重要的环境利益。

如果我们考虑到辨识力，公平的问题似乎就不那么关键了，因为在这里，我们处理得更多的是情感和智力上的满足，而不是纯粹的生存。然而，必须肯定每个人都必须有一点良善的指向。因为品质通常产生自有利于大部分人的良善，或者是可以通过给予某种地方性的控制在小规模上实现的某种好的东西。相比较其他物品，公平分配的问题在这个方面出现得要少许多。然而，当我们把这座城市看作是一种象征性的交流手段时，它就可以被操纵来表达一种文化价值观，而不是另一种文化价值观，因为思想和交流的自由确实是一个重要的正义问题。此外，感受性在儿童环境中也起着重要的作用。由于一个城市的意义是它的教育价值的一个重要组成部分，基于需要的考量，在这个领域中，我们可以认为公平的分配是不平等的。特别有天赋的孩子拥有特殊的机会发展和完善自身，被认定为是合理的。识别和取向的特定的品质对残疾人特别重要。除非能够做到这一点，否则，他们获得的其他商品的份额将非常不平等。

在环境公平的意义上，平等的通达性的确是仅次于活力的第二重要的维向。在指向其他人、其他区域、其他服务和设施的通达性受到阻断的时候，残障人士、年轻人、老年人、穷人、生病的人，以及被压制的种族、阶层及性别，他们的生活就会严重地受损。排斥可以是一种特权的表达，或者一种压迫性控制的有意图的设置，也可以仅仅是其他一些选择无意产生的结果（就像在北美郊区的青少年中发生的那样）。安全地跨越整个城市的能力，在青少年的早期成长过程中发挥着极为重要的作用。至少在某种合理的空间和多样性的范围内，环境通达性中蕴含的潜在的平等，一定是一个好的城市的一个最基础的特性。特定的公平法则的实施，使得城市交通和通信的一些公共性补贴成为必要，对于一些由于个人原因使得移动受到限制的人提供免费服务，也同样成为必要。免费的移动和免费的通信，是我们所崇尚的个人自由和思想自由的一个基础性的必要组成。

如果我们考虑到公平与契合力的关系，我们则面对着一幅更为复杂的图景。恰恰在这个领域，平等的旗帜总是被高高举起，特别是在涉及住房、学校和公园这些设施的时候。的确应该具有面向所有人的一个基本尺度的空间，恢宏的新港大厦与狭窄的出租隔间的对比，着实令人沮丧。不过，一旦基本的需求得到保证，伴随着社会资源和生活方式的变化，最低限度的空间尺度也会发生显著的变化。一个好的环境展现的是形式与意向性行为之间在质与量上的契合，但是形式上的各种特性并不需要均匀地分配到每个个体。只要一些基础性的社会最低保障能够满足（社会对任何正常的生活必需品的满足），只要个体能够拥有足够多的平等性手段去获取不同种类的物品，我们就能够接受个体间在物理设施分配上的不平等。在这个特殊的领域，简化收入和权力平等化的标准，而不是试图平衡大量的人们想要的设施，似乎是一个更令人信服的法则。当然，需要明确，需要对弱势群体设定比较高的底线；基于对后代公正性的考量，可操作性与可逆性的阈值，同样需要设定。

最后，让我们来谈控制力。可以认为，对一种空间控制的公正分配是至关重要的，因为，维护一个私人领域的能力（或许还包括指向某些面向各种行为开放的"废弃土地"的通达力），是自由的另一个重要组成。正义可能要求所有人都能够参与对他们有重大利益并愿意付出大量努力的环境控制活动（只要这样的控制不会公然地限制他人的通达力和他人的参与）。这样，在涉及公正的问题上，教师和儿童可能会声称在学校管理中拥有发言权，工人会声称在工作场所管理中有发言权，等等。对各种社会群体参与空间控制的分析，就像绘制通达力平等图一样，将是公正问题分析的基本依据。

我的结论是：活力、通达力及对私人领地和小群体所属领地的控制，还包括对未来栖居地的保护和对孩子成长的供给，这些都是环境正义最为关键的领域。除此之外，我们还必须加上对基本的行为设施需求的最小限度的满足，这种满足可以基于个体的需要和社会规范进行调节。在灵敏度的配置方面，特殊的个体需求的满足会是非常重要的因素。一种针对未来的公平配置，是分析过程中最为关键也是最为困难的部分。

特定的空间性环境有一种广泛的影响力，具有极大的惯性。这就像持续地发挥作用的遗传禀赋和社会结构，在其中这种惯性分配着生命的各种机会。这种分配的公正性于是就成为环境价值的一个关键方面。上述论点显然是具有文化负载的，不能作为永恒的正义予以捍卫。它反映了西方文化中关于平等和自由的成见及作者本人关于个体发展的成见。

现在让我们回顾一下我们的一整套价值观，看看它们是如何符合第六章开头规定的一般标准的。在大多数情况下，这些标准都运作得相当好。这些标准是通用的，在同一层级上具有一般性。这些标准明确地与城市形式连接在一起，表明我们允许将感知和控制视为城市形式的特征。如果不是在所有文化中的话，它们至少可以与绝大多数文化中出现的重要目标有关。它们是否涵盖了与所有文化目标相关的居住地的所有特征，随后才能看到。它们很可能没有涵盖全部，但似乎也很可能涵盖了大部分目标，理论中没有对最终清单的任何限定。它们是效能的维向，可以通过可获得的数据来衡量。然而，在两个方面，它们可能很弱，这值得进一步讨论。

首先，它们在多大程度上是相互独立的？一个维向的设置需要在哪里固定另一个维向的效能？如果存在着这种相互依赖，分析就更加困难了，尽管这些维向并没有因此变得完全无用。相互依赖只有在详细研究后才会出现，但我们的怀疑也会由此而生。在通达力和辨识力之间似乎有一种联系，因为能够抵达的一个地方也必须是能够辨识的。但是，能够辨识的不一定是通达的。此外，通达力（居民能够随意打开或者关闭通信的程度）的一个有价值的亚维向，显然只是控制力的一般性维向的一个特定方面。在这里，我们发现了一个直接的重叠。与其他情况相比，一种更令人困惑的维向缠绕与契合力和控制力有关。如果一个地方是高度可操作的和本地控制的，那么人们会期望它也会是富于契合的和可辨识的。在这种情况下，独立是相当困难的。但是，一个可以被控制得很好的地方，不会具有很好的可操作性，反之亦然。而在其他地方，独立至少似乎是可以想象的。我们可以回忆起一些契合得很好的地方，但这些地方或者是活力匮乏的栖息地，或者是控制得很好的可到达但不可接近的地方。当然，在不会失去可能的维向独立性的条件下，一个维向的成就与另个一维向的成就可以相互支持，也可以彼此冲突。这样，好的通达性是实现适应性或增强可持续性的有用的途径，但可进入的地方不一定需要具有适应性或持续性。当地居住者的控制可能经常与一般性的通达或安全发生冲突。好的可理解性是增加信息通达性的一种方式，但这并不是增强通达性的必需的方式。

第二个也是更困难的问题是这些维向与文化变异的关系。显然，与这些维向的差异相伴，不同的文化会对这些维向有不同的价值定位，相应的维向的具体设计也会服从这样的价值定位。但是，这些文化能对这些维向有不同的定义吗？我们不能在文化对其定位之前，对这些维向进行任何分析吗？活力似乎独立于文化的定义，因为它是基于人类生物学的。一旦技术、控制机构和场所态度被定义为环境形式的一部分，通达力和适应性就是指向未来的契合力。当一个人在谈论复杂的意义时，辨识力就不会是独立于文化的。但正如我所阐述的那样，在对应的大多数亚维向中，辨识力主要与形式、共同经验及人类感知和认知的本质有关。控制力也可以主要通过参考形式来刻画（因为我们定义的形式包括空间控制的机构，这显然也是文化的一部分）。契合力则是另类。由于契合力是行为和形式之间的匹配，如果人们只是在一个地方观察活动，它只能在表面的不适合这样的水平上得到描述。当我们针对环境的使用者展开对契合力的恰切性和困难进行深入调查的时候，我们就处在了这些使用者所拥有的习惯和态度的迷雾中。契合力的定义本身就是文化依赖的，因此很少能对有效实现的良好的契合力的形式特征进行概括，而这样的概括，则可以针对其他维向进行。对于契合力，我们只剩下一个值得关注的焦点和一个广义的观察方法。

如果这些维向的理想定位随情况而不同，那么，陈述一些关于它们是如何变化的一般假设将是令人欣慰的。不同团体之间有几个根本的差异，可能会对我们的目标至关重要：可用资源的水平、价值观的同质性、权力集中的程度，以及社会和环境的相对稳定等。就这些维向的评估如何随社会情况的变化而变化，下面的矩阵显示的是我们的一些猜测。情境的变化被表现为一种粗糙的极性对立。

这些都是粗略的猜测，只是发展可测试的假设的第一步。我们可以对这个猜测性矩阵进行总结。

1. 随着一个社会变得更富有，会发生一些兴趣点的转移。特别是敏感性可能变得更有价值，但契合力和控制力依旧保持着它们的重要性。许多维向可能会变得不那么重要——不是因为它们的价值不那么高，而是因为它们更容易被找到一个替代品或更容易支付其失败的成本。

2. 活力在任何情况下都很重要，但在一个同质的社会中，许多其他维度要么不那么关键，要么更容易实现。

3. 社会的稳定和环境的稳定，会造就根本而明确的区别。在稳定的情况下，所有的维向要么不那么关键，要么更容易实现。

4. 一个中央集权的社会（或至少是那些处于其权力中心的社会）很可能重视将这些维度用于与其他社会或个人相比不同的目的。然而，我想，通达力对这样一个社会来说可能更为重要，契合力在这里不太容易实现。

		活力	辨识力	契合力	通达力	控制力
社会	富裕	无论对于贫穷还是富裕都很重要	往往很重要	更容易实现但是更复杂；风险契合度低	有可替代品；重视多样性	无论对于贫穷还是富裕都很重要
	贫穷	在边缘地带尤其重要	至少在象征意义上是重要的	更简单但是风险契合度高	作为必需品是非常重要的	
社会	同质化的	无论对于贫穷还是富裕都很重要	更容易实现	更容易实现	不那么重要	不那么重要
	异质化的		更多差异但是丰富多元	更复杂	重要，避免异化	重要
社会	稳定的	更容易实现	更容易实现	更容易实现	不那么重要	不那么重要
	不稳定的	更难以维持	更困难	更难维持当下的契合	生死攸关	决定性的
社会	中心化的	借由标准和技术知识能更容易实现	用于表达和支撑统治	不太可能实现；形式适应是重要的	为了维持控制力而去批判	被抑制的地方控制力
	去中心化的	只能借由稳定习俗和丰富知识来实现	用于表达多样性	可能实现；可控是重要的	更少的批判	被鼓励的地方控制力

也许可以做出一个更具全球性、更具误导性的猜测：除了辨识力和活力外，一个富足、稳定、同质的社会对环境质量的依赖强度不如一个贫穷、不稳定、复杂的社会对环境质量的依赖强度。但这些猜测（或假设）只是涉及任何社会中价值评估的一般性倾向。该社会中的个人和小群体将根据他们自己的深层价值观和具体的境遇，沿着这些维向设定他们自己的目标和门槛。第三世界城市的贫穷移民将强调获得就业、服务和基本的重要资源。游客则将专注于地方感。一个孩子可能最关心的是可操纵性、自由性、安全性，以及一个在他寻找它的秘密时向他揭示其意义的世界。这些维向的构造就是为了使这些变化能够得到明确的表示。

即使对于这样一些特殊的群体，我们也无法发展出一个单一的完善指数，因为这将需要所有的维向和子维向都在某个共同的单位中得到量化。虽然至少在粗略的程度上，我们的价值观是可衡量的，但是这些价值观的整合必须交由个人和社会评判。此外，我谈到的只是某个城市正式表现出来的品质。任何一个良善的、实实在在的人类居住地，发挥作用的因素都远远超过它的形式。

那么什么是好的城市形式呢？现在我们可以说说这些神奇的话了。它是充满活力的（可持续的、安全的、和谐的）；它是可辨识的（可识别的、结构性的、一致的、透明的、清晰的、展开的和显著的）；它是具有契合性的（稳定的、可操作的和有弹性的形式与行为的密切匹配）；它是可通达的（多样的、公平的、局部可管理的）；它是控制良好的（一致的、确定的、负责任的、间断性宽松的）。所有这些都是通过公平和内部效率来实现的。或者，在第六章的更一般的术语中，它是一个有利于发展的、连续的、连接良好的、开放的地方。

■ **第三部分 一些应用**

第十三章 城市规模和邻里中心概念

拥有了一些好的概念，我们能否把它们用于解决一些实际问题呢？这些概念能否帮助我们哪怕是略好一些地理解关于城市形式问题的各种广泛争论呢？一些大的疑问已经预先存在于这些争论之中，其中的一些问题是持久性的，另外一些问题则是突发性的，还有一些逐渐消失，还有一些消失后又重新出现，更多的问题则可能正蓄势待发。

所有这些问题的鼻祖正是城市规模，非常小的居住地中存在的匮乏问题，非常大的居住地中存在的压迫和混乱问题，以及发展与衰落引发的各种剧痛，都与城市规模有关。所有这些问题导引出这样的观点，即一个城市，就像一个有机体，拥有其恰当的规模，城市的发展应该具有稳定化的样态。这样的观念可以追溯到人类心智史。柏拉图提出：一个好的城市应该是限制在 5 040 数量级别的土地拥有者或者公民的城市，通过人口迁出以及遗产继承法则，这样的人口数量得以维持。他不能很好地解释为什么这个特定数量的人口是最合适的人口数量，但是我们可以猜测，他设想了一个理想的阶乘数，通过这个数字能够非常灵活地划分为各种各样的等组（或许出于更神秘的数学原因），6 的阶乘数（或者 720）是他认为的好城市的最小人数规模，而拥有 8 的阶乘数（或者 40 320）人口数量的城市规模则过于庞大。在《政治学》中，亚里士多德则更谨慎地提出："10 个人无法构成一个城市，但拥有成千上万人，城市则不再是城市了。"城市规模应该大到足以保证人们在拥有正常的政治态度后自足地过上好的生活，但是不能大到市民们无法保持彼此之间的个人性接触，因为"要对涉及各种公正的问题进行决定，要根据德行分配办公场所，就必须要求公民彼此了解各自的品性"。在亚里士多德时代，包括自由人和奴隶，雅典的人口总数大约是250 000 人，其中约 40 000 人是公民。那个时候大多数希腊城邦城市公民人数约为 10 000。

有着海量的文献涉及城市规模这个主题。在上一个时代这一点似乎达到高峰，不过新近开始，这一主题再一次受到强烈的关注。我们对于这一主题的焦虑是往复式发生的。得到一般性认可的城市规模从亚里士多德的5 040人口数上升到最大的20 000人口数，随后越来越大，直至现在得到认可的城市人口数在250 000到500 000之间。实施基于理想城市规模的城市规模控制的各种尝试，至少可以追溯到伊丽莎白女王时代对控制伦敦人口增长的徒劳努力，这种努力的后果是提升了住房的价格，提供了更多滋生腐败的机会。城市规模的减小或者城市规模的稳定，在当今大多数欧洲国家以及社会主义国家的政策中已是共识；在世界许多其他国家，这一点至少也成为得到认可的观点。

不过直到现在，包括英国的著名方案及苏联（USSR）实施的更有强度的控制措施等在内，已经实施的许多遏制超大城市生长的努力，收效甚微。不过，在诸如美国这样的最发达的一些国家，有证据表明，反城市浪潮也以其自身的方式出现，一些大城市和大都市区域的人口也在流失。

有限规模的概念自然是一个有机城市模型的内在组成。关于最适宜城市规模的各种争论基于城市规模对社会交往的作用、对政治控制和社会控制的实施、对由于环境污染引发的对环境活力的影响、对社会刺激和感官刺激的可容忍度，以及对出行时间、对经济生产及对维持不同的城市规模所需要的成本等等的考量。在极大程度上，这些方面都在陈述我们前面界定过的多个分析维向。不过，尽管有着如此之多的相关文献，相应的充分的证据还很稀少。在欧文·霍克（Irving Hoch）的著述中可以找到最密集的相关信息，这些信息涉及不列颠的不动产研究公司以及P. A. Stone公司。

概括说来，有证据表明一些种类的空气污染（城市活力的一个方面）与城市规模正向相关，与到工作地的时间也是正向相关（通达力的一个方面）。然而，最可量化的那些要素则显示其相互之间并不相关，至少其相关性是不确定的。另外，真实的收入和生产力在大城市要高出许多。许多经济学家于是得出结论，即便居住在大城市不是非常舒服，但在经济上大城市比较小的城市更有效率。这样的不舒服通过获取较高的实际薪资得到补偿，于是人们宁愿选择生活在规模较大的地方。针对城市规模没有可辨识的主要限制因素，限制城市规模的公共政策包含着隐性成本及应该避免的成本。

这些结论反映出经济学家们的一般性观点：强调可以转换为一般美元指数的可量化的要素，使用在完善的市场经济中的均衡概念和知情选择概念，于是，一个城市就像一个处于自由竞争中的公司一样与其他城市竞争。这种观点很少注意到在大城市中谁在付出、谁在获益（公平），很少注意到存在的究竟是什么样的选择自由和地位自由，很少注意到那些不能转换为美元的社会价值和个人价值（辨识力的一个例证）。具有讽刺意味的是：这些对城市规模理论的批判，本身正在变成理论，并成为其他许多国家的政策基础，在我们自己的国家离开大城市的趋势，也已经呈现。

遗憾的是，似乎有证据表明存在着一般性最适宜的城市规模，然而这实在有点勉强。这里最大的疑问或许是：最适宜的城市规模本身就是一个空概念。我们赋予城市规模的诸如拥堵这样的诸多效应，非常一致地与城市的人口密度联系在一起，特别是与城市就业中心的人口密度联系在一起。在这些中心，人们在每个工作日汇聚到相对较小的区域。集中需求不会出现在低人口密度的广阔的多核城市，即便这些地区的人口数目极为庞大。

对于这个问题也有一些更具实质意义的修正。第一，即便不存在一般意义上的最适宜的城市规模，任何单个的城市基于自身的地理、文化、经济、政治、生活方式等，自然具有其最适宜的规模。或者说，最适宜的城市规模应该适用于所有的处于强有力的、同质文化中的城市。但是除非被强制性地严苛限制在非常有限的区域，这种适宜性并未显现。如果这种富于差异的最适宜性包含在一种一般性的理论之中，则这个理论必须涉及一种一般性的方法，这种方法能够把这种一般的最适宜性从特殊的最适宜性中剥离出来。不过，现在还没有任何理论给出这样的方法。

一种中间的立场，也是最接近真实的居住地模式的立场是：在不存在单一的最适宜区域规模的同时，存在着一种居住地的优先系统，这个系统由其区域规模被以某种最适宜方式限定的一系列场所组成，通过研究具有不同规模的市场如何分布在一个统一的区域，最终形成这样的分层规模等级。在一些真实的案例中可以发现与这种规模等级近似的存在，案例中的这些区域的状况，通常相对均匀和稳定。因此，这是一种正确的模式。事关政策制定，这种模式应该存在。有人会疑惑从存在到应该之间的这样一种跳跃，是否应将市场的效率（鉴于给定的一长串各种平等权利与假设）原则作为城市形式的核心法则。

最有可能的是，如果能够发现最适宜规模，这种规模将会是规模的序列，这种规模序列对应不同的功能，尤其是要对应居住地居民所关注的诸如辨识力、通达力、控制力等的不同的维向偏好。但是，这一点似乎不太可能发展出一个单一的规定好的序列，或者在规定一个城市规模序列的过程中可以在相当程度上完成规模序列的设定，不过，这个过程一定已经与某种特殊种类的城市价值维向和规模维向联系在一起。

另外的可能性是：即便对于单个城市，也不存在任何一种最适宜的规模，但是可以存在一种阈值序列。在这种序列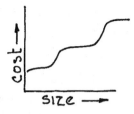
中，伴随着各种增长超越各种限制，主要的收益
和成本（特别是成本）会发生碰撞。于是，这些
成本伴随着增长的发生逐渐趋向于平衡，以致达
到下一个规模阈值。例如，在某些特定的位点
上，一个花费巨大的新的污水处理工厂会应运而生，用来维护一个必需的
生命栖居地，这种新的适应又会通过增长的整体循环得到维持。了解了这
些阈值，各种政策的制定和实施则可努力保持在阈值之下，或者，如果增
长得不到有效的抑制，就迅速跳过这种增长，限定一个更宽的边界。

　　这一点在直觉上似乎是合理的。在居住地相对于发展所需要的公共工
程的规模较小时，在这些公共工程不需要太多的额外要求，或者这些工程
与居住地倾向于相似的阈值时，对这种阈值的分析可以作为公共政策的合
适基础。但是，当居住地庞大且复杂时，则可能是阈值所要求的很多服务
和设施的花费，彼此交织在一起，于是很难发现一种明确的阶梯模式。当
一个复杂整体在运作时，我们常常过分地把涉及城市形式的政策制定落脚
到单一要素上：我们习惯于以教室大小为基准来安置一个邻里中心的人口，
我们习惯于选择土地价值指标来决定举行活动的"最佳"位置。或许只有
在较小规模的居住地寻求一种阈值的耦合才是合理的，但是这个观点指向
了一个更一般的可能性，即城市规模的变化率或许比城市规模自身更为
重要。

　　还有，关于城市的规模如何得到度量，存在
着许多困惑。存在着一个一般性的共识，即城市
规模的核心变量是居住地的人口数量，而不是工
作的人的数量，不是居住地的地理范围，不是地
面的平方尺度，同样不是生产力的美元价值。但
是居住地是什么样的单位呢？例如，我们能否设定一个通勤区域，这个区
域的最小边界，刚好使得大量的每天通勤上班的人不会越过它？如果可以
设定，那么在发达国家中这些通勤区域就会非常广大，而且规模还会稳定
地扩展，一直扩展到某一点，以至于人们最终逃离传统意义上的大都市区
域（的确，对传统的大都市区域概念的突破，或许可以解释在某些规模位
点上明显出现的人口流失）。因为在相似的服务水平上，不存在增加花费的
充分理由，也不存在进行勉强的行为适应的充分理由。尽管我们深深陷入
对"无尽的"城市的恐惧之中，但并不存在一种必然的原因可以解释为什
么我们应该在通勤区域感受痛苦。这样的一个区域（至少在理论上）可以

是多样性的，可以是令人满意的，可以像那种宽阔的农场或者广袤的原野那样具有意义（不再是令人窒息的）。

伴随着城市规模的不断扩大，政治控制成为越来越严重的问题，非常可能的是（如果不是不可避免的话）某些种类的水污染和空气污染将难以控制。很有可能要对外来的能源和资源产生更大的依赖，并且会产生更广泛的废弃物抛弃问题。但乍看似乎所有这一切并不是不可克服的（除非涉及我们下面会论及的政治问题）。像许多其他后果一样，这些问题更多地与人口的密度联系在一起而不是与规模本身联系在一起。

发现一种最适宜的通勤区域规模似乎前途暗淡。更有甚者，伴随着通信的改善，越来越多的人能够在家里工作，至少一个星期中的一部分时间在家里工作，这种工作方式依旧充满活力地维持着大规模的生产系统。如果这样，关键性的生活空间就变成了一种通信区域，而不是一种通勤区域，就是说，在这样的一个区域中，任何一个较小的界限都会干扰一个有意义的日常信息流。在这一点上，区域规模的问题似乎就在我们眼前消解掉了。伴随着城市变得越来越趋于无形，有明确界限的对象及旧有的难题不再会被提起，也无须费力解决。

不过，还有一些较小的团体，这些团体的规模或许可分析为最适宜规模。这些地方有各种服务用来支持各种各样的对通达力至关重要的设施。这些地方有各种各样的对控制力至关重要的政治单元等级。的确，当人们说厌恶大城市是因为大城市不可控时，人们心里所指的可能就是这种控制规模。这也是美国民调一再显示出的那种居住于郊区和小城镇倾向的原因。一般在 20 000～40 000 人的政府管理单元中，如果有意愿的话，普通市民能够积极地参与政治活动，能够感受到与自己认同的政治共同体联系在一起，能够意识到对一些政治事务的控制，能够像小城镇一样受到来自区域的、国家的和法人团体的决定的约束。在讨论城市规模时亚里士多德所强调的正是这种政治性的规模。在任何既定的政治经济中，对于政治单元来说会有最适宜的规模，这种单元可以是区域、城镇，甚至就是一些场所。但是，除非通过提供一种身份证明及通过某种方式分配地方化的各种服务，使得特定的政治结构得到强化，否则这些考量更多涉及的是空间组织而不是政治组织。现如今相互依赖的居住地的规模特别巨大，要求一种区域水平上的政治单元来管理区域系统所必需的空间资源。于是，在一个单独的城镇区域，我们既想强化区域性政府，又想强化较小的、自我管理的"城镇"，同时又要解决规模处在二者之间的"大城市"问题。更进一步，在探索更好的控制过程中，我们还会对一些小的区域考虑发展一些简单的政治性功能，这些功能是我们下面讨论要触及的内容。

物理规模的确是有实际意义的问题，即便在一般意义上、在非常小的地方单元上都是如此。在这样的单元中，由于居住的邻近性，人们以个体的方式彼此熟悉，附加有社会同质性、街道模式、身份界限及公共服务等，在提升控制力、展示契合力和辨识力方面，单元的规模起到一种确定性的作用。这种类别的邻里中心可能最多不超过 100 个住户，很有可能是 15～30 个住户。这种规模远远小于经典的规划教条所设定的适合一个小学的规模。

城市邻里中心的思想免费搭乘了专业之车。在 20 世纪的第一个 25 年中，城市社会学的先驱研究中使用了社会分析单元。不断成长的这种思想认为，邻里中心是实施群体的社会性支持的恰切的区域性基础，在这种邻里中心中势必会有许多的个人接触。根据他们的有机模型，规划理论家们选择邻里中心作为城市的基础性建造板块。这种板块被界定为一种空间单元，在日常性的服务中尽可能地实现交通通畅和自足。单元的规模尺度限定于一个典型的小学运行的可达范围，其他服务设施的可达范围基于这种单元模块进行调整，或者与这个模块多样性地联结在一起。这个思想也遍布全世界的城市设计领域。它具有设计的简单性优势；它提供了安静的街道；它保证了所需服务的契合力。

到了后期，这种思想的社会性推断遭到彻底驳斥。它无法对应大多数北美城市的状况，在这些城市中社会性的接触区域基于最小的范围（诸如在一个单独的街区范围内），但同时又穿越大的城市区段分布在整个城市。这些人之间的联系基于各种关系：工作关系、利益关系而不是地域关系。除了少数种群中的低收入居住者之外，这样的空间分散似乎适用于所有的大城市居民。有界限的空间性单元不适应社会的相互作用的网络。还有，在邻里中心的思想实际运用于城市设计的时候，它产生了一套刻板的单元模式。不同的服务设施的可达区域不可能适合任何单一的模块，它们总是处于变化之中。成人之间的友谊不是建立在孩子们小学就学的基础上，如果把小学规模作为一种基础性的度量尺度，那么这些学校的行政性规定的有效规模就扭曲了城市结构，通达力就会受损。

就在邻里中心的思想在较高的智识水平上遭到怀疑之后，在下端其火焰再次燃起。现存的地方性区域中的各种威胁（城市更新的威胁，学校房屋建造的威胁，新的快速通道的威胁，机构性扩张的威胁，种族侵略的威胁等）引发了抵抗的浪潮，这些抵抗基本上在邻里中心的层级上得以组织。人们强调，一旦他们的工作甚至他们的友谊不再跟随邻里中心的线路，在有必要的时候他们就无法在邻里中心的层级上联起手来捍卫自身。这些邻里中心组织与其说是变化的促生力量，不如说是问题导引者和变化的抵抗力量。它们由此在更高的、更正式的行政水平上变得更具政治有效性。监护政治重新出现。邻里中心思想被证明是一种有用的控制武器。

关于人们如何在自己内心感受他们的城市的最近调查表明：所谓的地方性共同体是他们的心智结构的一个重要组成。邻里中心对于他们的社会关系或许不是必需的，但是邻里中心与主要的道路一起，构成了人们的心智装备的必要组件。因此，从作为社会组织的一个理想单元，到作为公共服务通达力的一个组织者，邻里中心思想变成了一个控制力的概念，或许还变成了一个辨识力的概念。它不再是一个人们仅仅因为作为居住邻居而彼此熟识的空间，而是一个得到一般性界定的、具有名称的空间，当事情变得危险的时候，人们在这个空间中会相对容易地联系在一起。这些共同体存在于城市居住者的心里，关于彼此的界限及他们固有的特性，经常会达成相当的一致。通过口口相传、借助于媒体，这种一致性得到强化。城市机构利用这种一致性作为建立地方性联系的基础，这种利用又进一步强化了对应的结构。

基础性的问题就是控制力的问题。针对城市设计而言，第一，这种类型的共同体组织是否能够或者是否应该通过空间性形式得到强化；第二，居住地中什么样的要素比较适合处于共同体的控制之下，以什么样的方式进行控制。似乎明显的是，借助于诸如地方性中心的安置、主要交通线路的转换、不合常规的地带的开垦，以及其他物理特性区分等分离手段，特定的居住地设计会强化共同体认同的图景。只要这些虚拟的间隔不阻碍一般的通达力模式，不约束社会性接触，不限制服务区域作用，它就会增强可识别性，降低噪声和快速交通的危险，增强地方性组织和地方性控制的可能性，所有这一切，不需要太多的额外投入。

但是，如果竖起了阻止运动的屏障，如果人们接受引导在一个地方购物、在另一个地方工作，或者仅仅使用某种特殊的服务，那么通达力和适应性就会下降。进一步说，如果所做的努力是增强一个地方的社会同质性（这是一种比物理设计更强有力的导致共同体意识的方法），那么所有的问题，就会在我们下面讨论的称之为"浸润"论题中出现。规划好的社会同质性和物理同质性在更小的规模层级上一定更具防御性，"真正的"社会性的邻里中心，无须损害任何人的通达力，就能提升社会结合度、契合力和控制力，但是，在共同体的规模上存在着更多的危险。抛开这一点，居住在拥有安静、安全的街道和通达便捷的临近服务，在需要的时候能够控制的具有辨识性的街区，一定是一种情理之中的理想。对于特定年龄的群组来说，特别是对于年轻的孩子们来说，一个基于地方性的社会共同体是非常重要的。可辨识的地方性的居住区域，允许个体参与到改善他们当下环境的活动中。

邻里中心思想走得还要远。提倡小、提倡去中心化就要坚持：地方性社区应该能够控制他们自己的生活空间，甚至在一定程度上控制社区的经济和公共服务。任何与自足关联的属性如食物、能量和建筑，在这样的邻里中心思想中都是值得肯定的。地方性合作应该提供地方性工作并且保持地方性获益，而不是让利益"流失"到别处。一个地方性的政治组织，能够运营学校，管理开放空间，巡视街道。

在这样的情况下，存在着两个困难。第一，这种邻里中心的运作与现行的政治经济规模相冲突，无论是在资本主义国家还是社会主义国家都是如此。例如，在美国，依赖于当地劳动力、当地资源、当地资本的地方性控制的商业，很难得以生存，其生产能力远远低于同等规模的国家性的和区域性的公司。自足性是逝去的一个梦幻。单纯地依赖于公司行为的弱势团体，会把自己锁定在自己的弱势之中，损毁自己的通达力。它们仅仅能够占据权力坡线的下端。还有，诸如污染、交通、房屋政策及公共财政这类整体环境问题，在自身所属的层级上也不能得到很好解决。它们与整体环境的规模层级不和谐。但地方性的食品市场和能量供给、住房的地方性管理、公园、日托中心及街道巡视则是有效的和令人满意的。在地方性的服务供给中获得的信心和组织，可以是走向对重大事件由市民控制的重要一步。这样，地方性管理可以提升其活力和控制力，管理自身可以成为对更关键的层级进行更好控制的一种路径。但是把基于特定地方层级的战略限定抑或聚焦为社会变化的核心要素，一定会是一种错误。

地方性控制力面对的第二个困难是一个伦理问题。地方势力的控制很容易滑向对不想要的事物的排斥或者清除。在较小规模的真正的邻里中心范围内，排斥可能不会成为一个严重问题，但是在地方区域层级或者更高的层级，这种排斥就会演变为对通达力的一种严重的剥夺。广泛实施的对郊区的地方性控制导致了把低收入群体圈限在内城范围，或者把他们甩到一些不受青睐的城市扩展区域。在这种受到限制的空间挪转中，住房的成本提升。对把长途上学旅程强加到小孩子身上的情理之中的厌恶，演变成了对学校隔离政策的保护。在没有一套完整的标准可以强制执行或者必须支付费用时，地方性服务的质量会发生剧烈的波动。短期的利益会压倒长期的目标。再一次，地方性控制必须受到相应的功能的限制，这种限制使得相应的伦理困难不会发生。

　　这样，一方面，在使用者控制受到推崇的同时，地方区域层级上的控制或许会缺乏大区域的或者国家规模的控制的有效性；另一方面则是基于非常小的真正的邻里中心或者家庭控制的伦理简单性和直接的满足感。无论如何，有限的区域控制，特别是在需要的时候建立起来的政治组织的地区框架的扩展，是任何居住地的两个非常有价值的属性。明晰可感的地方性共同体区域，安静的街道，便捷的地方性服务具有非常明确的价值。小的、受到限定的、具有同质性的群体居住地的建造，与真正的社会性的邻里中心相一致。具有严格规模标准的邻里中心单元，是一个广泛、自主、得到明晰界定的概念，对于这个概念而言，所有的物理的和社会的关系都是至关重要的。这一点似乎不那么适合于我们的社会。不过在另外的那种公共性地组织起来的、其内在价值相对一致的经济中，小的真的是美的，地方性控制就会变成居住地设计的一种核心属性。

第十四章　增长和保护

　　如果在邻里中心的意义上或者在某种政治意味上，一个居住地的绝对规模并没有我们想象的那么重要，那么我们就不会对城市规模的变化那么在意。快速的增长意味着持续的混乱，各种设施不能很好地满足需求，各种机构的能力永远滞后于对它们的要求。空间景观中遍布着各种建筑的瘢痕。辨识力模糊，通达力混乱。各种事件似乎失去控制，在压力下各种决策仓促做出。或许，更严重的是居住地所要求的那种社会性纽带不断地断裂与重建，政治冲突不断地在当地人和新来者之间产生。

　　这些问题的一部分来自总体规模的增长，问题的其他部分则派生自人口的流动，不过无论怎样二者或许都是净增长的产物。流动性并不等同于空间地域的增长。急剧的增长率与人口的往来流动并无太大的关联。在当今的美国，迁出与迁入的人口总和十倍于这种迁移对增长的影响。世界很多地方，特别是美国，一直处在人口流动之中：移民、难民、找工作者、度假者、观光客、旅客及退休者。就像资本的流动性一样，具有人口自愿流动特征的地方总是具有重要的优势，因为这种流动把技能、劳动带到这种技能和劳动可以得到最充分使用的地方，把人口带到人们最想去的地方。不过，很多流动并不是自愿的，这种不自愿的流动不仅表现为心理上的压抑，而且消耗巨大的成本。

　　存在着一些应对这些情绪成本的环境手段。其中包括提供更好的通信和信息，举行各种转换仪式，培训新来者了解新地方，运送各种人造物品而不是家具，迁移整个社区，在迁出地与迁入地之间建立"姐妹"关系，在新、旧两个居住地居住，等等。但是，这类考量很少进入公共政策制定领域，政策制定最多也仅仅是为居住地的重新安置直接提供部分补贴。人口流动是我们时代的现实，存在着很多方式来改善这种人口流动的质量。但是，快速流动性的后果则说明，必须要有相应的政策来调节这种流动性。

　　要控制人口流动就会收回一种重要的个人自由，就会以某种最基础的方式限制通达力。在理论上说，在美国这样做是违反宪法的，但是任何对地方性增长的控制，都会间接地有这样的后果，即通达力受限。正像（也是因为）移民过程伴随的是贫穷人口的到来，在国家之间的自由的流动已经受到日渐严格的限制。如果通达力的平等性是我们的目标，那么，对居住地层级的增长率控制至少应该与不依赖于收入水平的歧视而进行的居住地重新安置机会的调整相伴而行。即便在得到高度有效控制的社会，使用严格的尺度阻止移民，或者使用严格的尺度指导经济计划的走向也是必需的。我们困扰的不仅仅是什么是最适宜的增长率，而且还有什么是达到这样的增长率的最好路径。我们能够重新限制人员的流动吗？能够停止房屋的建造吗？能够阻止工作的扩张吗？能够把发展的标准提到如此之高以至于新来者无法承受流动产生的花费吗？可以肯定的是，更多的人道设计会投向人们所倾向的地方，而不是相反。各种设施的重新安置和扩大也会导致居住地规模明显增长。这种重置或者扩大会消耗（也会创造）许多资源，但不会产生太大的人口迁移的消极后果。需要牢记的是，我们关注的是居住地规模的增长，而不是其他饱受非议的诸如消费的增长、生产力的增长、废弃物的增长或者犯罪率的增长等。

在任何情况下，有一点是非常明显的，即一个地方在规模上的增长过快，或者在功能上的变化过快，会使这个地方的活力和适应力不能非常有效地得到调整。在增长获得推崇的同时，即便在经济学的意义上，我们也已经看到了其中的危险，开始争论"零增长"的问题，就像柏拉图曾经做过的那样。但是，绝对的稳定性是很难维持的。更有甚者，因为人口年龄和地方年龄的变化，当从稳定的增长转换到永久的稳定性时，作为整体的构成将会以一种显而易见的方式发生变化。这种综合性的变化（例如，基于稳定的人口数量向老龄社会转换）会产生其固有的不良后果。还有，聚焦于稳定性的政策更容易滑向一种衰退。因此，这样认为就是合理的，即存在着一种最适宜的温和的增长率。然而，尽管我们谈论了那么多，尽管我们热衷于那些公共尺度，现如今依旧没有值得认真对待的研究来说明一个地方是否存在一个最适宜的变化率，什么样的变化率能够可持续地提供理想的契合力、通达力和辨识力。

我们暂时回到反对零增长的第二个观点，即潜力下降。我们借助于隐喻理解世界，这里的隐喻是：一个居住地就是一个有机体，如果这个机体在体积上减小，机体会就走向死亡。或者说居住地就是一个发动机，它可以向前运行、可以停止，也可以向相反方向运行，谁知道其反向运行会走到哪里。所有的规划者都哀叹衰退。我们的理论分析增长，而不是衰退。

不过，尽管快速的衰退（就像快速的增长一样）会是一种灾难，而温和的负增长率中却存在着一些价值，这些价值包括指向广阔空间的通达力和设施，低水平压力，增强的适应力和控制力，强大的历史可识别性。夏天，观光客专门寻找外面的地方，本地人则更选择留守。我们能否规划一下衰落，去实现其中的价值？

于是就有了这样的可能，即在某些一般性的情形下，存在着最适宜的增长率或者衰退率。基于成本、可识别性、控制力和政治能力的考量，公共战略可以在增长与衰退之间寻找一个变化率的最适宜范围。最适宜变化率可以涉及密度的变化，也可以涉及规模的变化，还可涉及人口的相互交换的变化。这些最适宜的变化率在不同的区域规模上会有不同。如果能够获得充分的支持，大片区域能够保持紧密的稳定性，一个地方的快速衰退是可以接受的。不过，关于这种最适宜性，我们并没有多少有用的信息。

基于变化率而不是基于一种绝对的界限实施控制，似乎具有一些优势。不是设定所允许的最大规模、最大密度或者某种固定的用途，而是基于变化率的控制，基于变化所允许的规模、密度等，来限定变化的速度。例如，诺尔斯（Knowles）提出太阳能通达力法则，这种法则的运作基于某一地点的背景条件，并伴随着背景条件的变化而变化。于是，一个城市所允许的人口密度就会平稳地增长，与现存的人口密度及邻近的过去和未来的人口密度一致。于是，快速转变引发的各种问题（经常陷于那些绝对的量值的困扰）得到了直接的避免。与此同时，适应力不再受损，当下的现实，而不是一些有疑问的、长期的预测，引导着公共行为。抛弃固定的限制或许会剥夺人们的安全感，但这绝对是一种虚假的感觉。我在早些时候提及了在变化本身中寻求可辨识的连续性的价值，并且提及环境形式如何支持这样的寻求。不过，法律对于增长率法则来说有其自身的问题。这些合法性问题折射出同样的对安全的心理寻求。

无论如何，当我们开始研究这个问题时，就会发现最适宜的变化率的概念就像最适宜的规模本身那样难以把握。一种变化的"理想状态"或许更多地依赖于变化的形式而不是变化率的数量。例如，它是停滞后的一个突然跳跃、是一个狂乱的震荡，还是一个稳定开放的增长、是从一个平台上升到另一个平台的 S 曲线？例如，重复震荡会产生标准制定的困难。变化的形式和变化的量级也必须放在一起考量。即便是基于我们讨论的维向的简单变化，也值得进行研究。增长和衰退的形式是城市形式的内在属性，具有多重的和有意义的后果。它们不应该仅仅被用于自我满足或者警示。

纵观发达国家，众多的人们对自然环境和历史环境的保护问题忧心忡忡。两种担忧在起源上是分离的，到如今已经合流。拯救环境已经成为一种神圣的事业，巨大的投入被用于这个目的。这些努力通常都是最后的拯救尝试，是在强大的经济压力下做出改变。在发达国家，这种拯救受到公众的强力支持。许多人相信，荒野、城市的老旧区域比任何新的建设区域更具吸引力。

在两种态度中，对自然环境的推崇则更加广泛和深入人心。这种态度可回溯到 18 世纪和 19 世纪对自然进行的罗曼蒂克式的重估。按照这样的观点，荒野不再是丑陋，不再危险，荒野是美丽的、崇高的。地主和成功的商人开始在乡村建造别墅，富有的人开始在荒野度假。自然非但不再威胁人类，反倒是受到这种对自然的再发现的力量的威胁。在乡村人们感受到健康和惬意（不需要在那里劳动），在城市人们感受到紧张和疏离。城市本身似乎成为一种令人遗憾的经济需要，不受控制地在乡村扩展。为建造房屋和工厂，或者为开辟农业商业所需要的大面积土地，树林和小农场被摧毁，水、空气和土壤受到污染。这种退化或许是不可逆的，并且导致了灾难性的后果：人造的沙漠，被废弃物毒害的海洋，气候的骤变，整体性的物种灭绝，无法呼吸的空气。于是城市似乎成为我们栖居地的一个基础性威胁。通过强调生活世界的相互连接，通过强调对生态威胁的忧虑本身如何以特殊的惊人的方式搅扰我们的生活，生态科学的发展在弱化了一些极端恐惧的同时，也为这些立场和态度铺设了理智的地基。

无论是有意识的还是无意识的，作为阶级排斥的手段，对乡村的保护由来已久。保护作为自然的土地及实施最小规模土地的强制性购买，是使得低收入人口离开郊区的有效手段。于是，保护自然就似乎成为单纯属于上流阶层的口号，通过富裕阶层基于其自身目的得以表达。

就我而言，上述主张是错误的。对自然景观的喜好遍布所有阶层，至少在美国如此。这样的喜好或许在一些国家不是那么普遍，在这些国家中，大量的人口承受或者记忆着荒野的贫穷，但在美国这样的国家已经以近似普遍性的方式凸显了对荒野的喜好。这些喜好相当特殊：小的家庭农场中得到良好管理的、生产性的景观；湖岸或者海岸；公园景观；散落着树木、小树林、近旁有水的绿草丛生的开放地带；丘陵和山峦景观。体验荒野（未被人类触及的地方）是一种受到更加严格限制的品味，也是一个逐渐受欢迎的品味。遗憾的是，除却极地区域、令人恐惧的热带雨林及广袤的沙漠之外，现如今真正的荒野极为少见。

如果自然是人类未曾触及的那种世界，那么要保护它就意味着我们必须把仅存的纯粹的自然区域从人类的介入中隔离出来，这里包括阻止荒野

爱好者本身对自然的侵扰。这些洁净的土地还应该受到保护以避免其他
"自然的"变化的侵扰（如自然的风化及闪电引发的森林火灾）吗？出于科
学研究的考量，出于人类尚存的心智满足需求的考量，即便是很难达到，
荒野也会由于其自身的价值需要拯救。(图60)

　　另外，如果我们追随我们的不那么纯粹的喜好，承认诸如农场、公园、
池塘、树林这类有效管理的景观是有价值的自然的一部分，那么，我们何
以能够把城市排除在外？如果自然是生命存活的系统，是生命的栖居地，
人类是这个生命系统的一部分，那么城市就是像树木和溪流一样的自然。
于是，我们就必须解释自然的哪些方面我们需要保护、哪些方面我们需要
抑制。

　　城市和有人居住的乡村一直以来就是一个单元。有些时候它们是剥削
与被剥削的统一体，但是它们一直都是社会性、经济性、政治性地链接在
一起的。就像雷·威廉姆斯（Ray Williams）强调的那样，被我们理想化的
乡村就是我们曾经从中获取劳动力的乡村。在美国，对田园景观的情感，
或许可以通过我们今天远离繁重的田园劳动得到解释。不过，这一点也是
真实的，即在我们这个国家的一些地区，在19世纪的有限时期，曾经有过
基于家庭农场的乡村繁荣。我们大多数的乡村记忆都指向这个时期，或者
更早一些的短暂的开放养牛场（更加脏乱）时期。

　　所有这一切都无法消解当代人对树木、水、田园景观的强烈情感。乡
村或许被理想化了，但它的确是令人快悦的。对于短暂的停留来说，或者
对于在配备了城市服务和通达系统后的长久居住来说，乡村真的是一个惬
意的、充满意义的场所。如果这种喜好被用来进行阶级排斥，那一定是因
为一些阶级拥有更强大的手段，而不是因为只有他们才是自然的爱好者。

　　对于田园环境的保护来说，活力标准的要求则是其合法的动机。这种
标准适用于内部城市，也是内部城市的关键性标准。在更广泛的意义上，
与自然联系在一起的那种心智体验（即，世界是一个整体，特别是生命的
网络）是一种基本的人类满足体验，是辨识力的最深厚的方面。田园景观
承载着这样的心智体验，如果我们理解这种体验并且作为功能组分在其中
运作，城市景观同样也承载着这样的体验。无论是在乡村还是在城市，这
不单纯是拯救动物和植物的问题，而且是让这些植物和动物以生命的形式
呈现的问题。一旦我们接受城市像接受农场一样自然，一样迫切地需要保
护和改善，我们就会脱离错误的城市和乡村、人工和自然、人类与其他生
物的二分。

　　在一开始的时候对历史环境的保护就具有一种政治性的动机。在美国，

南北战争（国家统一的灾难性的伤口）之前这个运动就已出现。起初作为焦虑的一种标识受到阻止，后来这种运动明确地与分裂性的外国移民的"美国化过程"联系在一起。其他一些动机则是渐次附加的：建筑性修复，考古调查，观光体验提升，历史场址的体验与享受渐次普及。今天，这种快悦已经变成一种稳定的品味，以至于整个城市区域受到保护或者恢复到从前的一些状态。这不仅仅是观光客的行为，也代表着永久居民的立场。

在很多时候，正是某些区域的历史性品质吸引着那些新的居民。市场也对地产价值的快速提升做出响应。原先低收入或者偏低收入的居民被这些有能力支付膨胀价格的新来者取代，对于这些新来者，那种历史性品质值得这样的价格。这是那种更一般的"士绅化"（中产阶级化）过程的一部分，是今天的许多内城区域所熟悉的样态。与原初的政治性功能形成对比，今天的历史性保护受到权力阶级和经济动机的鼓动。

在一个变化的时代这种指向过去的怀旧，经由经济的分层向下扩散，就像曾经人们对"自然"环境的喜好一样。还有，历史环境的保护也承载着类似的心智困惑。就像所有的环境都是自然的一部分一样，所有的事物也都是历史性的：过去存在的一切都与一些事件和一些人物联系在一起，都具有一种历史性的意义。我们必须选择我们要保留什么。启用的标准会是政治性的，或者是基于一些专家认定的一些美学特征，抑或仅仅是基于生存的考量：一些经受时间流逝留存下来的东西值得保持。新的事物，很快就过时、破旧、可丢弃；只有可丢弃的东西才通过重生成为历史性的东西。重新发现的浪潮跟随着现在，在合适的时候，它们会获得极大的空间。这种间歇似乎是不确定的：曾经是一百年，现如今缩短至 30 年或者 50 年。随着越来越多的现存的物质变得易于保存，什么应该得到保存的问题，与迫使环境变化的力量斗争的问题，变得越来越尖锐。

广泛持有的认为旧有的事物在一些原初的时候是最好、而后逐渐逊色的观点（似乎与漠视新出现的事物的态度相矛盾），使得这样的斗争更为尖锐。坚信们把被保护的事物以最初的纯粹样态保存，隐藏这些事物的任何的现代功能迹象，就像自然的贪恋者隐藏现代人的出现一样。历史停止在某些黄金时期，变化成为一种尴尬的处境。于是，基于恰切性修复主题的整套的专家系统发展起来。由于无法否认在广大的城市区域内正在运行的功能，于是划出鲜明的界限：建筑的外表应该恢复，建筑的内部则无关紧要。还有，恢复应该集中于少数历史性街区。

就像我们陶醉于未被改造的田园风光，我们也欣然体会纯化的历史，从变化中抽离，从过去的丑陋和压迫中抽离。我们享受威廉斯堡

（Williamsburg），就像我们享受农场，因为我们不需要在其中劳作。还有，进入我们视野的历史，是选择过的历史，是从历史事物的多重性中挑选出来的东西。选择者是那些拥有关于建筑形式的极深理念造诣的上层或者中等阶层的专家。

在三个相互关联的意义上人们或许会对历史环境的保护提出批评，第一，通常修复工作会让居住在那里的人们离开；第二，这种保护传递的是一种错误的、纯化的、静态的历史观（人们或许会说是鲜活的历史，其实这是错误的）；第三，被保护事物的价值评判标准来自狭隘的专家。还有，大范围的保护会损毁与新功能对应的契合力，抑制未来的适应力。

我们要说，所有这一切不会消解保护运动的力量和意义。所显示出的阶级偏见会扩散至其他阶层。复原的快悦是真实的。人们开始注意其可见的环境，开始呵护这些环境、享受这些环境。先前处于撤资和放弃状态的内城的邻里中心，正在恢复到良好的状态。保护能够提供经济上的收益，不单纯是对观光客的吸引力，还节省了原本会浪费掉的大量的物质资源。城市世界于是变得更加丰富多彩和更加富有意义。

如果我们把历史环境的保护视为辨识力的问题（一种丰富我们的时间图景的方式），那么这种保护运动中的一些令人困惑的冲突或许会消失。我们保护旧有的事物，不是因为它们陈旧，也不是因为某种异想天开的制止变化的企图，而是因为这种保护更好地传递了对历史的感受。于是这种保护就蕴含着对变化的庆祝、对与历史相伴的价值冲突的认可。这种保护意味着过去和现在的变化与价值连接的过程，而不是试图把这个过程从历史中剥离。许多事物于是变得容易完成，为功能变化留下充足的空间，避免了内在与外在的二分，在我们推崇或者鄙视的各种过去的形式中进行更加开放的选择，以创造性的方式改造旧有的事物，不再纠结于专家们认定的"恰切的"形式，为使用者的差异性价值留下空间。环境于是能够深化居住者对变化的感知，帮助居住者把自己的现在与过去和未来连接起来。保护专家、居住者或者工人于是能够进入一种对话，在这种对话中各自贡献出自己对相应的场所的理解。在这个过程中，每一个人都看到一种更深的意义，都感受到一种更强烈的连续性。即便在一个先前感到压抑的地方，使用者也会感到骄傲，因为他们在其中劳作、在其中生存。他们对场所的改造表达的既是一种链接，又是一种解放。

就未来而言，这两种强有力的对自然和历史的保护运动，不仅仅会变成一种运动，而且还会联手进行人类共同体的保护，这个共同体同样具有自身的历史，同样是自然的一部分。一旦这种连接实现，我们就不再单纯地去保护一个地方。除非某一个地方表明对它的保护对于我们的现在和未来具有一种可见的价值，我们甚至无须努力去尝试这种保护。我们的目标是要保持连续性，包括共同体自身的连续性和生活在历史与自然中的人们的自然图景和历史图景的连续性。如果保护运动的联盟能够在这样的基础上铸造，地方连续性的概念将成为重塑我们居住地的核心理念。

第十五章 城市质地和网络

对于一个居住地的品质而言，其内在的质感要比通常吸引设计师注意力的那些粗糙的模式重要得多。例如，与我们考量过的那些难以捉摸的问题形成对比，居住地的人口密度（一个经常与规模混淆的属性）相当重要。美国的大多数群体，倾向于相对低的人口居住密度。这种倾向稳定存在了相当长的时期。现在流行的"回归城市"似乎是少数人对抗主流的潮流，在能源危机出现的时候，或者在房屋价格的增长快于收入增长的时候，这种潮流会间或出现。大的潮流趋势还是向外，指向远郊之外，或者指向大都市区域之外的小城镇和乡村。还有，尽管存在着文化的、政治的和经济的差异，尽管存在着领导人的信条和专业规划信条的差异，世界上大多数发达国家的多数群体同样具有这种倾向。即便在城市化的日本，一处小小的房屋要花费一个中产阶级家庭年收入的 5 倍至 10 倍，一个停车位的价格要 2 倍或者 3 倍于汽车本身的价格，从郊区到市中心要花费两个小时搭乘拥挤不堪的火车，人们还是坚持要拥有独立的家庭房屋。

这种大多数人的倾向具有显著的原因，如享受自然，喜好干净和安静的环境，控制自己家园的愿望（安全，满足，节省现金），以及对低密度居住是养育后代的好地方的认可。这种对低居住密度的喜好，被社会性邻里中心的规模限制和前文提及的政治单元所强化，也被郊区生活是社会地位的象征、郊区生活提供了逃离其他社会阶层或者种群的机会等这样的观念所强化。当然，这最后一点不是低密度居住的必然的功用，不过，在美国，空间的隔离一直伴随着郊区化的过程。

在对城市规模与各种各样的社会问题的研究一直没有定论的同时，日益增加的居住密度与日益加剧的污染、噪声和恶劣的气候之间的关联性则充分地建立了起来。建筑的花费也与居住密度密切相关。在美国，如果我们计算包括公共用品、街道和公共设施在内的所有花费，新房屋建造的主要花费（土地花费和封闭的居住空间的数量）接近密集居住区的联栋房屋花费的最小值。如果人们愿意选择，密集居住的三层无电梯单元的价格要略低一些，而更多层的无电梯居住单元，价格会更低一些。沿着居住单元从稠密居住区域的价格低点向两个方向分散，一个方向是独立的家庭住房，另一个方向是高层的电梯单元。这种类似的现象在大不列颠随处可见，在这些地方的一英亩土地上，至少要建造10个居住单元的房屋。在那些建筑产业具有不同的组织形式的国家，房屋建造依其自身的标准，最低居住密度也会发生变化。一种扁平的居住地及预制板建造的标准统一的水泥单元房高层建筑居住区域，或许是最便宜的居住。这里的要点是，在任何一种文化和政治经济中，资本的投入、偏好及环境质量（我们曾经提及的维向），都伴随居住密度的变化而变化，并且这种变化都得到了有效的分析。

当然，不存在一种一般性的最适宜的居住密度。最适宜的居住密度不仅仅在不同国家之间存在着巨大的差别，在同一国家的不同社会群体之间也有大的差别：单身的成年人、年长者、老于世故的城里人、抚养幼儿的家庭、季节性居住者及各种不同收入的阶层。偏向于在城市中心居住一直是美国这个国家中少数人的品味，伴随着住房价格的上升，有这种品味的人数略有上升。但是在表面上依旧是郊区居住和乡村居住倾向占据主导。不过，理想的城市也不会是完全郊区化的，也不会全是高层建筑，甚至也不会全都建成占地"12英亩"的城市花园。

维向并不与居住密度直接关联。辨识力的考量经常被援引以反对低密度居住，即郊区是"一些结构不清的"或者是"单调乏味的"的区域，郊区缺乏居住密集的城市所拥有的那种属于一个地方的活生生的辨识力。这个观点值得怀疑，而且显然是一个非常外在的观点。只有援引居住在那个地方的居民对这个地方的辨识力的感知，这个观点才可以得到检验。研究已经显示，在任何密度水平上，都会有沉闷、趣味乏存的地方，也会有引人入胜、趣味盎然的地方。辨识力依赖于许多事物：可见的形式、社会性关联、对控制力的感知、实现通达力的手段及日常性体验等。在任何合理的居住密度限度内，这些辨识力所依赖的东西都可以获得或者丢失（尽管可以肯定，便利性获得的手段会随密度而变动）。

在相反的方向，也有把社会病理学与高居住密度联系在一起的，认为与刺激频率的增长、相遇频率的增长，特别是与陌生人遭遇引发的刺激频率的增长等相伴而生的是控制能力的丧失，是人应对能力的超负荷运作，继而引发犯罪、精神疾患、压力过大、亚健康及社会疏离。类似的分析也来自一些针对老鼠的惊人实验，但是基于人类的实验数据目前还不是非常确定。通过许多社会性和心理学的设计，人类可以缓解许多过量刺激。关于拥挤的心理学研究似乎发现了在压力与身处拥挤的空间之间的关联。不过，一旦去除阶层、社会组织和其他因素的影响，没有显示出更多的居住密度本身发生的作用。

在美国发现了健康和每一间房屋中人数多少之间的一些关联，但这种关联非常微弱。香港的公共房屋，具有不可思议的居住密度，并没有伴随着高犯罪率和高家庭解体率，产生这种结果的最大可能，大概与居住在那里的中国人的价值观和组织形式有关。布须曼人每个人的空间不及 50 平方英尺，孩子的整个生活都在这极度拥挤的空间中度过。这些都是沙漠中的居住地，但他们选择了拥挤，在这里的居民中间没有发现生物学压力的迹象。

来自生态学和家畜的科学管理的"承载能力"概念强化了对社会性拥挤的恐惧。例如，在任何一个田园牧场，都有牲畜牧养的最大数量限制。一旦超过这种牧养数量，草场开始退化，水土开始流失，不可食用的杂草覆盖土地。形成类比的是，在地球上有人口的上限数量；更进一步的类比是，城市人口密度有上限数量，这是一种栖居的界限。就城市居住而言，我们不仅从动物跳跃到人类，而且从地方性的能源圈跳跃到巨大的相互依赖的区域，从静态的行为跳跃到非常动态的技术。地球对人类物种的最大承载能力是可以想象的，但是和技术结合在一起却会以未知的方式发生变化。仅仅把这种思想运用于单独的城市区域，其作用是不确定的。

尽管有这些错误，居住密度与其他维向之间的确有明确的、尚未揭示的关联：活力质量、花费、与意愿行为的契合、控制力和适应力。基于对能源短缺的考量及那些无法驱车或者不被允许驱车的人的立场，对郊区的批评特别指向郊区居住对通达力的影响。年老的人、残障人、穷人、年轻的孩子，在低密度居住区承受着通达力瘫痪的痛苦。当然，在对居住密度和通达力的分析中，交通模式必须被纳入考量的范围。低密度居住区出行的新模式将会改变这些结论。还有，相对高的活动密度的群集可以提升通达力的水平，即便在低密度居住的区域也是如此。于是，在城市设计中，住房的密度始终是一个基础性的决策。它为其他属性设定了框架，具有非常深远的含义。

工作场所的密度对于生活质量、花费、通达力及与生产力的契合力也有很大影响，但这种影响少有著述论及。诸如服务中心和购物中心这样的其他种类的活动密度，不仅对于连接这类活动的通达力，而且对于辨识力以及社会性相遇的便利性，都至关重要。即便是在平均居住密度很低的区域，这些活动的密度也可以得到地方性的提升，继而达成整个区域福利水平和服务中心与购物中心这两种密度的提升。密度的时间模式也值得注意。固定设施的低空间密度会得到诸如大会、集市及节日等临时性聚集的补充。

具有各种存在形式的密度是一个复合体。但重要的问题是它与一个居住地的价值具有很多关联。充塞着各种各样的神秘性，密度对效能维向一直没有显示出真正的作用，而这一点必须在任何情境下进行追踪。

纹理是居住地质感的另一个基础性属性，也是一个经常与密度混淆的属性。在我这里，纹理意味着一个居住地的各种各样不同的要素在空间中混合为一起的方式。这些要素可以是各种活动、建筑类型、各种人或者具有其他属性的构成。一个纹理精细的混合体该是指这样的一个状态：要素或者要素的聚集体广泛地分布在不同的要素中间；一个纹理粗糙的混合体则是指在一个广泛的区域中一个事物与这个区域中的其他事物彼此分离。精细的纹理的反向测度是某种类别的所有要素与临近的其他不同类别的要素之间的平均距离。精细是纹理的一个基础性特征，敏锐度则是纹理的另一个或许不是最为关键的特征。一种纹理是敏锐的，意味着从相似类别要素的集群向不同类别的相邻要素集群的转换是跳跃的；如果转换是渐进的，纹理则是模糊的。对敏锐度的一个可能的测度或许可以这样产生，即把一个区域划分为任意的小单元组，然后计算在某个阈值间变动的临近单元对的数量。这样，一个纹理可以是精细的或者敏锐的，可以是精细的和模糊的（或许可以称作一种"灰"混合体），还可以是粗糙的和敏锐的（高度分离的），也可以是粗糙的和模糊的，这些质的特性都可以得到量化的测度。

纹理是明晰我们经常讨论和涉及的关于空间属性的诸多术语的一个直接表达，这些术语涉及隔离、有机整体、差异性、纯度、土地使用混合体、群集等诸多内容。在多种形式意义上，纹理是一个理想区域的关键属性。例如，基于社会阶层划分的人群居住的纹理水平，反映的是一个城市的社会隔离程度。在美国，这是一个普遍存在的问题。事实上，这个问题是这个国家存在的所有空间形式问题中最为关键的问题。在美国的城市中，基于阶层划分的居住纹理是相当粗糙的，即便有时是模糊的，但也趋向于变得更加粗糙。在一定程度上，人们可以选择他们的居住地，他们倾向于选择与自身类别近似的地方。这种选择基于对行为冲突的考量（特别是基于孩子的养育考量），作为社会地位的象征，作为保护房屋投资的手段，基于恐惧跨越阶层界限的暴力和两性关系；为了他们自身、为了他们的孩子实现社会成就，要拥有获得更好服务的通道，要更容易发现属于自身类别的朋友。因为不同的团体具有非常不平等的选择机会，这种选择导致了一种非常粗糙的纹理和等级序列。这种情况一旦出现，就会被有意识的种族的和经济等级的排斥所强化。

产生粗糙纹理的动机是强大的，人们普遍倾向于与属于自己阶层的人居住在一起，不仅美国如此，整个世界也大都如此。群体基于文化隔离自身。现如今在美国，隔离已经渐渐从基于种族的隔离演变为基于收入差异的隔离。纹理水平得到强化亦或是受到抑制是政治经济学的问题，资本主义市场经济会恶化纹理水平，而集中化的社会主义经济则会在相当程度上缓和纹理水平。

纹理对许多价值的深远影响远远超过居住者们对这些价值的直接选择。粗糙的纹理降低了指向其他类别的人群及其他类别的生活方式的通达力。它指向资源、设施的通道的不平等，也有可能强化空间的隔离。暴力和紧张会升级，尽管在纹理格外粗糙和格外敏锐时，群体间的暴力可能趋向于弱化或者内化。在纹理粗糙的居住地，区域合作和区域控制会变得更加困难，与此同时，地方性控制反倒会提升。

专业的观点认为，基于阶层的纹理可以是精细的和模糊的。有机模型坚持认为，每一个小的区域应该是整体的一个微宇宙。不过，除了一些国家，这样的观点在实践中基本上被忽视，或者在实践中基本无效。如果我们寻求平等，寻求群体之间的沟通，寻求跨越障碍的能力，那么我们就是在倡导更精细的居住地的纹理，而不是在现在的美国所实际看到的情形。驱使人们倾向于隔离的那些价值（如安全、轻松的关系）则强调：在任何混合体中，必须有相似性的群集，这些群集相对同质和"纯粹"，这样人们就可以更轻松地享受属于自身的状态。与此同时，基于平等的考量，大的区域内的混合体应该更加平衡，区域通达力应该更强。在社会地位比较含糊的区域也应该有一种模糊的转换区，这样如果人们愿意就可以"穿越"。

无论选择什么样的价值，居住地的纹理是否明显是任何城市的一个关键属性。北美城市纹理水平的降低引发一种不断攀升的战斗。为了奏效，它要求一种对不动产市场、对各种合法的流动、对大量的住房补贴申请、对发展的区域性控制等的深度干预。它可能还会要求许多更激进的尺度，如土地的社会化、让房屋成为免费使用的设施、限制所有权的终生持有。居住地的粗糙纹理在我们的社会中有很深的根基。

基于阶层的居住混合体不是唯一重要的纹理性特征。例如，无论工作和居住是否分离，无论工作场所本身是否应该坐落于相似的生产活动聚集的庞大区域，活动类型的纹理也是意义重大的。因为不断增长的发展规模，因为更加紧密的市场控制，像居住地纹理一样，活动的纹理也处在稳定的粗糙化过程中。这里，专业的信条与其说是逆流而上，不如说是顺潮起伏。

当规划在更大规模上进行时，它倾向于纯粹的办公室、纯粹的货舱、纯粹的住房、纯粹的娱乐空间等宽大区域。一个活动的粗糙纹理使得中央控制变得更加容易，使得对服务的需求更加可预见，相互作用性的冲突和损害得以避免，大规模的运作得以提供，未来的增长空间更加容易安排。当服务于一个阶层的活动时，交通和公共设施系统可以更加有效地布局。大规模的土地操作提供了获取巨大利润的可能。

无论如何，渐进性增长、混乱、目标错乱、个体性乖戾，所有这一切都会降低我们各种华美图式的纹理。一些批评推崇一种比较精美的活动的纹理。粗糙的纹理意味着低劣的通达力和一种长途的通勤。它降低了获得通信和教育的机会。例如，孩子们可能永远不会看到他们的父母在工作，大多数人只能实际看到一个新建筑建造中最后显露的过程。粗糙的纹理强化了大的机构，而现今小规模才是受到推崇的属性。正如高度集中化的规划已失去一些它的可信度一样，通过较小的增值实现的发展才是更加明智的发展。

粗糙的纹理造成了一种生活的普遍碎片化（尽管在工作和家的分离中有着很多的乐趣）。工作、居住和休闲结合在一起的世界，对于很多社会思想者来说是一个重要的目标。在美国，邻里中心的支持者们呼吁通过城市农场来生产食物，用太阳能板产生能量，就像农场生活的渐进城市化降低了城市和乡村生活的两个极化一样。对与充满差异性的职业、住地、休闲相伴而生的那种景观的享受与快悦描写，频繁地出现在旅行文学中。当然，对于这些陌生人写就的游记，我们还要认真地向实际居民们咨询，这些居民或许会有不同的观点。不过，至少我们的童年记忆是清晰明确的，即活动的精细的纹理是一种非常有益的成长媒介。

像往常一样，除了尽可能降低活动的纹理尺度，否则不能制定出任何一般的规则，直到遭遇彼此冲突或者彼此的契合产生重大的成本支出。在抽象意义上，一种纹理精美、富于变化的居住地是具有吸引力的，尽管每一类别的活动都有其自身所期许的聚集规模。在任何意义上，活动的混合体都是一种关键性的尺度。居住地的规模是居住地纹理精细程度或者粗糙程度的一种附属物。一个精细纹理的场所由小的建筑、小的开放空间和小的企业构成。比起大规模的粗糙的纹理，这些较小的部分可以更加紧密地契合于场所使用者的各种不断变化的活动，更加完全地处于这种活动的控制之中，使用者能更加容易地感受个体价值和个体体验之间的连接。

另外，纹理的其他方面也可以引述，如密度的纹理和通达力的纹理。如果要求人们描述一下他们所想象的理想的房屋，许多人会勾画出这样的图景：通过房屋的前门可以步入一个充满生机的城市漫步长廊，同时走出后门则是一个安静的乡村。如果只是一个单独的门处于兴奋和宁静之间，快悦就会被那种超越这个门的思虑引导到其中一边。孩时的记忆充满着这样的快悦。因此，克里斯多夫·亚历山大（Christopher Alexander）的"图式"频繁地回到对纹理精细的活动、密度和通达力的处置。（图 74）

图 74　在波士顿灯塔山（Beacon Hill）优雅的房子后面，市中心安静的花园，让人珍视。

　　土地市场倾向于摧毁这些林林总总的异常，因为土地是通过通达力的一般性尺度得到估值和开发的。有效的大规模的规划具有一种类似的效果。纹理精细的密度高的大多数例证通常都是不合常规的自然行为的产物，或者是通达力系统低效率运行的产物，或者是财富的所有者精心策划的产物。在土地市场陷入困境，或者对土地的投机和开发骤然受阻的时候和地方，突然的转换会出现，就像发生在 20 世纪 30 年代的北美人细分土地受阻境况一样。"聚类分区"是获得和保持精细纹理的好处的一部分的一种合法设计。

　　在区域性规模上，通达力会更加一致地基于对公平和适应性的考量进行分配，不过，在形式上这种分配具有巨大优势，这种形式能够产生一种相当精细而敏锐的地方性的密度纹理和通达力纹理。通过对开放性空间的分散打包，通过聚集，通过限制通达力路线，通过"编织"（亚历山大的术语，意指在一种田园背景上的编织性开发和发展），或者通过排列在紧密相连的小的簇群中的建筑物的变化和活动密度的变化，来实现这种相当精细而敏锐的地方性的密度纹理和通达力纹理。这种类别的精细的纹理在现代城市中很少看见，但是在环境多样性、在栖居地的选择、在不同生活功能之间的通达力建设，以及在一种有意义的可见形式等意义上，这种类型的纹理具有明显的优势。

还有一种可按活动时间划分的纹理。这样，就可以区分哪些区域昼夜都处于活跃的状态，哪些区域仅仅是在昼夜间的某些时段处于活跃状态、在某些时段处于安静状态。可包括用于某种全天处于活跃状态的活动（在时间的意义上是粗糙的纹理），用于某种突然实现的活动（一种相对精细的、敏锐的时间性纹理的混合体），用于相互重叠但可以独立实现的某种功能（一种精细的、模糊的纹理）。一个露天广场，可以在上午是一个食品市场，在下午是一个儿童运动场，在傍晚是成人闲话聊天的场所，通过时间界限的转换，保证了不同活动在相互作用（或者冲突）中拥有的所有机会。新的和旧的，暂时性的和永久性的，彼此交织或者分离。我们同样可以把时间性纹理视为空间性纹理：一个精细、敏锐的混合体具有在通达力、多样性、趣味性方面的巨大优势，在这些界限内它们必然具有良好的契合力，不可避免地产生对强控制力的要求。大多数人都会谈到对一个能使对比鲜明的活动得以实现的场所的享受。单独的活动空间的阶段性闲置似乎是低效率的（但也可能不是这样。这一点需要分析）。我们的规划设计强调的总是空间图式，忽略了事物的时间性组织。

还有其他种类的同样适合使用纹理概念的混合体需要明确：控制力的纹理——属于单个所有者的大片区域 vs 公共的或者私人场所及群体公地、孩子们的草地和无人的土地的精细拼图；微气候的纹理；生态系统的纹理——辽阔的草原 vs 精心打理的花园；等等。居住地的纹理、各种其他活动的纹理及密度和通达力的纹理或许是居住地形式的更加关键的参数，不过，其他一些方面也是需要考量的。对于居住地的品质来说，与我们曾经讨论过的诸如总规模、居住地轮廓及街道系统的二维图式这些城市形态的一些方面相比，特定的混合体的具体特征则更加具有实质意义。

在更早些的时候，对于通达力系统的讨论一直被认为是围绕着对街道图式的选择而展开的：是线性的，是中心放射状的，亦或是方格状的。但是，在今天发达的大城市，街道的模式图似乎并不是非常重要，至少作为一个理论问题不是那么重要。当然，在特殊的案例中，街道的走向如何可以非常重要。

现如今一个更一般的争论关注的是出行的模式。人们偏好于什么样的模式混合体？在何种程度上这种混合体中的模式应该得到分离（另外一个纹理问题）？为实现所期望的混合体什么样的补贴和手段是正当的？显然，答案取决于居住地和密度纹理水平，取决于文化、政治经济和技术手段。因为各种各样模式产生的污染，以及各种各样的模式引发的事故，活力在这里利害攸关。由于单个模型更多的是对个人负责，而不是对群体的交通负责，还由于一些模型能够更好地契合如搬运行李这样的行为，或者能够更好地适用于身体残障的使用者，因此控制力和契合力也介入其中。效能维向把争论的背景从"小汽车 vs 地铁"（尽管这些机器是锁定在神话般争斗中的预言式的怪兽），或者从这些交通工具的能量要求，或者从每条线、每分钟的运载能力，转向这些运送过程带来的体验和价值。即便在特定的模式混合体已经形成的时候，效能维向也能厘清对要素的设计。一个 80 多岁的老人如何能够安全地在城市里游荡？骑自行车的能把自行车背到火车上吗？是否能够对公共交通工具拥有小范围的控制力？一个带着行李的购物者或者带着两个小孩的人如何乘公共汽车？在什么样的环境中人们能够在使用交通设施的同时享受社会性接触，或者在使用交通设施的同时拥有观赏移动景观的快悦？在不妨碍街道前的住宅的交通通道的同时，如何使得当地的街道安静且安全？等等。

私人轿车使得我们的城市不再那么宜居：它致人死亡，致人伤残，它使空气中充满着噪声和废气。它消耗汽油，行驶费用昂贵。任何一个严重地依赖私人汽车的系统都是一个不公平的系统，因为那些没有汽车的人的通达力不可避免地要比汽车驾驶者的通达力弱许多。当然，它也具有显然的值得骄傲的优势，直接通达，使用者控制，二者体现着一种牢固的驾驭。公平意味着我们需要双向汇聚的技术创新：一种行驶线路更加精细、分布更加广泛、对分散的个体目的地更加负责的公共交通；一种较少污染、较低危险、较小花费、更容易被不适合驾驶的人使用的私人交通。像地铁、单轨铁路、自动导轨及"行人捷运系统"这样的精心设计，有可能填补这类真空。对老旧的、简单的设计的翻新，提供了更多的希望——小公共汽车及与之配套的灵活的时间表、灵活的线路、适应天气变化的自行车及团体出租车。

适应力推崇简单的、多元的方式和手段以及非专门化的通道。通达力不仅应该更加均匀地分布在整个城镇化的区域，而且应该更加均匀地分布在白天和夜晚，这样，个体的选择性和可抵达性就会提升。自然，这样就意味着在活动的密度、纹理水平及时间分配上的变化，意味着对更灵活、更廉价的交通模式的管理和使用上的变化。不过，尽管区域性通达力的水平不断提升和趋于均匀，但在非常小的地方性范围内，一个好的居住地会差异化甚至弱化通达力——如果当地居民愿意，应该允许其限制时间分配、活动类别或者当地交通的密度。

宽敞的、低密度的北美郊区具有三个显著的缺陷：资源使用和社会阶层的粗糙的纹理，建造和维护的高昂的成本，对私人轿车的严重依赖。这些缺陷使得它无力面对能源短缺，使得外来者及本土的年轻人和老年人很难享有对应的通达力。为实现资源的充分利用而对郊区进行重新安排，是现如今北美城市化运动的主要任务。这个任务的一部分就是发明能够在郊区低密度资源分布的条件下充分运行的公共交通设施。

旅行会是一种积极的体验，我们不能对此单纯进行花费的考量。就潜力而言，通达力系统是教育性设施的主要部分。它扩大了个体的活动范围，而且，穿越城市的活动本身就是一种启蒙。充分利用这种可能性提供导游手册，意味着开启了特定的交通系统。认真地对待这一过程就能获得一种极好的教育机会，对于孩子尤其如此。如果我们把注意力投射于特定的人类体验，旅行可以是一种快悦：视觉的满足，学习或者遇见他人的各种机会。

作为一个城市的内在质感，密度、纹理水平和通达力系统，是我们判断一个城市效能的主要特征。一个城市成长和变化的本质也同样重要，但是关于这种本质的呈现效果我们知之甚少。一个城市在地图上的规模和轮廓没有我们认为的那样重要。地方共同体的概念及对地方共同体进行保护的概念，在塑造城市形态中都是关键的组织理念。但是相比较我们既往所习惯的理解，在这里它们具有一种不同的作用和意义。

在对各种不同形态的选择依据的考量中，效能的维向规律性地重现。经常是这样，只要一些论点在效能考量范围内，这一维向就会改变这些观点。非常明确的是，维向考量的作用不仅仅是各种选择的依据。外在性的成本（潜存于形态理论之外的各种价值的损失）频繁地出现。不过，一般而言，这些问题可以在效能维向、城市形态概念及外在成本循环的框架内得到讨论。当下，这还是一个粗略的框架。要使形态、维向和成本之间的关系得到充分阐释，尚需要一个充分的框架。

第十六章 城市模式和城市设计

在各种形式的可能选择中，在冰冷的理论与创造性过程的饱满激情的关联中，在创造的热情与最终的关于城市形态的实际决策中，没有任何一种关于城市形式的讨论会忽视设计的重要作用。设计决策基本上取决于设计师们主导的设计模型。这些模型想来是与更一般的理论联系在一起的，但是模型和理论会非常惊人地彼此独立。从一开始，"模型"这个词就是充满歧义的。一般来说，模型是一座建筑、一架机器，或者是一种景观、一部新车，或者是一个展示新衣服的人的三维物理性微缩体。不过，我这里的模型并不是这种意思。模型还是涉及某种东西如何运作的抽象理论的一个流行的学术语词，在这个理论中，在一个量化的模型中，一个系统的要素及要素之间的各种关系可以得到刻画。在一定意义上，我们在第 4 章描述的城市隐喻就是这种一般性的模型，但这种模型不是量化的，模型的要素也没有得到清晰的刻画。本章我们不会在那种意义上讨论模型。

不久之前，模型具有了形容词的意义，即"值得仿效"的东西，这也是我要追随的传统。从我们的目的来说，模型是特定的环境如何成为它该成为的样子的图画，是对追随原型的形式和过程的一种描述。我们的主题是环境形式而不是规划过程，但是形式的模型必须把创造过程和管理过程纳入考量。模型居住地可以是精确的和明晰的，或者是含糊的和考虑不周的。这种模型在形式上可以是图表的、文字的或者是数学的，甚至可以是直接提供的无需通过语言就可实现交流的一个具体的例证。模型的范围不变，从几乎是无意识的、习惯性跟随的（如街道边缘的人行道）细致的原型到着意发展的主导模式（如卫星城的概念）。我要强调模型的必要性，也要突出其更合理的使用。

标准、规范和效能维向是模型的评估手段，但它们并不是模型本身，除非这些维向具体到足以刻画形式（如一个特定的伸缩尺度）。政策和策略可以包含有模型，但是，因为政策与策略事关未来行为的决策，它们会包含更多的东西，它们或许不需要使用模型。设计的过程总是要使用模型，尽管创新的表面来看一个基础性模型会是不清晰的，也可能一个不熟悉的模型为了某种令人惊讶的目的被使用。对模型的使用不仅仅限于新场所的建造，在对现存场所的管理和重塑过程中，模型的使用同样重要。

设定形式的法则有两种：规定和详述效能。模型更类似于前者而不是后者；"制作一个飘窗"而不是"使得房间里的一个人可以看到街道"。但是二者的区别似乎不是那么明显。两个陈述都仅仅是一个更长的手段—目的链的一个片段。飘窗可以以许多方式建造，要对具体的建造要求进行指导，与此同时看街道则是工具性地指向其他诸如社会性或者安全性这样的更一般的目的。无论如何，任何特殊的规定（或者模型）对其自身所关联的效能陈述而言都是工具性的，通常效能陈述止于描述一种可辨识的环境形式。

因为效能陈述比模型更抽象、更一般，它必须具有任何一般性的理论的一些特征。由于效能陈述紧紧抓住所要得到的最基本的效果，它一方面被视为撰写规定和指南的最好方法，同时又对创新手段保持着可变性和开放性。不过，在现实的情境中，效能标准并不总是合意的。它们要求进行更详尽的、通常是事后的检验，以便清楚是否与实际一致。通过为创新留出空间，效能标准可能会增加设计的不确定性，相应增加时间和工作量，也在实施新的形式的人身上增加了负担。即便一种新的形式满足了所要求的基本效能，它还会产生无法预料的负效，或者无法适应环境中的其他要素。例如，如果要将夏日遮阳的需求具体化（而不是对树木的要求具体化），一个不曾期盼的解决方案可能是一组透明的非常丑陋的金属镶板，这会导致对应区域的巨大的景观破坏，在夏日或者冬日会投下一种令人不爽的阴影。相对来说，惯例性的原型更容易具体化和建构，更容易与惯例性的环境的其他部分相契合，也会产生得到广泛认可的结果。于是，在效能陈述是一种一般性的理论建造组块的同时，对于直接的指导行为，它可能有用，也可能无用。它更倾向于与核心的要素契合。在核心要素那里，磨合的灵活性和创新在具体的运作过程中值得尝试。在更加常规性的设计和评估中，人们直接基于关联性的或者模糊的环境模型库展开工作：死胡同、火场逃生、基础植被、平房住宅、高速公路交叉口、市政中心、购物中心、

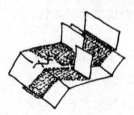

前门庭院、公园景观、后院入口、旁院隔断、郊区等，列表虽然庞杂，却都是熟知的。为了能够使用，一个理论必须把对自身的陈述与这些寻常的和不可替代的心理图像连接在一起，同时还要对这些陈述的使用方法做出解释，说明陈述的有

用性，要能够通过任何一个具体的设计体现自身的具体情境。

最常用的模型是这样的模型，即基于一种具体的情境模型本身的应用，这种模型能够得到非常细致的陈述，与模型对应的所期望的效能也能得到具体化，于是，模型便对检验和改进具有了开放性。这些都是克里斯多夫·亚历山大（Christopher Alexander）详尽阐释的环境模型的特征，他称之为"模式"。类似的，在公共的规定或者指南准备就绪的地方，这些规定和指南背后的论证也就一览无余，于是它们就对政治性矫正具有了充分的开放性。一种杂合体的规定可以具体化为一种可接受的、惯例性的形式（如一面具体的墙，或者一个街道交叉路口），也可以具体化为一种所期望的效能。这样，如果愿意承受对所要求的效能的具体检验，这些被规定的事物就可以提供达成目的所需要的新的形式。

大多数模型仅仅涉及一种完成的形式，也正是因为如此，这些模型经常受到很多批评。这些模型不考虑特定的形式达成的过程。一个邻居修建的栅栏产生的影响完全不同于武装的卫士修建的围栏。此外，这种对完成的形式的强调忽视了持续变化的现实，在这种持续变化的现实中，任何形式都不具有永恒不变的属性。这一点引发我们去思考：对形式的专注意味着在思维中聚焦于事物而不是聚焦于这些事物带给人们的后果。一些规划者因此就避开了对形式的任何严肃的考量。过程是问题的关键。"问题不是你做什么，而是你做什么的方式。"不必介意过程是什么时候完成的，而要关注决策产生了什么样的路径，这些路径最终如何得以启用。

任何环境中人们生活品质的衡量尺度，都是人类活动的后果而不是城市形式本身，也不是形式过程本身。过程对人类后果的盲目正如形式迷恋者对人类后果的盲目。产生自一个地道的参与性过程的一个地方性的操场，在最终形态上却是泥泞且破旧的，这种失败如同一个强加在共同体之上的一个漂亮的设计，甚至可以说是一个更大的失败。在特殊的情境下，有时着重考虑过程，有时着重考虑形式，但通常是同时考虑二者。一种特性如何体现，这种特性当下是什么，如何管理这种特性，这种特性如何变化，所有这一切都必须得到评估。在理想的意义上，模型会使形式、创造和管理具体化为一个整体。遗憾的是，大多数模型倾向于固定在其中之一，而忽视掉其他。不过，这种必要的矫正并不意味着要忽视形式。

一些模型就像常规的设计那样有用，许多这样的模型也正是这样被使用：阻碍，高度限制，土地混合利用，地方性街道模式，等等。不过，由于它们更多地涉及精确度而不是质量，还因为对它们的应用极大地依赖于具体情境，大多数模型更多地作为设计和决策的指南而发挥作用。

看看经常作为模型样板来指导新、旧城市设计的巴洛克轴线网络。这是一个关于城市形态的内在一致、充分发展的理念。这个轴线网络理念指出人们可以依照下面的方式组织任何复杂的、扩展的景观：选择一套遍布一个区域的指令发送点，在这些点上为重要的标志性构造选址。通过足以承载干线交通的宽阔的主要街道连接这些要害节点，街道的形状使得视觉可达特定的标志性节点。借助于特殊的植被和设置，借助于高度、表面设计及界限的使用，使得这些街道的边界受到控制以致产生整体感。一旦实现这种设计，一种更加精巧、较少受控的街道模式及各种形态的建筑就可占据相连的轴线之间的内部三角区域。这个模型具有一些特殊的优点，它是一种简单、内在一致的理念，这种理念可以很快地运用于更大范围的复杂景观。皮埃尔·查尔斯·郎方市长（Major Pierre Charles L'Enfant，18世纪晚期的法裔市长规划了华盛顿这个城市，他是乔治·华盛顿的助理）在这个模型得到充分发展时使用了这个模型，这种使用使他能够为华盛顿城的未来进行勘测、设计和布局，清理和获得资源，拍卖物品，启动建设。所有这一切仅在两个勘测员协助下在 9 个月时间内完成。这个模型告诉他的只是要寻找什么、如何决策。如果最终的城市没有如他期望的那样清晰而生动，部分原因归于他不明智地把巴洛克模型与一种不均衡的网格叠加在一起。更进一步可归咎于对华盛顿市发展的后续管理，这种管理从未遵循他强有力的中心控制的模型，事实上，管理者也未曾做到这一点。（图 75）

在既定的有效的中心控制中，无论是处女地还是已经发展成熟的区域（例如，在奥斯曼统治下的巴黎），这个模型都非常有效地组织了不断扩展的、无规则的景观。没有把控制强加到每一个部分，也没有要求难以企及的资本投资水准，它创造了一种令人难忘的一般性结构。事实上，这是关于中心权力的经济运用的一种策略。它产生了非常强烈的视觉效果，为公共性象征结构奠定了地基。换言之，这是实现城市辨识力及私人控制和公共控制分配的一种非常有用的方式。至少在一个方面，它是一种可变的形态，因为借助于无须扰乱特定区域的一般模式就能实现网络链接，各种变化可以在这种链接所限定的范围内发生。一旦地方性的可变性达成，在使用和流动中的更一般性变化便难以实现，因为，各种节点及节点的链接具有了永久性的、象征性的属性，它们必须保持着它们所承载的意义。

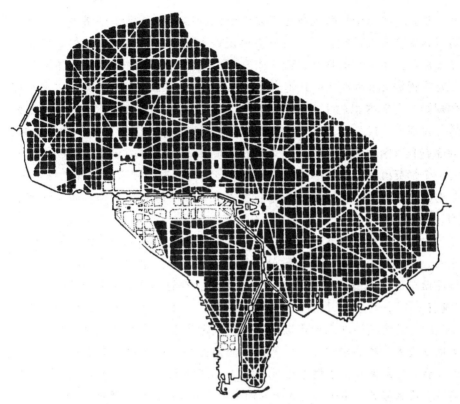

图 75　由皮埃尔·查尔斯·郎方市长（Major Pierre Charles L'Enfant）于 1791 年起草的针对华盛顿特区的规划。一个串联起径向街区、重要建筑、具有指令特征的地块的网络，被铺设在一个不规则的网格上。这一混合规划，加上联邦政府无力实现他所设计的那种控制，逐渐导致了一个充满良好氛围和令人困惑的各种交叉路口的城市的形成。

　　作为一种通达力系统，通过开放一种现存的循环性的迷宫，使得交通从一个重要节点向另一个重要节点的移动（旅行节点或者过程节点）有效进行，使用诸如马、自行车或者双脚这样的低速、可周旋、节省空间的模式实现地方性流动，都是有效、可行的策略。不过，这种形态很难适用于高速、长距离、具有空间要求的交通工具。延展性的移动必须遵循一种点对点的不规则的路线，每一个点都是聚集的高峰，在这些点上，许多道路汇聚在一起。

　　在视觉上强有力地呈现一个中心城市或者一个大公园（大花园）的适度规模的同时，不规则的三角形网络在延伸更广的范围内可以非常迷乱。其中的各种节点和所有的链接则必须是可辨识的和能够记得住的。方向或者整体模式的一般性的认知策略，则不能得到应用。最后，在这个模型强调一些诸如象征性公共建筑或者推崇特定的主干线街面的商业活动的具体功用的同时，对于普通的房屋或者工作场所却少有触及。

于是，对这个特殊的概念可以沿着各种维向在所推崇的情境中和所期望的效能意义上进行分析。它具有广泛但不是那么普遍的有用性。它是一个发展了几个世纪的理念，最初用于皇家狩猎的森林中（在这里主要的动机是在视觉上追踪猎物并且迅速地接近猎物），然后用于罗马教皇的罗马城的规划中（在这里的主要动机是增加和控制朝圣者的游行列队）。紧随郎方，豪斯曼（Haussmann）在巴黎使用这个模型来改善中心城市的通达力，创建有利可图的新建筑场址，更换和控制劳动阶级。历史上，它一直以来是一个精英模型：用城市来表达一种中心权力，是用城市表达视觉性华美、壮丽的一种策略，也是使用既有的手段实现控制的一种策略。为了这些目的，这个模型运作起来。

附录 D 具体呈现了这种城市模型，并给予这种模型一些关键性的参考文献。在附录 D 中使用的归类分组是一个任意的分组。一些模型涉及整体居住模式的轮廓或者梗概，如：星状放射，线性城市，各种各样的网格，"编织工作"，我曾经讨论的巴洛克轴线，"毛细血管"形态，印度圣城的"套盒"，卫星城的理念或者巨构形态，气泡表面，基于流行的发明而产生的地下或者流动的居住地，等等。其他模型则聚焦于诸如中心等级、多焦点或者无焦点模式、线性中心或带状中心、邻里中心、市政中心、特殊功能中心或者移动应用中心、封闭的购物中心等等的中心场所模式。

还有一些其他模型，描述了一个城市的一般性质地，涉及城市的质地是否应该保持持续性或者以细胞形态得以组织（如邻里中心），城市中人或者活动的纹理应该精细还是应该粗糙，城市的纹理是否应该蔓延式伸展或者压缩式存在或者分散式存在，以及城市纹理的基本空间特性是什么。有一些针对循环系统的模型：针对模型之间的模态组合和分离，针对所倾向的通道模式和通道分层概念，针对旅行距离的最小化，针对通道本身的设计。

还有针对特定的房屋建造类型的温馨模型：高层板楼，塔楼，密集的无电梯通道，花园单元房，庭院别墅，连排别墅，独立屋，以及一些新近的发明设计。我们还发现了针对提供开放空间方式的更多模型——诸如建造绿带、楔形绿地、绿网、分散绿地的分布模式，以及开放空间的各种原型模式——区域公园、城市公园、露天广场、运动场、冒险乐园及开放式"背心口袋"，最后还有一些针对临时性组织、成长管理、战略发展、时间使用等的模型。

上述每一种模型都在冗长的附录中得到了描述，在这里再次描述它们就显得过于啰唆。这些概念在附录所分散罗列的模型中得以展示。它们是可以用于各种组合、适用于各种动机的建造模块。不过，它们并不能使我们在第 4 章讨论的宏大的规范隐喻令人信服，这个隐喻是在一个相互关联的陈述中，合成了关于动机、形态及人类居住地的本质的一种观点。[1] 当然，那种一般性的规范理论本身就隐含着在各种基础性模型之间进行的选择。这些模型的每一个都有自己应该具有的不妥协的或者是合理的主张。

这个清单一定是不完整的，但在人们讨论城市形态时，它还是涵盖了人们心目中的大多数相关概念。就像我们概括的那样，我们获得了关于艺术的另外一种观点。这个清单主要是根据人们所熟知的一个城市的物理属性进行分组：街道和交通系统，房屋建造，开放空间，各种中心，一般性的地图模式。不过，因为逻辑上它不是一个包容系统，所以它隐藏了分组之间的裂痕。例如，在其中几乎没有论及工作场所，没有论及一个城市的边缘空间，如废弃的土地、外围区域、转换空间、空置的土地、土地滞压的区域，以及没有使用起来的场所。街道系统是一个关注之点，但不是流动系统的指示物，物流、能量流、信息流及废弃物流不是通过街道交通运载的。保护的问题，物质、能量和信息的管理问题，不会轻易地得到很好处理。在许多模型中比较含糊的关于城市的感性方面，还没有很好地具体化。大多数这类模型呈现的还都是物理形态，其中几乎没有任何模型关涉彼此交织在一起的运行图式和运行过程。它们更多的是一些静态的概念，几乎没有包括变化的形态。临时性的使用和流动的使用者通常不被考虑。居民或者社群的渐进性稳定发展、允许何种形式的发展及给予这种发展什么样的支持这样的问题，从未被提及。从传统社会到现代社会的转换，或者适应社会新型形态的城市特征，没有得到很好的体现。这类缺陷中的任何一个都不易克服。它们是我们关于城市如何发展的理念的结果，其中包括专业人士引发的问题及对先入为主的理论的践行所产生的问题。

把城市形态、过程及彼此交织的结构运行视为一个整体的思考是否可能呢？鲜有这样的例证。我们熟悉的是连接机构和形态的各种独立的居屋、核心家庭及私人的土地所有，但这些都不是过程。作为临时性劳动和临时性居住的庇护场所，房车营地可以看作连接形态和过程的一种

---

[1]　克里斯多夫·亚历山大（Christopher Alexander）优美、宁静的书《一种模式语言》也无法让人信服，它是一个关于好的环境的冗长的、关联性的陈述。这种关联性正是我要与其争论的理由，因为这些模式以"无时间性的""自然的"方式对建筑进行陈述，对所有的人、所有的场所、所有的季节都合适。文化、政治、经济或者个体价值的变化和差异统统消失。这些书写着法律的石板上的教条模式违背了其人性内容及其崇尚的使用者参与的信念。不过，它依旧是一部重要的著述，它是把好的空间环境作为整体进行阐释的第一个明晰的当代尝试。模式本身充满极好的判断，对于我们当下所处的文化和环境尤其如此。

方式。但是这种形式并没有得到很好的发展，而且这样的过程也是乏味且不完整的，无非是今天在这里，明天在那里。我们只能去想象一个这种类型的模型，尽管这个模型一定是一个不完善的模型，我们姑且称之为"交替网络"。

基本的模式是这样的：主干道形成一种开放的、不规则的网格，网格在空间上足够宽敞使得间隔之间具有充分的空间。临近主干道的临街地段可以相对稠密地、连续性地使用；主干道分割的网格的垂直部分及垂直部分形成的间隔区间，则限制为供步行者、骑自行车的人、骑马的人、船工及其他慢行和反向行进的旅行者使用。小网格的临街地段可供娱乐使用，为承办娱乐活动的人使用。因为要与土地本身及土地所承载的历史符合，两类在细节上不算规则的网格系统，在拓扑变换的意义上却是有规则的。就是说，每一个网格都由两组连续的、相互交叉的线条构成，这种构成维持着彼此之间的顺序秩序。这些道路用地的原初安排，由区域性规划当局承担。而两类网格系统之间的区域，用于养殖、种树，或者提供给那些相对小的、自给自足的群体使用，这些人对通达力没有很高的要求。通过低容量线路的变动的、迷宫一样的系统，这种内部土地得以使用，从两类网格的这一个或者那一个向内渗透。

主干道的"快速的"网格系统是属于自己的，它的临街地段受控于公共的力量，而临街地段的使用则是个人性的。"慢速的"网格对公共开放，同时接受地方性的临街组织的管理。两类道路用地都是永久性的，但用地的结构和管理则不是永久性的。归个人所有或者归小的公有社群掌控的间隙性土地，对于公共控制而言相对自由，只是它必须保持较低的使用密度。主干道周边土地，使用密度居中，对土地的使用则既有规则又精细地混杂在一起。慢速网格土地的使用也是混杂的，但使用强度较低，主要为各种娱乐活动所主宰。

沿着这些线路，小幅度的适应极易达成，轻型的附加体可以延伸到靠近边界的间隙性区域。由地区性当局发起，经过大多数临街地段拥有者或者临街地段组织的同意，两类网格系统的一种周期性翻转可以达成，以此协调发生的主要变化。就是说，一个独立的"慢速"线，或者是这个"慢速"线的一部分，可以作为新的主干线移交公共管理。这种新的通道一旦完成，与之并行的主干道则逐渐关闭，继而转让给地方性的临界区域管理联合会。每一条旧的线路上的各种使用设施或者被废弃掉，或者在合适的翻新线路上占据一个新的位置。旧有的主干道为了新的娱乐性使用而清理，一些有意义的地标得以保存和重新利用。旧有的娱乐性道路周边的大量开放空间则为移动和高强度使用提供一种新的秩序。这样，居住地就保存了永久性的空间循环，继而渐进性地积累一种具有重要价值的结构"层级"，这些结构也是那些伟大时代的一种留存。不过，真正的永久性标志性特征不会处于任何两条线上，而是处于两条线之间的空隙区域，因为只有这样，这些标志性结构才可以不受干扰地留存下来。

这种调和了的模型立即就涉及了地图模式、流动模式、使用与密度的纹理、控制的分布、变化的周期模式及对应的模型如何实施的问题。假设这些要素能够彼此契合，其助推力则一定是适应性（尽管有一些慌乱）和通用性很好的通道，与之相伴的还有指向开放空间的高度的通达力、指向地方通达性的敏锐的纹理及与密度、活动和模式选择多样性对应的宽广的变化空间。实现中央控制的一个有效手段就是与逃离中央控制的便捷的方式联合在一起。这种模型产生了三个大不相同但彼此关联的栖居形式（临街主干道，临街"慢道"，内部的乡村），以及通过网格系统和永久性留存的象征性地标的循环所产生的强烈的时间体验。这种模型似乎更适合一种低密度的景观，其土地富足且交通便利。

街道村落是有先例的，如美国中西部的网格"街区"、巴洛克式的轴线网络及遍布美国的许多远郊区域。在这些区域，新建的房屋占据了旧有的农耕社区的路旁，让房屋后面的土地回归森林。通过变换来实现更新的技巧还有其他先例，对此我已经在伊势神宫（Shinto temple at Ise）的重建中给出过说明。不过，对于这种建议模式，要实现两种网格系统同步性地翻转使用，面临着难以克服的管理难题。这个模型尚未得到检验，实际的操作如何实施也是未知的，这种实施能否满足任何群体的愿望，是否隐藏着具有破坏性的不匹配性，也同样是未知的。尽管它是推断性的，尽管其难批免评（也应该受到批评），但作为说明的工具，它依旧是一个能够在整体上解释形式、过程和管理关联性的模型。

我们必须使用一些模型：在时间的巨大压力下，不使用已经成型的一些原始模型，我们无法处理一些复杂的、真实的问题。在不多的一些时刻，天才的设计师可以从一些一般性的隐喻中发现一些新的模型，或者借助一些新颖的方法重组旧有的模型或者转换旧有模型的用途。在获得普遍性的应用之前，新的模型必须经历一个长期的发展和检验过程。一个模型的某些方面在一个居住地无法呈现，这些方面通常就不会受到关注。一旦我们在世界范围内考察规划方案，我们就会意识到这些熟悉的理念的力量：在加纳、在古巴、在美国、在苏联等等的新的居住地中，我们看到了惊人的类似，都面对着类似的特征。

困难不是我们使用了原始模型，而是我们对它们的使用如此受限，与使用所期望的目的和境遇如此疏离。在效能的维向普遍有效、效能标准普遍适用于任何既定的文化和环境类别的同时，各种形式模型必须被视为包含各种可能性的一种军火库。对先例的更加系统的分析，对一种新的原型模型的详解和分析，对于城市设计而言是最为重要的任务。的确，我们应该介入各种先行设计，参与创造适用于在今天尚被遮蔽的新的情境和新的用途的各种原始模型。

在实践中，绝大多数设计师和决策者不把这些概念置于选择的各种可能性之中，而是使它们附着于一些独立的设置。在认识到不存在一种理想的乡村和一种理想的房屋的同时，他们却坚信存在着一种理想的城市。在这种城市理想不得不被塑形以适应一些真实的情境时，这种适应只能是一种遗憾的妥协。这样做的时候，设计师无法转换到其他模型，也无法把他们的模型与特定使用者的目的联系在一起。

没有人能够不参照先例创造形式。但是我们应该能够在我们的各种模型中更灵活地选择。这也意味着一个广泛的模型序列必须不断地发展（这是一个艰巨的任务），各种模型和适宜的情境、适宜的当事人及适宜的效能（一个更加艰巨的任务）之间的明确的关联，必须能够建立。

因为这些模型不是中性的，而是有着密切的价值关联（就像我们上述讨论过的巴洛克式网络一样），于是价值负载的规范理论会倾向于一些模型胜过其他模型，或者会提出作为普遍解决方案的一整套模型（就像我试图说明的那样，这样做实际上是错误的）。这样，由有规则的网格组成的"城市是一个机器"的观点，便成为具有吸引力的、清楚的、可重复的模式：这样的模式由非常整齐的，具有可替代性的、可分离的部分，以及有规则的网格和单独的建筑及类似的东西构成。但是，认为正方形的网格是机器城市观点的专属标记，则是一个错误的理解。在中国的宇宙学理论中就经常性地基于许多非常不同的原因，使用各种网格。要清楚当下使用的规范性理论的现状，我们必须在整体上把握其形式、用途和目的。有机城市不需要蜿蜒上升的街道。规则的、没有等级划分的街道不仅仅属于平均主义社会。

我所呈现的这种规范性观点，同样也支持一些特殊的模型，尽管作为一种更具一般性的理论的结果，这些特殊模型的选择会比较宽泛。这种选择倾向于那些具有精细纹理的品质，具有高度的场所、个体、服务及信息的通达性，具有场所的多样性，工作、居所、休闲能够有机结合，具有较低的居住密度，开放空间与紧凑的中心配套的模型。许多特殊模型无法吸纳一些相当模糊的特性，有些则不然。特定的理论具有一般性，但其并非可以对模型的形式无所顾忌。

设计是一种具有游戏意味的创造，也是对可能的形式的严格评估，其中包括着对相应的设计如何产生的考量。其中有某些不是物质性客体的东西，还有一些不用通过绘图就能表达的东西。尽管一直在努力把设计缩减为一种非常明晰的研究体系或者综合体系，但设计一直还保留着它的艺术性，是一个理性和非理性的混合体。设计关注的是质性，其中充满着复杂的连接，也充满着各种歧义。城市设计针对的是城市的使用、管理、居住形式或者居住形式的有意义的组成，是创造各种可能性的艺术。城市设计在时间和空间中操纵各种模式，对这些模式的体验进行评价。它不仅仅处理大事，也在监管许多小事（如座椅、树木及前厅门廊的设置等），只要这些事情影响了居住地的效能。城市设计关注客体，关注人类活动，关注管理机构，关注变化过程。

城市设计也会参与筹划一种转换、一种水岸规划、一种综合性的区域通达力研究、一种发展战略、一个新城设计、一个郊区扩展计划或者一个区域公园体系的建设等。它还会为房屋或者厂房建造开发原始模型，为公交候车亭建造或者为邻里中心分析提供方案。它还会寻求邻里中心道路保护，参与一个公共广场的活力恢复，参与照明、绿植及道路铺设的改善，参与建立保护和发展的系统性规定，参与建立一种参与性的活动过程，参与撰写一种诠释性指南、规划一个城市庆典等。它还会使用其专属技术：各种区域诊断，蓝图规划，持续性战略制定，保护带设定，设计阐释，联络与服务设计，开发的控制与引导，过程的限定，场所监控，新场所机构的创设，等等。城市设计凸显的特质是其所处层级的重要性和所涉领域的复杂性，以及其呈现出的事件的流动性、行动者的多元性、样态的不完备性和控制的交叉性。

对主题和主要的技术进行了如此这般的铺陈之后，我也应该承认，真正意义上的城市设计尚待实践，或者说，更多的时候，在把整个城市作为一个单独的物质对象、作为一个扩展的场址规划、作为设施网络、作为在预定的时间范围内要精确完成的计划等这类大的建筑设计或者大的工程设计中，城市设计一直在被错误地实践着。原本意义上的真正的城市设计，从未开始过，也从未有过一个完善的作品。恰切地说，城市设计应该在过程、原型、引导、激励和控制的意义上被思考，应该能够捕捉具体而质朴的广阔、流动的序列。城市设计是尚未发展起来的一种艺术，即设计的一个新的种类，设计主题的一种新视角。一个整合了过程和形式的成熟完善的模型库，对这样的艺术具有巨大的价值。不过，这些模型和理论构造必须充分地独立和简单，继而能够允许各种内在于城市设计的目标、分析和可能性，持续地获得重组和改造。

第十七章 一个城市乌托邦

关于理想的环境，我要做一个更具个人性的陈述，进而进一步对相应的理论进行具体说明。这种说明的立场围绕着效能维向进行。作为个人性的东西，它很难迎合所有的人，尽管我已经尽我所能最大限度地涵盖了多样性。或许，没有人愿意在这样一种奇怪的立场上加入我的阵营，不过，它却可以具体说明各种具体的陈述如何从那些非常一般性的陈述中产生出来（或者说，一种乌托邦真的能书写特定的理论）。

大多数乌托邦方案无论在空间意义上还是在社会意义上都缺少实现的路径。存在着许多精彩的接受原本的社会乌托邦的空间性幻想，社会乌托邦也勾画了几个彼此不相关联的空间性特征，以便为现实增加一些色彩和图景。这些空间性方案平庸和保守得就像建筑师理念中的社会。只是在反乌托邦的世界里我们可以发现一些例证，在这些例证中，物理性压迫直接或者迂回地助长着社会性压迫。至少，地狱是逼真可信的。的确，在一个向往的新世界里，去展现一种所向往的新社会的内在一致的图景是一件非常困难的事情。

在这里我试图使一些事情更有节制：不丧失社会的运行路径，也不接受社会的原本样子，我打算让这些东西处于不被说明的状态，除非这些东西从某一个地方的属性中突现出来。我的意思是要表明：乌托邦的属性如何可以从人们对自身与环境的关系的思考中产生出来，而不是从一种自我吸收的技术幻想中，或者从一种社会性安排的机械性后果中产生出来。价值可以从人与事物的关系中、从人与人的关系中产生出来。更准确地说，价值从我们与一个场所中的人的关系中产生出来。我这里的赘述仅仅是通向这个总体观点的一步。这里并不是否认从社会性中产生的价值的重要性，而是要把注意力转移到传统中忽视掉的那些方面。空间性设置并不仅仅是设定界限，这种设置还是满足感的来源。询问一个人他喜欢怎样的生活，答复通常都充满着空间性的细节。伦理的影响从场所到人，反之亦然。我们关于什么才是正确的想法派生于我们周围事物的本性，同时派生于我们自身的本性。

想象一个都市乡村，一种富于变化且充满人性的景观。它既不是旧有意义上的都市，也不是旧有意义上的乡野，房屋、车间、装配场所分布于树林、农场和溪流中间。在这个广阔的乡村里，分布着小的、紧致的城市中心构成的网络。这样的乡村像任何现代城市一样功能精细且相互依赖。

它穿越旧有的政治性边界和领地，始终处在适应的过程中，诸如山坡、浅海、沙漠、沼泽、极地等许多种类的栖居地，已不复存在。在这种意义上，我们的世界的各种栖居更加均匀，即便是那些不能长久居住的地方也比以往得到更加充分的使用。城市不再是被郊外的"礁石"屏障环绕、被乡村之"海"冲刷的孤岛，不再是食物和能量的"矿源"，也不再是遥远的栖息之所。大多数人不再去说"老家"（hometown），而去说"居住地"（home region）。每一个区域都以其自身的方式定义发展。

这种居住地的扩展不能轻易实现，因为在人类和场所之间的那种适宜的契合需要来自人类和场所双方的调整。在地球的两极或者在开放的海域，人们一直面临着严重的无聊、紧张、病痛的困扰，直到人类学会如何应对这些场所，直到发现一种赋予这些场所以人类意义的方式。这种种发现，使得人们意识到这些场所不适合人类。对深海、月球及其他行星的永久性占领的努力，目前看来都诉诸失败。我们现在还没有能力使自己归化于这些陌生的场所，也没有能力使这些陌生的场所归化于我们自己。不过，我们已经拥有配备有花园、鸟巢、内部气候、迷人的光亮、隐秘且令人惊惧的迷宫般的地下环境。出生在这种地下环境中的人们在地面上会有思乡的体验。

在地面上几乎所有对人类有用的区域及一些水域基本上被成功占有、在各种居住地彼此相互连接的同时，这个世界表面尚有大部分地域没有被人类完全占有。在地表上的所有区域中，大片的区域被广阔和变动中的农田、森林、牧场、开放空间、荒野和废弃的土地占有。这些开放的区域和海域也彼此相连，与已经被人类占用的土地彼此交织。

在一些大灾变中，这样的情形不会发生。因为，大的灾变之后旧有的城市区域作为共同体的所有得以逐渐再造，以花园、娱乐场所的方式展现，旧有城市的特殊性逐渐消失，相应的基础设施转换为新的用途。私人领域向公众开放，各种建筑或被铲除或被转换或被重建。新的中心在远郊和荒芜的土地上建造。曾经被大都市浪潮吞没的旧有的乡村中心，再次出现。

分散的建筑聚集起来，生产性的活动逐渐进入居住区域。

旧有的密集、集中的城市中心的绝大部分得到保留，同时得到根本上的重建和重新使用。这些区域类似于热带雨林亦或是阿尔卑斯山脊这样的区域，成为一种自然的景观。居住地的类型和生活方式与居住的特殊品格相契合。其中一些变为荒野，还有一些作为历史性纪念得以保留。旧有的城市被修整或者塑造得能够释放其自身的特性，就像任何景观所扮演的角色一样。一些特化的建筑（摩天大楼、经济公寓、豪华套房、巨型工厂）因为非常难以适应，只能遭受废弃，或者凋敝地存在于一些壮观的场景之中。不过，大多数旧有建筑，如果其结构依旧完整，总会用于新的用途。每一个地方都能够发现从既往演变过来的可见痕迹，并且这样的发展，附着在土地和社会的差异性之上，产生了丰富的多样性。人类居住地的历史由此得以鲜活地刻画。

土地（或者说是地下的，或者是浅海的，最近的说法是空中的空间）是被使用者拥有的。但是这种所有权仅仅意味着当下控制的权利和享用的权利，意味着当下保护的责任。那种永久的、绝对的、可转让的、个人的拥有土地的梦想已经消散。现如今人们能够接受的是：任何人类的生命跨度都是短暂的，而一个场所则会保留下来，并且许多其他生物的疆域与人类所有的领地彼此重合。在更加持久的意义上，高度城市化的中心区域及主要的交通线路，该由地方性政府或者区域性政府掌握，所有其他的留存空间则应该交付于特定的区域信托机构手中。

这些自我延续并受制于公共监督的区域性土地信托机构，在一定意义上都是宗教性实体。它们保存着基本的环境资源，保护着物种的多样性，使得环境向未来的使用保持开放。不过，它们不是环境保护社团。它们把自身视为长期的管理者，既不关心"发展"也不关心"保护"，它们关心的是化解各种干扰，让居住地保持流畅，避免走向死亡。它们是未被代表者的受托人（是其他生物种群的受托人，是未来世代人类的受托人），这些未被代表者的动机是模糊的，它们的机会必须得到保护。除了能够保证做到这种受托，他们几乎不做规划，几乎不实施任何控制。对于所专注的目的，他们具有力量和既定的思想。在他们力所能及的地方，他们在稳定的居住团体中间分散他们的土地。让他们感觉自己属于他们的土地，就像这些土地属于他们自己一样。

这些土地信托允许当下的土地租赁者（个人、公司、居民性社会团体，以及其他私人的和公共的机构，如家庭、家族、部落、公社及类似的组成）享有相应的空间，在一些时候允许对土地上的不可再生性资源进行开发利用。对于租赁给任何团体或个人的土地该有一个数量限制。租赁的时间长短不等，不过对于居住者团体的租赁时间会是最长的。对于居住者团体而言的租赁应该是可再生的，一般会覆盖居住成员的整个生命周期，这样，一个成员会周期性更新的充满活力的居住者团体（也仅仅是这样的团体），可以无限期地掌控一个居住地空间。在居住者共同体由于成员的离世或者迁徙，由于争吵或者经济纠纷而失去某些成员的时候，分派给他们的土地会重新回归信托机构所有，继而再次分派给新的居住者。社区共同体通常较小，围绕着亲属关系或者种族关系或者场所关系组织起来，但也可以围绕着生产活动和消费活动及共同的生活方式建立起来，后者的结合通常与某个场所的特性联系在一起。社会性纽带和场所性纽带彼此链接。居住团体通常拥有他们自己的服务性和生产性设施。尽管大多数人工作或者学习在其他地方，是一些其他机构或者公司的一部分，拥有其他的社会性纽带，但他们通常属于某些居住团体。非居住性土地则可以向公共机构（道路维护机构，学校）或者半公共组织、个人、合作性组织、私人公司进行有限时间的租赁。

于是，在一些空间暂时受到各种各样功能性机构、个人或者公司控制的同时，大部分空间处于居住者团体手中，后者对空间的拥有通常更为长久。不过，为应对功能、社会和生态的变化，所有对空间的掌控都在变化。除了一些神圣的或者标志性的场所，一些长久性的荒野，以及主要交通路线上的宽阔的道路用地之外，不存在任何一种对空间的安排是永久性的。伴随着土地掌控和使用的变化，地方政府和公共服务也要发生变化，而支撑这一切的信托版图还会持续。

租赁者会规划自身的地盘，与此同时区域政府规划道路、中心区域以及所需要的基础设施，也会在有必要阻止外部侵害的地方，控制地方的使用者。在一些诸如资源分配、交通运输、社会隔离等关键性问题上，区域间的或者国家间的实体可以不理会区域性决定，在那些场所、物资、能源和社会福利设施受到准垄断控制的地方，尤其需要如此。在这些层面上，纵使不借助于有组织的暴力手段，区域之间的利益冲突也必须面对，并且要付出代价进行解决。当然，国家作为特殊的战争组织已不复存在。这样，空间的管理就主要是一种区域性事务。这种区域性事务在土地信托机构、区域性政府和居住者共同体这三个主要行为者的相互作用中运作。土地信托机构相对简单，专注于保护和可持续开放这样的长期目标。区域性政府则关注中长期的区域质量并在不同的人群之间分配服务。政府通过指南和绩效标准及主要的工作和服务来实施控制。但是，最终还是使用土地和进行建设的地方团体来决定环境的实际形态和品质。

在自己所属的区域内，任何个人或者稳定的小团体可获得适宜居住的最小的空间租赁权，因为对大多数土地的控制是循环更新的，并且区域间的政策，控制着人和空间的基本的比例关系，结果不会有任何区域严重过载，而另外一些区域空空荡荡。任何人都可以有一个包括室内和室外的私人空间。孩子和成人一样，同样具有这样的空间。人们可以在废弃的土地上露营，也可以在一些城市中心租一个房间，但不允许任何人成倍地永久性增加自己的居住区域。在空间不再被使用时，他或者她可以不再继续持有特定的空间，也可以在加入另外的居住群体后继续掌控原有的居住空间。不过，正要离开的居住者可以询问新的承租空间的人是不是了解和关爱这个空间并且不会让其他别人占有。这样的一种要求，要得到慎重的考量。

向其他区域的迁移总是可能的，尽管区域间会通过控制或者刺激来稳定区域的增长或者下滑。一个居住空间可以是一片土地，可以是一个地下空间或者水下空间，也可以是空中的一个空间，还可以是一个没有被使用的居所，可以是一个结构框架。居住者和使用者管理他们自己的地方，同时承担建造和维护的花费，他们也可以请专业人士在他们的指导下进行这种建造和维护。

稀有的永久性的土地布局（主要的道路用地，标志性位置，孤立的荒野）不可以强行租赁。分配给个人和小团体的最低限度的居住空间（包括诸如用于地方教育、用于地方性食品和衣物消费的生产性空间等这样的最低限度的维持活动所占用的空间）也不可以强制性出租。这类居住性租用是不可以转换的，在废弃或者终止使用后，它们最终要回到信托机构或者政府手中。维护这类空间的基本功能的花费，管理和规划这类土地分配的花费，一般由区域性税收或者租赁收益来支付。最小的居住空间及相应的基础性服务属于公共性福利设施。

较大的、非居住性活动的空间（包括有广泛热望的空间、供给短缺的空间、在城市中心租赁给个人和机构的空间及主干道沿线的空间），可以基于确定的时间长度租赁给最高出价者，租赁收益由信托机构或者政府有计划地使用。在租期限定和规模限定的前提下，在保证未来对空间持续使用的约束条件下，这些租赁是可转换的。当然，这些租约分配不允许抢占其他地方的最小居住空间的充分供给。公共的和准公共的机构与组织在这个同一的租赁市场上竞争。与不确定的无法估价的土地联系在一起的隐含补贴的处理（如把补贴转向居住团体），对于诸如大学和军事机构这样的大机构来说，尤其显得困难。所有的公共和私人机构都发现它们的运行成本在膨胀，必须对它们进行进一步的评判。

任何人的生活空间都不可以受到其他人的控制，除非前者选择接受控制，或者前者在法律上是不合格的居住者，抑或前者仅仅是暂时性居住。特别火爆的位置不能够永久性地被优先占有。如果愿意，每个人都应拥有属于自己的地方或者加入一个居住团体。于是，永久性所有权就是区域性的，土地管理的基本战略也就在这个层次上设立，即便这里涉及区域性信托机构和区域性政府两个不同的实体。景观建造和景观维护及地方性服务的供给，都该是去中心化的、移动性的。在城市中心和主要道路的框架之中，区域呈现为一种小的、多样化分区的嵌合体，在这个嵌合体中，居住者、使用者、管理者及暂时性的拥有者都倾向于彼此契合。

当然，这个土地分配的系统并非一夜之间出现，也不是没有受到抵抗。在很早的时候土地就开始区域化，最初是由基金会或者政府建立起来的分散的信托机构进行操作。开始的时候，他们负责开放将会受到保护的土地。后来，为了提升有序规划的水平，将公共基金投入到适合进行开发的区域。当地的居民共同体开始交换他们的场所，或者像一个抢占者一样，通过强行占有，再把这种占有让渡给信托机构来保证他们的名分。信托机构本身也以政策实施的方式开始获得空置的、废弃的土地，启用区域化开发权利。较大规模的土地所有被强制性的政治介入剥夺，时常被现金交易或者被一次性的租赁削弱，在租期内，土地的先前所有者可以获得承租权。较小规模的土地所有者，担心遭到驱逐，在情感上则依附于这些大规模土地的所有者。这里，土地的转换有时难免是强制性的，但更多的时候这种转换依赖于说服、交换及终生所有权的保证。尽管这些被划归的财产可能代表着一个人一生的积蓄，但未来的居住和生活的维持还是能够得到保证的，租金还是可以持续性地从信托机构获得，甚至终生都可以获得这样的租金。这样，土地控制的变化是剧烈的，但土地使用的变化却是缓慢的。土地边界的纠纷，也主要是在信托机构之间、在信托机构和当地政府之间产生，这种纷争要求各种各样的耐心的谈判。听到一个个体对其所分配的居住空间的抱怨或者去寻求另外一个居住空间会是一件不寻常的事情。居住群体会对他们所拥有的空间更加满意，尽管有时也会在彼此的临界线上产生一些摩擦。还有大量的尚未被信托机构控制的飞地，但是现在已经明确的是，大多数这样的土地（除却一些永久性的保护区域或者某些特殊的境况）最终还是会落入信托机构的控制之中。这种零散的地方性增长意味着，即便土地管理的基础准则是通用的，信托管理和控制，在不同的区域还是具有许多地方性的变数。

　　每一个小区域或许都有其属于自身的生活方式及属于自身的建筑类型和景观形态，甚至会有属于自身的基础设施和交通模式。这些地方化的模式受到土地信托机构和区域性政府的规制以确保土地的安全性和健康（人和土地的安全与健康），阻止相邻力量的干扰，但对于各种地方性中的内在形式，几乎没有什么规定。这样，对于一个地方的占用就是"不完整的"，与没有团体的直接空置的废弃土地混合在一起（尽管其中的一些是信托机构管理的一部分），以至于向自发性的或者异常性的使用开放。这些废弃的土地是一些物种的储备地（自然也包括有害的牲畜）。较大规模的废弃土地似乎具有一些神秘气息，略带着恐惧和焦虑的意味。这类土地一度是退化的乡村区域中的废弃农场及内陆城市的衰败的"灰色区域"。

　　这样，一些被忽视的土地就总是唾手可得，与此同时"荒野"（在人类基本上未曾触及的广袤区域的意义上）却牢牢萦绕于人们心中，并且处于可及的范围内，尽管实际上可能是非常难以抵达之境。荒野可以是一座岛屿，一座山脉，一个大的湿地，一片人迹未至的灌木丛，一条深深的海沟。其他土地则扔给了穷乡僻壤，或者成了可能以落后或者奇怪方式居住的飞地。

　　在有人居住的区域，存在着一种精致的纹理的混合。生产、消费、居住、教育及创造，能够以各自彼此在场的方式持续进行。每个人不需要远行就可参与所有这些活动，尽管如果人们自己愿意也可以跨越更大的空间。各种活动的空间性和时间性的融合，支撑着相应的功能性融合。教与学不再局限于学校建筑，不再局限于孩子，也不再局限于一个公共的机构。任何生产性的任务都具有教育功能和娱乐功能。孩子在工作中看世界，工作中的父母注视着他们的孩子如何学习。孩子和父母在一起工作和学习。

　　这种新的、混合起来的图景与过去广泛的单一文化形成对比，即过去的那种单一文化在令人惊叹的彼此链接的失败链条中崩塌：农业工业的大片区域、长成待伐的大片松林、矿区、空置的土地、广阔的灌木丛、专门化的夏季旅游地、华丽的医院和大学校园、庞大的专属办公区、巨量的工业资产、机场、港口及转换码头，在所有这些区域，居民们都是孤立的、专业化的或者是暂时性居住的；工厂工人、游客、伐木工、农场工人、家庭主妇、学生、乘客、病人、秘书等人员不断迁移。大规模的专用土地现在已经能够避免被空置，或者说通过对一些土地进行暂时性的使用、通过对暂时性的使用者提供另外一个家，那些曾经无法避免的空置区域，会得到一定程度上的利用。

　　并不是所有庞大的工程项目都消失了。水坝、发电厂、港口、高速公路及输电线路依然存在，尤其是在这些设施能够提升区域之间的通达力时，更是如此。广阔的土地及这种广阔的土地所要求的对广阔空间的控制的消失，对于空间的单个使用而言，是一个巨大的牺牲。这样，在这些土地上会有许多的工作坊，在各种房屋中间会有许多安静的店铺。与这些工作坊和店铺邻近的是游泳池、野餐地及供人们度假使用的夏季小屋。各种庄稼以花园的风格混合种植。各种不同的使用之间的边界会是这样的景观中最有趣味的部分。当然，效率的度量需要重新进行计算，因为这种混合使用通常会降低既有的生产效率。

功能的融合在一定程度上与社会融合相匹配。小的地方性区域依旧是沿袭原有方式的生活区域，但是现在它们被安排在一起。大的区域则不再向任何人关闭。每个人都能够清楚地意识到其周围的多样性，安全地生活在自家土地上，每个人可以保持自己所遵从的价值和行为，同时可以在基本层面上与其他生活方式保持可见的接触。许多共同体围绕着许多不同的特性结合在一起，而这些特性又非永久性地附着在个人身上（如信仰和兴趣，或者打理生活的方式等），人们有可能从一个群体转换到另外的群体（当然是在可承受的个人花费的前提下）。还有，大量志趣相投的人们时常会聚集在一起，沉醉于属于他们的特定方式，包括摄影爱好者、芬兰后裔群体、同性恋群体、激进神学群体及旧富群体等。这些在空间上彼此区分的长期的和暂时性的社会团体，在早期的城市中也能看到，但是与以往凌驾一切的种族和阶级区分相比，这些区分微不足道。

密集的空间占有现在已经很少了，但因为在所有这些空间中使用和废弃混合在一起，高的塔楼还可以见到，适度规模的工厂和会议大厅及精细的、紧凑的住宅群也可以看到。各种集群中有着各种较小规模的建筑，大量的公共中心服务于各种工作室、高密度居住区，服务于专门化的生产、通信和分配，服务于精巧的消费和娱乐。无拘无束的世界公民，选择居住在这些中心，或者居住在主要道路沿线；许多青少年、青壮年及一些年长的人[1]也会选择同样的居住方式。

这些激发中心和决策中心 24 小时全天工作。大多数中心的增长已经超出早先的中心区域，新的中心也已经在空旷的区域建立，这样，各种中心可以通向每一个人，也可以通达荒废的土地和安静的区域。核心空间从当地政府那里租赁，用来提供各种公共服务。华美的、积极的、鲜活的，这

---

[1] 不过，不能称他们是"退休"人员。因为，除非患有严重的疾病，现如今已经很难从活动本身对人们进行分辨。生病和有精神疾患的人已经很少与其他人隔离开来。生命过程不再被分割成教育时期、生产时期和休息时期，生活的空间同样也不再分割。

些中心以一种变化的方式持之以恒地占据着历史性的场点。每一个中心都有其特色，这种特色基于其作为栖居地的漫长历史得以打造。它们是象征性的位点，围绕着这些位点，模式宽松的、变动中的郊野在心智中得以组织，成为区域辨识性的焦点。自然特色得以凸显以强化所对应的象征性。在没有显著性形式存在的地方，可以人工堆挖一些峡谷、湖泊、山脉。不过，在有些不断变化的、缺乏人情味的地方，一些人会感到疏离其外而不是享受其中。

我们也会看到一个区域的一些部分处于隔绝状态，而其他地方，特别是中心区域则是高度通达的。这种景观是静止与运动、私密性和社会性的一种交替。在道路用地区域内，公共交通的主要网络覆盖着整个区域。交通网络顺应自然形态弯转，一方面避开荒地，另一方面服务于各种公共中心。这种交通网络是连续而有规则的。像各种中心一样，这种交通网络、荒野和一些象征性的场所是永久性安置的。在这种交通网络中，运行着主要的转换枢纽，这些转换枢纽承载着人流、物流、信息流及废弃物和能源的流动。

运输模式多样性启用。带来噪声和污染的模式受到剔除。如果不被剔除，这些运输模式的使用也要受到限制。多样性的运输模式有火车、移动步道和移动座椅、电动扶梯、公共汽车、微型公交、充气通道、货车、群租车、小船、马匹、低功率手推车和轮椅、飞艇、滑翔机及轻型飞机等。人们时常步行、骑车、滑行。浏览这个列表时，我们沮丧地认识到，除了产生一些乐趣之外，这个慵懒的乌托邦没有产生任何新的交通模式。它只是改进了旧有的模式，使它们不依赖其中任何一个单独的模式而得到更好的使用。

还有一些从主要的交通网络中分离出来的区域性网络。这些区域性网络，用于慢速的、安全的移动，或者是为了纯粹娱乐的移动，或者就是那种传统的人行道路。许多这样的特殊道路，在由"道路协会"志愿者进行维护，与此同时主要的道路网络则由一些区域性政府管控。在路网中，那种掌控在许多私人手中的毛细路网，充满整个区域，伴随着道路使用的变化，这个网络也在不断地扩张和压缩。在各种中心，交通网络发展为三个维向。在城市上方，它们以轨道相连；在地下，那里有奇妙的通道系统；而在水下，人们可以几乎不受限制地移动。所有的道路设计都为了使出行有趣。

每个人都可以自由移动。有为非常年轻的人、非常年老的人、残障人设计的交通工具；有非常便捷的运送包裹或者接送孩童的方式。没有阻碍轮椅的路沿，没有让盲人遭遇危险的障碍。没有孩子们不能安全通过的地方道路。事实上，会鼓励孩子们去闲逛：观察、聆听、尝试、学习。如果没有伤害景观，没有造成对私人权力的侵害，公共通达的权力会得到有效建立。

海岸、湖泊、溪流都是开放的。任何人都可以到国外旅行。尽管大多数人主要在当地立足，但在一生中，人们还是会花几年时间在外闲逛。这个伟大世界的历史和文化的多样性对于年轻人极具吸引力，对于他们的成长也非常重要。当然，旅行是要花费个人的时间和精力的。因为人们更接近他们的工作场所，因为娱乐不再是一种逃离而是在熟悉的本地现场的一种自我恢复，于是日常性的或者有目的性的出行频率降低。不过比起从前，人们还是会拥有一种远距离出行的美好体验。

在外围的隐居地、荒野，简单的通信设施（地方电话、无线电、电视屏幕、计算机接口、邮政信箱、布告牌）等能够方便找到且免费使用。讯息的传送是去中心化的，双向传输通道受到推崇。各种广播基于地方性的水平和规模运作，还有墙报、小型印刷出版物、街道剧场等。放射状通讯对景观的使用瓦解了大众媒体的功效。在一个公共场所，借助于电话会议或者通过电子邮件和短信，你可以非常方便、安全和准确地找到一个志趣相投的人并与之交谈。

基本的交通和通信是由公共基金支持的免费使用的公共设施。人们不仅仅可以自由行走在街道上，而且可以免费使用地方交通、地方电话、地方邮递，甚至可以在能够找到的地方免费使用像轮椅、自行车、轮滑鞋这样的简单的运输工具。

大多数建筑最小限度地使用进口的材料和能源。技术的结构性改进能够充分利用当地的所有资源：土地、树木、地热、蒸汽热及空气的自然流动产生的能量，而不再需要消耗在封闭的结构中的进口能源。建筑的表面与天气的变化波动相对应：打开或关闭、亮化或者暗化。空间得到管理以产生各种各样的微气候。

不尽如人意的是，先前的许多笨重的、不舒适的结构会留存下来。各种城市存在着极大的惰性，不可能一夜之间完成转换。许多聪明才智都被投入到使得这些旧有的建筑适宜居住的地方：使得它们变得轻巧、破墙穿顶、降低它们的使用密度、进行内部结构改善。一些旧有的建筑还在挥霍大量的能源。那些必须居住在残存下来的单元房中，或者必须在旧工厂或者摩天大楼中工作的人，会获得租金的减免，或者获得收入和名誉上的奖励。还有一些人非常享受生活在这些怀旧式的外壳中。就像我们看到的那样，渐渐地那些旧有的城市区域就变成了一个新的荒野，或者成为新的资源的采掘地。

可循环性资源会比原生资源得到更频繁的应用。废弃物或者得到转换，或者降解速度得到提升。各种结构基于可重复使用得以设计，或者基于便于拆卸和重构得以设计。对一种设计或者材料的测试和评估要包括对这种设计或者材料如何能够重建、如何能够销毁的考量。废弃、清除及复原的完整过程会是有意义的和有用的，值得像生产过程那样庆祝。污水处理、拆卸过程及清理过程，会像烹饪过程、建造过程一样体面地进行交易[1]。

低平均密度、高度的通达性、拼块式发展，所有这一切都意味着环境易于变化以适应新的使用和新的使用者。借助些许力量和努力的投入，这些适应能够实现。适应力的这种品质在设备的设计中同样值得推崇。对于一种新的机器，第一个要问的问题就是："当这个机器出现故障时，我能不能修理它？"第二个问题会是："我能否用手动开动它？"

在许多领域，我们发现两个层级的消费：一个层级是受限的、标准的、简单的和必需的，是一种可以廉价地获得或者免费获得的普通的物品的消费；另一个层级是更加昂贵的、更具变化的、通过私人企业获得的消费。饮用水、卫浴设施、基本的食品和医药、基础教育、基础交通和通信、基本衣物等，处于公共生存水平和公共花费水平。在数量有限和形态最简的同时，这些物品要能在公共场所便捷获取。这些物品的生产、分配和维持是一项公共事业。即便存在一种偶尔的奢华，除非在某种象征意义上，生活的物质水准总体上是简朴的。消费的水平要低于再生资源的替代率，或者能够为再生资源的分配留出充分的时间。伴随着一个区域倾向于使用其当地的资源，国际间的货物和能源的运输会遭到损失，对于那些稀缺的、原生的、具有不可替代性的事物，以及那些需要人类劳动获取的事物来说，这种损失格外显著。现在，石油仅仅作为润滑剂而存在着小量的交易，这一点会对全世界范围内的权力使用（以及权力平衡）带来恐慌性的变化。

现在，可以有一种体面的生活所需要的充足的食物和住所及相应的物质基础。不过，曾经被称为生活在发达地区的市民，必须放弃许多生活上的奢侈。在数量的意义上，会有一个显著的消费水平的下降。这种状况的出现，一方面是发展中地区权力的上升对富裕地区产生的强制性的后果，另一方面则是一种自愿的释放：核心的一种广泛范围的变化。在饮食、穿衣、设备等方面会有一种惊人的变化，还有发生在针对物质需要的态度上

[1]　记住在《来自乌有乡的消息》中的金光璀璨的清洁工。

的一种更加深刻的变化。

因为基础性的物理性需求得到保证，于是对很大数量的物品的拥有，就不再是威望的一种象征，尽管还有一些老派的人私下里不以为然，依旧认为物质性的拥有是威望的一种象征。他们囤积物品、通过财产来衡量社会地位，当他们的后代子孙似乎无视他们的这些遗产时他们会感到沮丧，这些对于年轻一代来说都是好笑的事情。的确，人们还是会有各种意愿，但是这些意愿只能解读为情感的一种表达，解读为一种"遗言"，而不是财产转换的法定文件。针对实物性物品的拥有所产生的态度的变化，是代际之间沟通的障碍之一。偷窃与恶意破坏已经不具有重要性，家庭也丧失了保障和传递财产的功能。在团体和公司还在积累和保持物质性资产的同时，对于个体而言，消费已经不再是一件重要的事情。在世界上对贫穷记忆深刻的那些地区，对大量的物品的拥有直到今天都依旧是一种强有力的感召。不过，追随先前主导世界的价值变化的轨迹，现在这种态度也正在发生转变。人们绝不再奉行苦行主义。相反，人们在现实的物质世界中，在通过优雅的方式创造和消费精美的事物的过程中，找到了极大的乐趣。对物品的广义的控制或者对物品纯粹的数量上的占有，已经丧失了其品位。与事物关联的快乐现在存在于创造事物、使用事物甚至是毁灭事物的过程中。

人们现在意识到了身边的生活过程，感受到他们自身就是这个过程的一部分。人们不再害怕扰乱这个过程（实际上人们也无法避免这种扰乱），人们关注着从他们的扰乱动作扩散出来的波纹。人们走过小路，去关注小路旁边的植物如何对他们的通过做出反应；放弃一座建筑，去观察动植物种群在这个建筑周围的再现。一些行为则是深思熟虑的实验，尝试着与其他物种进行沟通。

群体对各自区域的责任包含着对这个地方的其他生物良好存在的关注，恰如关注这个地方对人类的可持续使用一样。例如，居民们会因为一处湿地的消失被信托机构问责，会因为伤害了邻居被一个区域性政府问责。居民们会被要求维护或者补充土壤、地下水位，维护树木的正常生长。人们和土地彼此归属。在最初的时候，人们会由于被剥夺了对土地的占有而滥用土地，不过结果证明，恰恰是那些非居住性土地成为了更长久性的问题。在这些土地上，维护比较容易地达到一种形式上的标准，但是培养一种关爱的态度却绝非易事。

没有什么人饲养宠物，反过来也很少见到宠物。相比较以往，这些宠物在更加独立的基础上与人类共处。与人类合作工作的动物依旧普遍：马匹、奶牛、牧羊犬、导盲犬、救生海豚，以及为发现管道和线材断裂而训练的老鼠等。对肉类的消费锐减，尽管严格的素食者还仅仅是少数群体。一些派别的区分主要体现为吃"低等"植物还是吃"高等"植物，与此同时，其他群体则以这些植物喂食动物。

因为在已经开发的土地之间存在着荒废的地带，许多不能忍受人类的物种就在这些地带生存。在后果可以预期的条件下，一些随时会受到威胁的物种，会被纳入保护的范围或者转移到其他地方。简言之，人类活动不再是自然中无法控制的一种恶疾，人类开始作为一种主导的物种逐渐承担一些责任：管理者而不是主人。在其中，甚至可能包含着对开始给人类带来麻烦的那种加速或者偏离的人类演化的管制。

正如我们开始关注资源的循环一样，我们也要关注人类栖居地的循环。区域性的增长或者衰退或许可以修补调节，但没有人愿意尝试保留一些终极的规模或者特性。即便一些爆发性的或者不可逆的变化必须阻止，变化还是要发生的，场所还是会演进的。存在着针对增长的策略，也存在着针对衰退的策略。居住、重新居住、尚未居住等所有的过程，都会出场。近来发生在曼哈顿的把权力下放给依存于垂钓、专项娱乐及废旧建筑的资源挖掘的众多小社区群集的运动，受到广泛的推崇。就像中世纪的罗马，那里是一种残败的景观。又不同于中世纪的罗马，它还是一个健康而舒适的场所，没有历史的压迫。不仅如此，它还保留着吸引如此众多访问者的力量和气息。

世界性旅行应该被鼓励，不过，世事练达要立足于谙熟所涉境况，就像社会的平和要依存于个体的自我确认意识一样。流动性被场所的纽带、被永久性象征地点以及后退所削弱。当然，一些群体在天性上就倾向于流动，他们的稳定的领域就是他们规律性游走的线路或者经由的海域，或者是规律性驻留的场所的交替。

人群中的大多数会在一个群体或者一个地方度过自己的一生，穿插着间或的外出旅行。不过，也有相当数量的人始终处在各种转换之中，或者他们的亲属始终处在各种转换之中。这类转换该是记忆深刻的事件。转换在漫长的勘察和试错中展开。小的群体会逐渐聚集。"关闭"一个旧有的场所或者"开启"一个新的场所，有着一些既成的套路。跟随跨区域权力部门的激励或者说服，移动会自发进行，但距离或许会遥远。为了更好地利用世界资源，不仅仅是世界人口的规模受到控制，而且人口的存在模式也处在持续的调整状态。

在各种实验中心，环境变化的研究也已经形式化。关于场所和社会的改进，一些志愿者基于一些假说进行了一些初步的实验（如：在特殊设计结构中的新的群居家庭类型或者在地下栖居地的一种自发进行的有时间节律的活动）。这些志愿者监控他们自己的实验，可能放弃实验也可能改进实验。这些假说是否有效，各种实验最终就成为一种证明。还有一些人完全为了他们自身重复这些实验：为快悦，为确认，或者为帮助自己选择一种新的生活方式。

在一个既定的社群中，许多居住群体在一些成功的实验中都有属于他们自身的源起，尽管这些社群的发展演化最终与原初的模式产生了一定的距离。按照这种逻辑，通向未来的道路总会走向偏离，演化的后果有待检验。

除了最年轻和最年长的人之外，人们都会在一定程度上依据模型重建自己的各种设置，并在相应的程度上对自己的建造行为负责：小孩子会对房屋中的一个角落或者花园负责，成年人则对更加复杂的景观负责。特殊类别的人群会负责特殊的环境功能。青年人因为喜欢玩火，就要承担消防职责，与此同时，盲人则可以参与规范噪声污染。孩子们则喜欢并善于与动物相处，也喜欢收集垃圾（我们应该允许他们与垃圾共处吗?）。还可以发现适应于智障、病弱和肢残人士的任务，这样，在对一个地方的共同呵护和关爱中，每个人都能够找到价值和意义。环境体现的绝非仅仅是相互合作努力中的一个时刻。环境是强化合作的一个有意识的设计，有时环境甚至要求合作。因为大多数社会群体已经精心地限定了空间领地，对一个场所的心智印象与对一个共同体的心智印象，通常不可分割地融为一体。各种中心和地标是共同价值的象征。场所和共同体精心地彼此塑造，去接纳那些意义。

特定景观的要素也以各自的方式使得自身值得纪念。例如，道路不再要有标准的十字路口，不再要有一套强制性的单一的设置。每一条道路都有其自己的特性。这些道路都以自己的方式适应文化和自然的景观，在适应中展示自己的意义。建筑也是个性化的。在特定的时间，不同的场所获得独特的声音和气味。

景观设计（场所创造）是一种值得推崇的艺术。作为一种重新拥有的方式，小的设计团队热切地专注于塑造和管理一些公共用地。景观创造的新的尝试也受到广泛批评。如果被认作是经典的，旧有的设置会重新运作，它们受到保护，成为批判性欣赏的对象。一些早期的景观由于其扮演的历史性角色而得到特别的记忆，这种记忆促生了热切地走向乌托邦的最初的兴奋。

优雅从容的土地管理，即跟随季节、活动的高峰或者低谷的变化，对土地使用、维护和改善的方式，就像精美的设计一样受到推崇。事实上，设计和管理不是泾渭分明的，二者都在刻画和挖掘一个区域的应有意象，使其所承载的意义以鲜活的特征呈现。通过自己所有的感官，人们逐渐有了对自身所处的环境的意识。他们积极地体悟各种场所：挖掘它们、穿越它们，与之共鸣，使之鲜活。其他的艺术，如戏剧、诗歌、雕塑、音乐，打磨着这种意识，使得景观与之和鸣。传说与诗歌发展着一个场所的意义；油画和摄影又会使它以全新的方式呈现。成百上千的旅行指南也依此写就。这些指南也堪称场所创造艺术。

受到操控的光线、移动、声响及气味，使得所处的场所更容易引导感官的介入。暗白色的雕塑适合安置在松木的树丛中，风动装置适合与水面搭配。特定种类的树木会发出其独有的声响，散发着特殊的、浓郁的芳香，而在夜晚或许还会以其独有的方式闪烁光亮。在某些令人记忆深刻的诗词中与各种树木纠结在一起的鸟儿，或许是自愿地待在那里。地方性的气候则颇具戏剧性。在美国的东北海岸，被融化了的潮湿的春雪凸显出来的壮丽景观，远近闻名。在特定的场所中特定的庆典得以保留。一个开放的山顶别墅专为婚礼、为庆祝胜利而准备，一个小小的山谷，为在春天举行难忘的野餐而存在。

在不涉及隐私的地方，各种景观都尽量透明。指向隐含功能的各种提示要容易可见。经济性过程是公开的。在生产与消费之间有直接的连接：玉米在玉米地里晾晒，人们自己搭建住的房子，时尚在织机的运作中创造，脚踏车可预约从生产流水线上获取。不过，要展现比较遥远和比较抽象的活动，使用同样的有形的方法，则遭遇着一些困难。一个人如何与一个公共会计师沟通，如何与一个未来的交易者沟通？

公共性活动是可见的，各种居住群体的象征标记也是呈现出来的。如果人们感兴趣的话，也可以看到一些功能性要素的内在运作（如一个水网或者一个钟表）。存在着诸多的涉及排污系统的指南，还有如何通过观察云的变动来读解季节和时辰的导读。标记，含糊的记号，活动的痕迹，听讲的工具，编码，远程感应器，放大镜，慢速电影，潜望镜，窥视孔，等等，所有这一切都可以用来产生某些可感知的过程，当然，不一定立即呈现，也可以仅仅是以文本封存的方式呈现。学习是一种发现，如果在处理着其他事务，一个人是不会被强迫进入某种景观的；但是如果这个人要想去发现什么，那么这个景观中一定会提供引导发现的线索。特定的环境是一本巨著，是一部戏剧，在其中关于场所、功能、人类社会、星辰及整个生物世界的所有信息都得以展示。特定的环境还是一种教育，这种环境教育不是某些书本知识的陈列，而是实际的田野实践的过程。

就像每一个人接受过书籍阅读的训练一样，每一个人也要接受场所阅读的训练。阅读一个场所意味着，要去理解那个场所中正在发生着什么、已经发生了什么或者将要发生什么，要理解所发生的事情意味着什么，要知道在这个场所该如何行为，要知道这个场所发生的一切与其他场所有什么关联。对于各自的环境，不同的派别有不同的解读，并且把自己的解读向其他人推广。对于茫然不知的观察者，两种彼此对立的解释常常同时出现。通过概念的方式保存下来和修饰过的历史的痕迹，不断地在修订。阐明文化传统的各种人工物，被视为是与林木、土壤和煤炭一样的景观资源。在不断变化的生活世界中（一致或者冲突的不断磨合），只要有可能，这样的资源都会得到保留。历史以其发生的样态呈现。当下的趋势和未来的可能性得以展现。时日和季节被戏剧化，重要的社会事件和一般性的人类活动也以同样的方式被戏剧化。环境成为场所、时间和过程的庆典。

存在着"慢的"场所和"快的"场所。有些人的生活从黎明开始，有些人的生活在夜晚活跃。即便是周期性的量度也都充满差异：一个地方的一小时可能是 90 分钟，一个地方的一星期会是 13 天。在一些地方，周期或许无法得到精确、恒定的度量，为适应手头的工作，或者为满足普遍的心理状态，量度可以是弹性的。当然，作为参照系的标准时间还会一直存在，这种标准时间用来维持社会协作，就像在各种地方语言中的标准语言或者连接彼此差异的区域的主干道系统一样。尽管如此，人们还是能够使得他们的生活契合各自的生活节律。

我们的世界是与人类情感匹配的世界。这个世界有许多神圣的地方、神秘的地方和悲惨的地方，有充满着侵略性和爱意的景观。通过习俗和礼仪与这些地方的各种各样的关联，人们能够体验和表达他们最深重的情感。一种场所可以是伊甸园的象征，而另一场所则表达着深重的焦虑与恐惧。特定的土地非常主动地配合着这些具有情感色彩的场所：既有洞穴、海湾、海角、山顶、湖泊与森林、峡谷、瀑布、台地、荒芜贫瘠的土地等，也有在人工环境中建造的精美的场所：独立的庭院、精美的尖顶、地下室和精巧的水塘等。

出现在这个世界的各种"圣地"，作为神圣而各具特色的单元，编织着地球的景象。这些单元或在火山口，或在深海，或在高空；或者炎热，或者寒冷，或者潮湿，或者干燥。它们展示着地球和宇宙的时间。圣地注视着星辰，卫星拱卫着大地。人们在自己生命的不同阶段，不断地从一个地方到另一个地方朝圣。人们或许粗略地造访一个地方只为体会这个地方的特殊意义，或许长久地驻留一个地方，参与这个地方的演化。还有极少的人把自己奉献给一个地方，成为风、火、大地与水的祭司。通过穿越大地和海洋的各种震动，通过光的传播和空气的流动，通过各种物质的相互转换，通过花鸟虫鱼携带的信息，这些圣地之间彼此言说。

环境习俗，特定的行为方式，就像一个地方本身一样，是神圣的设计不可分割的部分。在一些或者特定的时候，行动是受到严格控制的；言语、手势、姿势和服饰都是严格限定的。在另外的一些时候，所有上述一切则都因陷入狂欢而无序。需要黑暗背景的活动适合在洞穴进行，茶道则要在茶室演绎。在家里，每个家庭成员的相似礼仪行为在彼此交互中实现。户外的庆典活动则关注夏至与冬至、季节性的洪水、冰雪的消融、燕子和游子的回归、对共同悲剧的集体性哀悼。我们的星球就是一个节日，一出戏剧，一段记忆。

人们感受到在自身所处的环境面前无能为力。许多人甚至尝试冒生命之险去挑战特定的环境。有人像爬山一样攀爬高楼。极地的寒冷是生命的考验。人们在这样做的过程中学习，在这样做的过程中发现新的人类能力，发现新的理解、移动和感知方式，发现新的游戏和新的资源。人们甚至可以重新发现旧有的、已经被遗忘的技能。

有些人把自己视为有限的神，认为自己对其他的生命形态负有责任。他们注视着周围的动物和植物的变化，他们去保护或者促进那些似乎能够增强这些物种活力和能力的变化，而不在意这些变化对于人类是否具有经济上的有用性。极少的狂热分子甚至寻求去刺激进化变迁，把这些物种视为有意识的行动者。其他的人则恐惧这种修补，认为我们没有获得进行这类干预的许可。但所有的人都认同：每个人的发展，每个人所处共同体的发展，个人和共同体所处的生存环境的发展，是了不起的艺术和了不起的科学，是基础性的伦理行为。

这些乌托邦的示语是不充分的，因为它们主要涉及的是人与场所之间的关系，只是略微触及人与人之间的关系。这里丝毫没有触及生与死、婚姻、亲属关系或者共同体关系，没有触及权力、经济、冲突或者合作，除非这一切与某种场所发生关联。还有，这种叙事仅仅沿着环境与社会之间的链接这一个方向展开，它就忽视了一种更好的社会秩序可能产生的空间结果。不过，这种不足之处是我有意为之：我导引出一个被忽视掉的主题。在这个意义上，我的这种乌托邦示语不会比其他乌托邦话语更糟，其他乌托邦引导出的是与我相反的那种错误。

这些乌托邦示语还显示出另外的严重的瑕疵：它们没有说明如何抵达

盛世，也没有说明它们彼此之间能否契合。有效的战略要求对现实、对整体性未来的建构、对链接现在与未来的一些社会和环境变化的动态过程的整体性把握。这种乌托邦仅仅是对一种愿景的吟诵。即便如此，愿望是发现的方式，是沟通的路径，是一种学习如何在当下行为的方法。

因此，这些环境主张与一些整套的社会议题不具有必然的联系。物理环境与社会之间不是单纯的镜像关系。特别是，前者对于后者常常具有缓慢的回应。物理环境中保留着许多先前历史状态的意象，同时也展示着属于自身的当下图景。因此，人们可以感受到大量的与当下的环境理念协调的社会形态。

这一章的主题并不是一些揭露。这些主题来自许多历史的和当代的资源：来自公社，来自农场、庭院、"乡镇"、部落区域、夏季别墅、野营宿地、杂草丛生的空地，来自孩子们记忆中的景观、圣选之地、历史名城，来自草坪、海岸、森林、溪流，来自活力广场，甚至来自遭人鄙视的北美郊区（说到这里，我有一些脸红）。这个主题中相关的思想来自小说家、画家、摄影师、电影制作人及诗人。我从学生那里听到它们，我从各种指南、各种回忆录及各种传记中看到它们。

即使我所描绘的图景与当代大都市没有更多的相似，这些大的寄居形式也不能简单地被抹掉，除非我们有意为之。无论是政治意义上的、经济意义上的还是心理意义上的整体性重建都是不可能的。还有，不是所有的通行过程和状况都是长久存在的。不断蔓延的大都市本身，就为更加多元化的生活方式设定了不同的阶段。针对乡村城市化的技术实施方案，现如今已经落地。

环境重建是一个无法抗拒的理念，因为这个理念涵盖了如此之多的问题：内向的情感与外向的形式，科学、艺术和伦理的有机结合，个体与自己居住的当地社区及人类联合体之间的关系，人类生命与非人类生命的相互作用与发展。地球生命的复兴及人类对这种复兴的仰仗，应该是自新石器时代以来人类最伟大的事业。

结语：一种批评

　　这是本书的结束，我们应该重新考量。书中的理论存在着大量的缺陷。最显著的缺陷是没有一种关于城市如何走向及如何运作的补充理论。关于这种理论我做出了设想，但是这样的理论不是一种有机的或者全面的理论该具有的综合性思想，而且缺乏对经济的和行为的分析。除非这种理论与功能性的论断链接在一起，否则它就会一直缺乏完整性。功能性的和规范性的论断同等必要，无论是在因果关系意义上，还是在重要性的意义上，二者都不相上下。价值和功能是不可分割的，对二者都可以进行批判性的考量。书中理论产生的初始动机是功利主义的：如何建造理想城市。不过，这个理论也是关于人和人类为自身安排的事物之间关系的一种合理的理智探究。

　　针对书中所述的这些主张，仅仅责备其理论不完整尚不能涵盖其缺陷。可以说，与一种能够实现关于城市是什么的陈述和城市应该是什么的陈述内在统一的基于有机体隐喻的理论相比，粗看起来，我所呈现出来的不过是令人喜爱的一种清单。理论中没有任何部分清楚地告诉我们所有罗列的要素都彼此相关及所有罗列的要素都不互相矛盾。

　　如果我们追溯到这些思想的起源，就知道这是一个公允的批评。在开始的时候，其实质上就是所有种类的可想象的价值的罗列。伴随着这些思想的成长，那些粗糙的清单逐渐变得简化和彼此内在关联，直至呈现为一种内在的、不自相矛盾的状态。这个过程的一些踪迹在附录 C 中有所记载。在选择和组织的过程中，所涉及的维向逐渐与关于城市的本质及城市的基础价值的更一般性的观点联系在一起。的确如此，这些讨论一点也没有解释为什么这五个效能维向而不是其他的维向，就是正确的维向。不过，抛开其他，这五个维向的结构的确支撑和联系着一整套推测。五个维向的内在一致性还有待检验。不过，就对一个有价值的地方进行全面的陈述而言，这起码是一个合理的概括。

如果我们将这个理论与其他规范性理论进行比较，这个理论似乎缺乏对于理想城市的一种生动的、积极的肯定，这是尝试建立一种一般性的理论的自然结果，而这种尝试是那些旧有的理论从未有过的。使用价值维向取代普遍的标准不可避免地削弱了规范性陈述的力量。乌托邦描述或许更加迷人，因为那是一种个人对位置的特定的选择。不过，因为其所有陈述都认可多样性，它就一定会被一些人所排斥。

如果能够开放性地达成，关于城市的决策就要求一种可交流的论证。把这个理论塑造成为当下形态的主要动机，其实是政治性因素。各个维向上的论点可以放到公共决策的过程中：这些论点是可以协商的。这个理论旨在自身的有用性，不仅仅在任何文化背景中有用，而且在非专业的公开辩论中也有用。再次强调，这一点使得这个理论脱离了先前的规范理论。

不推崇任何理想形态，并不意味着这个理论是价值中立的。这个理论不仅关涉价值，而且具有价值立场。它以多种方式呈现了这一点。第一，通过对效能维向本身的选择，这种选择本身就是关于一个城市的价值指标的陈述。第二，它认可基于人类生物学法则的一些普遍的标准，例如污染标准、认知能力标准及身体能力标准等。第三，即便在这些维向中，最大限度的变化及伴随着文化和境况的变换而发生的各种各样变化也是可能的。这个理论是价值负载的，所负载的价值是明确的，并且根据条件的变化可以明确地发生转换。

的确，批评也会在其他方面展开，就像我们急匆匆地去保卫受到威胁的城墙一样。所有这些批评所认可的规范性陈述在本性上都是有偏见的和有个人色彩的。只有中性的、事实性的观察才可能是普遍的。即使作者的文化的和个人的标准比在类似的文献中得到更具技巧性的掩盖，这样的偏见和个人色彩依旧存在。在一个具有显著影响的系列中，这一点就是更具专业性的装扮：把一个群体的价值强加在另外一个群体之上的更加强烈的企图（或许，当下还是一个未被觉察的企图）。

对于人类的生存和发展而言，我承认我固执地坚持自己的个人倾向，但除了这一点，我否认对我的倾向的指控。价值维向在原初意义上的确来自个人的经历，或者来自个人对其他个体的论断。个人的思想不可能以其他方式开始。不过现在这些论断中的怪异和偏见在普遍意义上已经得到充分的净化，在这种普遍意义上，它们根植于人类本质的不变之处，或者一般来说它们是人类一直以来关注的维向。就像内在一致性的问题一样，这一点是否正确有待于开放式的检验。这个理论在其呈现的时候还未得到证明，不仅仅是因为一些文化把自身特定的价值赋予了通达力或者控制力或者其他方面，而且因为在维向本身没有什么本质差别的同时，评价的是居住地的不同方面。

如果与这个理论相关的一切都是正确的，那么这所有一切又有什么用途？在 13 章至 15 章中，我讨论了大量的城市问题。这个理论自然不能搞定所有这些问题。所达成的局部结论也基于其他考量，主要是外在的成本和城市形态的概念的考量，这些是特别针对这个理论的另外的考量。通过梳理与这些论点相关的更加重要的线索，这种理论的应用使得争论更加明晰。更进一步，伴随着这种理论发展出针对城市形态和效用维向之间链接的更加丰富的一套主张，伴随着逐渐厘清这些链接如何依赖于不同的语境发生变化，这种争论可以促成理论在更大程度上的应用。

这些维向有助于规制一种理智的研究，如对城市历史的研究及人与环境之间关系的研究。更实际地说，这些维向可以用来评估现存的城市，可以表明哪些地方效能低下及应该如何改进等。对于一个活动，这些维向能够帮助比较可替代性的场所，能够帮助评判彼此反对的主张。它们还可以在揭露不公正中发挥作用。了解一个城市彼此差异的群体之间的通达力信息，或者了解相关要素的相对控制力信息，则是一种更加基本的分析。

通过刻画我们所需要的通达力、契合力等的种类和实现的程度，环境改造的项目可以在维向意义上得以阐释。在设计中制订计划是第一步。最重要的决定通常在这一步产生，不过通常也是不很明确的决定。这是一种在质量上明晰地处理这些决定的影响力的方法。在维向或者亚维向中实现的成就，可以是一般意义上的城市规划的政策陈述。在实际的成就得以度量之后，这种规划或者针对这种规划的资源投入，能够得到理性的修正。

对维向的具体定义可以引发新的可能性。例如，由此引发的针对儿童的城市通达力问题，促使人们考虑新的运载工具、新的培训项目、年轻人的新的角色定位及新的城市形态。在没有任何关于效能的理论能够自动地产生一种达成效能的新的手段时，对有关效能问题的清晰陈述常常会激发思维的一种创造性跳跃。讨论效能的一种系统框架（在其中效能直接与城市形态链接），对于设计师来说可以引发新的可能性，引导设计师在半知觉状态的创造性过程中，规避、追求和选择。同样真实的是，通过尖锐的思维聚焦，这些理论也可以约束设计。任何具有创造力的个人都会多少以怀疑的态度对待这种理论。在任何情形中，理论一旦产生就必须承受替代性检验。更进一步，城市形态和价值之间的链条要简单和明晰，在城市发展的漫长过程中这些链接就是那些重要的事件。对于那些被经常发生的疯狂的决策旋流不幸裹挟的人们来说，这些简单明晰的链条堪称救生筏。

非常明显的是，这些推测性的思想要求更多的思考。而且，这个理论也无非是相关假设的一个群组。纵然在根基上就有如此之多的令人绝望的冲突，纵然它是生物学中的一个陈旧主题，但环境控制的整体思想几乎还没有形成。环境控制是如何作用的？环境控制作用的效果如何？各种冲突如何协调？自由和必要的控制如何和解？对于不断变化的环境，控制系统如何得以调节？合理的控制对我们意味着什么？如何实现合理的控制？这些都是人类事务中的古老主题，但在城市设计中却是令人惊讶的新的东西，至少是关于城市设计的系统思考的主题。

由于是一个与设计师最贴近的主题，也是那些研究感知和认知的人感兴趣的主题，至少在城市规模上，辨识力已经得到深入的考量。不过，还存在着大量的诸如对环境中的时间感知问题，以及在一个多元的、变化的社会中获得敏感力的手段问题等的分歧。至于活力，关于环境在孩童养育中的作用，我们还没有从这个领域的所有既成工作（还有对尚未完成的工作的一些应用）中，学到许多。而涉及其他物种的生存和健康的伦理疑难，甚至更加模糊。

在相对的狭义上，通达力和契合力已经得到很好的研究。针对契合力的细致的研究正在进行，不过对核心问题我们依旧困惑：如何提供指向未来的适应性，或者说如何获得一种基本的契合力，这种契合力允许人们以自己创造性的方式彼此之间适应一个地方和一种功能。于是，在通览这些维向的过程中，我们就产生了许多丰满的问题。

不过，如果我们仅仅是抽象地咀嚼这些问题，这些问题不会带给我们更多的养分。我们必须研究人们具体生活的地方的那些效能。直到一个理论显示出效能如何伴随政治的和社会的语境发生变化，一个理论才算成熟。这种变化涉及权力的集中、价值的同质性和多元性、社会的稳定性、社会的政治经济、社会的资源和技术，而不是指社会的一般环境的物理特性。应该指明最有可能被选择的伴随维向的那些位点：一个丰满的却有危险的中心权力如何向某种价值观念倾斜，例如选择向小的、相对贫穷的、奉行平等主义的群体倾斜。理论不太可能推测权力将采取的立场。根据社会类别和社会条件，我们能够期待发现针对变化的一般性倾向，不过，各种价值同样也是任何文化的历史发展的结果。这些结果不能够通过法律预先决定。

对各个维向不能够孤立地去研究，就像我们前述提及的那样，既不能孤立于社会的语境去研究，也不能孤立于彼此之间的相互关系去研究。既然要素间相互独立，那么是不是说它们的效能可以不影响其他类别的效能而单独发生变化？或者相反，不同维向之间会发生联动或者必然发生彼此冲突？一旦冲突出现，效率就成为重要的问题，交易的游戏也就开始了。

在第 2 章的末尾，我列举了一组对有意义的城市形态的规范理论的基本要求。我的主张就满足了许多这样的要求，至少显示出满足这些要求的前景。不过，在某种意义上说，它并没有多么先进：伴随着时间的变化，对过程和形态的评估成为同一种能力。尽管文本中的那些问题会被涉及，但对评估一个序列，这个理论并没有提供新的手段。效能伴随时间发生的变化可以展现，不过它们必须以尚未超越理性的方式被把握和评判。

不过，我在第 16 章描述的城市模型及在第 17 章描述的城市乌托邦中提出了形态和过程如何在一个模型中有机结合。从城市设计的观点看，研究和探索首先要关注新的模型的发展和对发展的分析。设计的仓储一旦枯竭，一些架子就会空荡。而我们却不加思考地使用陈旧老套的模式，或者完全忽视一些问题。即便是在我们拥有一些模型的地方，我们也是在错误的情境中使用这些模型，或者没能意识到这些模型的蕴含。与语境和所期望的效能链接在一起的新的模型的创造及对这种模型在模拟过程和现实中的检验，对城市的设计至关重要。设计领域向来不习惯于探索，成熟的研究领域又总是指向它们自身的问题研究。亚历山大（Alexander）的工作就是这种工作的一个开端。

还有大量的工作要做，这是好事。关于城市形态的一个有用的、理智性介入的城市形态理论的出现，是完全可能的。

附录 A　功能理论概述

这是一个关于城市起源和城市功能的通行理论的一个简短目录，这些理论提出："城市如何走到现在这条道路?"及与之相关的问题："城市是如何运作的?"尽管有少数特别的观点得到了更加充分的发展，这些理论各自还是从非常不同的观点看待城市的。我基于对标题的蕴含进行分组的方式组织起了这个目录。就是说，根据这些标题所设想的关于城市的主导形象进行组织。这些形象控制着需要抽象处理的相关要素并且塑造着功能的模型。

1. **城市是独特的历史过程。**一些研究城市问题的学生不相信存在任何关于城市起源的一般性理论的可能性。他们把每一个城市视为一个独有的、累积性的、历史性的过程。这个过程经由单个事件的漫长链条形成了其自身现有的特殊状态，这些单个的事件受制于大量历史的和场址的偶然事件，受制于文化、气候、政治结构和经济结构的广泛影响。一个城市的状态只能通过讲**故事**的方式得以阐释，而每一个城市都有属于这个城市的故事。除了一些具有重复性作用的要素，如那些在城门之外产生的增长模式、权力中心的选址对城市所发生的影响，或者津口、通道及交通功能的暂停等，我们无法对城市问题实现任何的一般化处理。甚至就是这些寻常的要素的意义，也是具有文化承载的。

城市地理学中的大量工作，都处在没有系统的解释性原理的模式中。城市历史学家和小说家在这个模式中贡献了大量的文献。许多城市的观察者通过关注一种观察技术，而不是通过一种解释理论来进行城市问题概念化的工作。就是说，每一个城市都是独特的，但至少我们要学会一种观察城市的标准方法。这些方法揭示了城市的通行功能和城市历史的累积性层级。

这种反理论的观点的力量隐藏在这种立场对特殊性的解释能力之中，它认可的是创造性行为的作用。它凸显的是历史的展开过程，凸显的是经常被我下面将列举的理论所丢失的一种动态性的要素。一般性的主题是连续性和变化之间的一种相互作用。遗憾的是，除非表明城市惯性的润滑作用，否则这种姿态很难产生一般性的可预期力量。在一种特殊的情形中，它可以预测近期的事件，但是，很快故事会发生一种新的转向。

在我们考量一个特殊的场址的地方性活动时，在我们应付当下的决策、具体的模式和对正在运行的力量进行一种调整时，这些特殊的历史性研究是非常有用的。在我们打算去丰富和仔细安排一些城市的特殊品性时，这种历史性研究会大放异彩。它们传递一种下述更抽象的一般性理论所无法传递的有关特定环境的品质的意识。但是，除非为了某种独一无二的价值[1]，从这些工作中我们很难抽象出一般性的城市价值。不过，或许对一个经过长期发展的、现在依旧生存的环境的一般性陈述，是恰切的。这就是"生活力"法则，即进化式生存和发展的紧迫性法则。

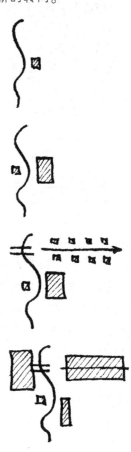

这个法则或许不是那么鼓舞人心，但是在这个法则统领下的文献叙事，则展示为信息的盛宴。这些文献读起来赏心悦目，但与下述材料几乎没有吻合。在两个方向上，这个历史性的视角显示出要发展出一种更具内在一致性、更具一般性的观点的迹象。一个就是新近的关于城市发展的马克思主义的研究，这一点我随后就会讨论。另一个就是考古学家的工作，这些工作正在尝试解释世界上几个不同区域城市的初始形态。二者都显示出一种更加系统的历史性研究的前景。在这种历史性视角的传播中，保留着我们关于城市知识的最有意义的资源。

2. **城市是人类种群的一种生态系统。**汗牛充栋的理论文献，都认同两种关于城市的观点中的一个。一种是生态论的观点，这种由罗伯特·帕克（Robert Park）和欧尼斯特·波吉斯（Ernest Burgess）于 1925 年在芝加哥提出的观点，逐渐占据了主导位置，随后它时不时地被某种力量削弱，现如今则以更为复杂的形式再次活跃。在开始的时候，这种观点把城市视为

---

[1]　假设，要保护一个独一无二的地狱。

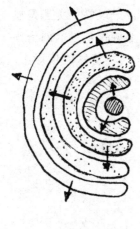

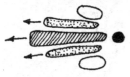

被经济活动和分属各种社会阶层的家庭占据的一种区域结构图。其采纳社会学家的观点把人们视为相对稳定的一个群体，它尝试解释那种包含着区域变化方式的一般性的区域模式。它一方面启用植物生态学的意象，另一方面启用城市规划师的土地使用模式。当代西欧或者北美的城市就是这种观点的主要呈现区域。

按照这种观点，模式似乎是被粘贴在地图上的，人们被囊括进一般性的群体，分析的模式也逐渐演变为更具统计性特征。居住地通常被推断为单一中心的，空间性衡量尺度和地图模式参照着这种中心设置。诸如环线、波线、轴线、扇形线及多重核心这样的空间性意象，被用来刻画这种模式。这种观点主要是以人们在哪里生活和工作、人们如何改变生活和工作的地点这样的外在性视角，审视人类群体。这样，基于相继的向外扩张，基于一个区域的"年龄"，基于社会吸引力和社会排斥力，一个简单的动力学系统建立了起来。一个群体对另一个群体的渐进性的替代（派生自植物更替的类比）就成为一个重要的概念。这种机理似乎正在一些典型的普通城市中运作，如一组向心城市圈、星状城市或者扇形序列城市。[1] 这是基于"发达的"资本主义国家城市发展的一种经验性描述。这种分析揭示了这些模式的一些显著共性，也提供了对不同的城市模式进行比较的方法。诸如扇形增长、种群更替、波形密度这样的概念，在没有重大的社会结构和经济结构扰动影响下，对于预测现代城市短期未来的变化非常有用。

这个领域的工作最近以"工厂生态学"的形式再次活跃，这种"工厂生态学"使用非常复杂的现代统计技术，对空间中的社会群体的复杂混合体之间不断变化的相互关系进行分析。分析的目的是基于一些现存的分布，对不同类型的居住和工作的具体未来分布进行预测。这种工作是严格量化的，但同时也是经验性的，缺乏一种强有力的和内在一致性的理论解释。使用计算机对少量区域的现代统计数据进行的要素分析和局部关联分析，是一种渔猎式的心智考察。至今为止，捕获甚少且工作乏味。

---

[1] 环线、扇形及类似的图形是不多的可用来描述地图形式的意象，这些图形几乎普遍地被用作分析的基础，甚至在相当不同的理论中都是如此。这就是心智意象的力量（也是必要性）。

这些理论处理动态事件，但这个动态是短期的，断言的仅是当下的一组力量的连续性。在这个意义上，这些理论是反历史性的。含蓄一点讲，这种观点仅仅是对某种状况的一种评判，以及对这种状况的一种解释。社会性的吸引和"排斥"（由收入等级引发的族群的分裂）是正常的，或者至少是无法避免的。在社会群体彼此沟通的过程中，空间是一种中性的媒介。城市是生活场所和工作场所的一种量化的分布。像三维形式、感知品质或者社会意义这样的环境质量的其他方面，则是更加难以处理的方面。不同于支撑事物存在的各种方式，抽象出来的城市价值，关注的是地方社区的稳定性、"平衡"或者社会融合。在分析社会整合、分析空间资源分配的公平性时，这些理论研究非常有用。遗憾的是，这些资料的阅读乏味而冗长。

这些批评并非那么容易地能够应用于新近的对地方社区的生态学研究，这些研究是旧有的芝加哥传统的一种复活。其中最好的部分是对社会群体、行为、心智意象和物理形式的整体的地方性系统的一种精细说明（尽管依旧是经验性的说明）。对于地方性规模的行动而言，这种说明是一个非常有用的背景。这些说明是对在其自身所处的自然栖息地中运行的较小的人群共同体的介入性描述。

3. **城市是一种物质产品生产和分配的空间。** 当今占据第二主导地位的理论观点是把城市视作一种经济发动机。这种观点拥有漫长的历史，发展出了今天最清晰、最具内在一致性的理论。城市被视为一种在空间中有促进物质产品生产、分配和消费作用的活动模式。这种观点主要的思想是：因为所需的时间和各种资源要经过空间，空间于是就硬性地增加了额外的生产成本，经济活动就是设法使得这些成本最小化。不过，空间本身也是一种资源，它提供生产或者消费的场所，这样，经济活动也同样为空间条块及空间中的地方性交通位置进行竞争。空间的各种条块会具有影响其自身生产价值的独有的特性，如气候、平坦程度或者土地的肥沃程度等。不过，这种考量已经是第三重要的考量。

这些理论把空间视作一种运输成本，视作充斥着经典经济理论所论及的最优化的机器生产场所。其中最基本的概念就是均衡：理性经济人的多重决策倾向于把空间模式引导至一种平衡，在既定的资源禀赋约束下，这样的平衡能够实现最有效率的物品生产和消费。这样，尽管资源在每一次转换之后都会发生恢复性的变化，尽管自由市场的运作会使各种障碍受到强制的限制或者遭到移除，这些理论依旧还是静态的理论。

空间经济学的一个分支聚焦于产业区位，尤

其是进行资源提取和处理的产业区位，在这些区位，庞大、笨重的商品必须长距离地运输。这种情形下的问题便是："在既定的各种资源、市场、劳动力和支撑产业分散分布的条件下，一个工厂应该在哪里设址？"对这个问题的分析把决定最终引向平衡点，即在既定的不同商品的价值和单位距离的运输成本约束下，选择一个最有效率的位置。这也解释了关联产业在某些折中地段聚集的原因，这种聚集一旦形成就更进一步促进了区位性吸引力。

规模经济及外部经济和外部不经济的效应在这些考量中发挥着重要作用。这些理论不仅仅寻求解释产业区位的既往历史，也试图表明各种产业应该在哪里设址，因为区位均衡不仅仅是在自由市场中发挥作用，而且也是一种产业区位的理想状态。因此，这个概念广泛地用来指导新产业的分布规划并用来指导与新产业关联的其他设施的规划。基于对生产效率和最小化运输成本的考量，这些理论推崇一种建立在重工业基础之上的大规模城市居住地模式。[1] 因为这种模式对沉重的运输成本的变化最为敏感，这个理论在指导和解释城市的区域性模式时，比在处理城市的空间模式时，更为有用。城市空间模式中的运输成本更加模糊和复杂，主导性因素不很突出。

空间经济学的第二个分支是瓦尔特·克里斯塔勒（Walter Christaller）在 1933 年提出的中心地理论（城市区位理论）。现如今这个理论已经是一个在大量著述中完善起来的、清晰的、具有思想内在一致性并在大量的现实境遇中得到检验的理论。像产业区位理论一样，这个理论在区域规模和国家规模上已经得到最为充分的应用。不过，与产业区位理论形成对比，这个理论主要是商业性的而不是产业性的，它主要关注的是物品的分布而不是物品生产的分布。对于既定的无特征的空间、一致性的运输成本、均匀

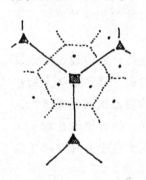

分配的生产者和消费者及为不同种类的能够自由移动的商人设定的各种门槛和专业化的规模经济，这个理论表明中心区域的一种常规性层级分布将会产生。这些中心拥有六边形的商业区，六个边与另一个层级的另一个中心的准六边商业区匹配，依此类推。

这种层级排列、六边形构成，以及由此引发的三角形道路网络，实现了分布效率和经济沟通

---

[1] 看！这个理念反映的正是在 19 世纪城市化过程中实际发生的情况。

程度的最大化。在一个既定的自由市场和一个没有扭曲的生产空间中，这是一种不可避免的理想模式。使得这个理论得到具体证实的商业集市的布局，的确在一些常规性的区域，特别是在农业区域被广为发现。这个理论经常被用于指导城市中购物中心的规划，用于在国家范围内制定"常规化"的城市分层政策。

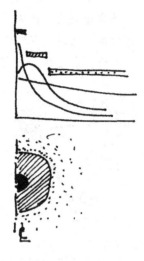

　　经典的空间经济学的这两个分支理论在区域规模上比在城市内部规模上，更加成功。尽管明显显示出一些规律性，城市内部的生产性区位模式在理论上还是比较难以解释。在杜能（Thunen）和奥古斯特·勒施（August Losch）的概念基础上建立起来的对室内区位的经济学解释的新近尝试，是一种关于租赁与通达性的放射状模型。这个模型基于单一中心的城市空间的自由市场竞争，核心之点是通达力的最大化。那些不同活动的参与者（商店和工厂的所有者，处于不同收入等级的居住者），根据与城市中心的距离远近的不同，愿意为每个土地单位支付不同的价格。这种价格的不同依赖于他们对城市中心的估值，依赖于他们愿意承受的市内交通费用，依赖于他们想占据的空间的拥挤程度，依赖于他们的支付能力。这些价格变量可以通过与租金相关的价格曲线得以表示，租金则基于所处的地块与市中心距离的远近，基于每一个阶层的活动类型进行的价格投标得以确定。最高价格的购买者获得相应的区位，其他区位的价格也依次传递，辐射状地向外扩展。最高价格由特定的租金曲线的交叉点确定。这个理论非常精美，在一定程度上推测出了我们所知道的这个世界：在城市中心是大商场和办公室，接下来就是拥挤的贫困区，再下来就依次外推。不过，现代城市的许多复杂性不符合这个理论，空间和社会的许多最有吸引力的特征也在这个理论的解释之外。像空间经济学的其他理论一样，它基本上是一个静态的观点，这种静态观点基于一种均衡，在这种均衡中空间仅仅是一个空的容器，提供场所和施加运输成本。空间的主要价值是经济效率，平衡过程的结果就是一种最佳结果。

　　大部分理论主要涉及形式经济学（由货币交换调节的那部分生产和分配），而忽视家庭物品的生产、文化的生产和儿童养育。这些价值是经典自由主义的价值：物质财富的增长，广泛的交换，个体的自由。公平和资源的分配则可能是事后的考量。笼统地说，像那些社会生态学理论一样，这些理论接受世界本身的样子。它们对流行的运作进行解释，对小的变化结果进行预测，对后果实施启发性的修补。

4. 城市是一种力量的场域。 一些把城市比喻为电磁场和引力场的引人入胜的工作已经展开。城市由不同的粒子（人类的个体）组成，这些粒子在空间中分布和移动，通过彼此之间的吸引和排斥沟通。城市是最重要的一种沟通网络。这里，引入力场的概念似乎是非常重要的。在物理学家的世界中，力场是处理一个区域中的多重作用的一个重要隐喻。通过把个体的人比作点电荷，或者把个体的人比作同等质量的质点，居住地和居住地

系统可以被勾画为一个遵循力与距离的平方成反比法则的连续场。就是说，如同随着自身的相对质量或者电荷量同相互作用的质点之间距离平方的商值的改变，移动的质点彼此吸引或者排斥的力度亦随之改变一样，相应的个体的人或居住地的影响力亦随着其辐射距离的增加而衰减，而其能够影响的整个空间大小则由其能够辐射的距离决定。[1]

场势图可以用来预测未来的变化（包括融合趋势和增长率的分布），也可以解释不同的场域之间的各种流：通勤流、电话信息流、航班飞行流及其他各种流动。各种屏障和初始不均等的影响也可以得到说明，因为收入或者其他的不均等，个人会获得不同的"质量"；通过一个地方的实际直线距离（路线花费或者道路承载能力，甚至对距离的感知都可以被纳入考量），可以得到时间－距离量值；力与距离的平方成反比法则中的指数因子可以用来调整以适应经验性的发现。这个模型是精美的、简单的、可检验的，它还能够以许多合理的方式被修改以适应现实中的各种不规则事物。经过修改，这个模型已经能够很好地适应现实的人口分布和交通模式的许多情形。

非常自然，这个模型一直是运输研究的主干，一直用来预测（在进行地方性校准之后）交通流的各种变化，这些变化通常由新建的高速公路、运输能力的变化或者某个地方的土地使用的变化引发。这个模型也提供了产生一种更广泛的抽象模型的可能性。在其中，城市是由人的分布变化及其他吸引和排斥单元的变化引发的一种变化的力场，其中拥有应力、速度、

---

[1] 不过，城市影响力真的是在三维空间或者平面空间作用吗？亦或是在二者之间的其他什么地方运作？

质量、加速度、变形、冲击波等所有的物理属性。流体动力学的各种概念可以用来解释通道中的各种流动。图论、灾变理论及其他拓扑学概念也可以用来描述空间模式的非度量性特性或者变化的序列。这些理论的展开引人入胜，新近的学术努力已经对其进行了探索。

当然，在这个观点中蕴含着许多价值。个体的人是静态的、不计后果的单元，这种单元的行为必须按照安排好的方式应对环绕在人的周围的力的涡流。这个模型是动态的，但是其中的规则是不变的。人与人之间的相互作用是对一个城市的主导性评判。含蓄点说，最好的居住地就是那种能够最大限度地实现相互作用的居住地。因为它不仅仅是空间性模式，它还是技术模式、体制模式。人类的认知结构设定了信息流的界限，于是，人们只能使用空间性传输进行交流、进行制度变革、对人类认知进行各种各样的技术强化。

尽管交流最大化是一个不确定的规范性法则，但在一个居住点上采纳这个理论优化交流的效率则是可能的，不过这首先要求对优化率有一个界定。一旦界定完成，就可以将界限、障碍、排斥力及其他类似的设计引入模型，模型中的这些设计会使各个单元移动到对应的位置，在流动中寻找对应的层级，这种位置和层级对应着界定好的优化状态。

这个模型适用范围过于狭窄，它仅仅聚焦于通信，在对相互交换的最大化评估中一定存在错误。这个模型还无视人类的学习能力。它的主要力量在于其理论上的精美，在于其提供的一些新的关于城市的引人入胜的数学模型，还在于这样的事实，即，对于任何人类的居住地来说，通信是一个基础性的理由。

5. **城市是一个相互链接的决策系统。** 计算机使得对其他的城市进行探究成为可能，这种作为一个相互链接的决策系统的城市长久以来仅仅呈现为一种直觉的、描述性的意象，但是这种意象的可能后果在此之前从没有得到分析。它是这样的一种思想，即：一个居住地并不是像一个生物有机体一样是自我生长的，而是许多人和许多力量（具有不同的目标和不同的资源，并且持续不断地彼此影响各自行动的行动者）的重复性决策的一个累积性结果。这种决策流及其引发的居住地形式的变换，最好能够被塑造为一种复杂系统，即：一套确定的要素或者可量化的状态（在这个事例中就是地方性模式、房屋库存、可获得的场址、运输能力、人口状况、金融地位等诸多要素），以及把这些要素链接起来并且导致这些要素发生

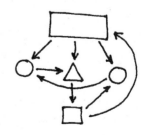

变化的一个相互作用的整体。这些链条是个人、企业和机构的多种多样的决策。如果我们能够根据行动者的动机和所拥有的资源、能够根据行动者的决策如何受到对应的系统状态的影响，对重要的行动者进行层级的划分；如果我们也能够界定系统中的重要因素以及这些重要因素的当下状态，甚至这每一个状态如何又被决策流所修改，那么我们就能够从这些链条和要素中抽象出一种机器。一旦这种机器开始运作，它便可以复现一个真实的居住地所呈现的形式变化的序列。

显然，这是一个艰难的任务。在这里，重要的因素和链条，这些因素和链条的状态及相互关系，必须得到数学意义上的明晰界定。通常使用的典型链接是一个家庭寻找住所、一个企业寻找生产场址所进行的区位决策。还可以附加其他因素，这些因素包括税收、补贴、运输、土地控制及各种各样公共的或者半公共机构等等在内的合法性迁移。[1] 这种决策的序列通常在重复的舞台上、在有规律的时间间隔中得以组织，在舞台上给予每一个行动者属于他自己的时刻。这个序列于是处在变换中，剧目则继续上演。经由这个舞台运转这样的机器对于人类精神而言，实在是冗长而乏味，但对于计算机来说则绝非如此。这种运行的结果不仅是复杂而大体量的，而且常常是反直觉的，就像那些真实世界所发生的一切常常令我们震惊一样。如果这种运行能够成功地复制一个真实场所的发展，那么这种发展就可以得到解释，这个机器模型就是正确的。

必须用大量的假定来限定这些要素、链条，以及要素、链条之间的相互关联和时间序列。不同的假设会在系统的产出效果上得以体现。不过，这些假设必须公开地做出，使得假设能够受制于批评的展开。更进一步，通过一些努力，这些批评有可能改变这些假设，继而重新运作这个模型，借此来探究运作的结果对于某种类型的假设中包含的错误是否高度敏感。

当这种运作充分地得到发展，这个模型就会被认为有能力解释现存的城市形式（在能够重复这些城市形式的意义上），并且借此预测城市未来的变化。特别是，如果这个或者那个政策得以实施，或者如果某些不可控的外在事件发生，则随即发生的变化可以得到预测。对于区域规模的交通运输规划来说，这些模型广泛地用于开展对规划背景的预测，同时也为自身应用于更一般性的规划进行持续的完善。至今为止，这种模型还只是在对短期变化的预测上，取得过全面成功，不过，这也无非就是年轻人身上的

---

[1] 这些链条总是受限于人类的决策——正常的以人类为中心的各种决策。因为我们是地球上主导性的物种，或许这一点更加符合关于城市的真理。让我们在静默中前行。

一个小毛病。

这种计算机化决策模型的一个变体就是游戏。在这种游戏中现实中的人获得某种特定的角色、资源和动机，按照储存在计算机中的程序实施所扮演的角色对应的行为，系统性地对各种各样的彼此链接的城市要素（场址、发展状况、投资、规定等）进行操作。换言之，拥有不可预见的、愚蠢的、低劣的行为方式的人类，被一些计算机链条所取代。例如，一个郊区发展的演变过程可以被模拟，非常接近现实的人的生活，只是时间长度被压缩。在不那么稳定地能够预测的同时，这些游戏对于解释城市成长的某些机制，对于为游戏参与者提供游戏过程的鲜活体验，变得非常有用。游戏还具有一种微妙的教育优势。在兴奋和自我展现的同时，这些游戏向我们强化了这样的信念，即：角色和规则是永恒不变的，生活就是一种竞争，生活的表面动荡不息，但生活的结构始终如一。

这种形式化的决策模型自身也还有其他限制。除非是处于游戏中的人，这样的模型运作基本上限定于可量化的数据，而不接受质的变化。相比较那些模糊的或者转瞬即逝的信息，标准化的信息和数值更容易被这种模型吸纳。高度的抽象要求严格的筛选。包含在模型中的陈述，无论是涉及利益还是涉及义务，必须是精确的，因为这种模型无法承受我们熟知的世界中那些熟悉的歧义和模糊。模型中使用的核心隐喻是一个机械性的——一个广大的机器世界，由明晰的和独立的部分组成，组成之间的链条是明晰的、不变的。像一个复杂的循环运作的蒸汽机一样，通过重复性的适应，这个机器得以运作。很难说这个机器隐喻蕴含着何种惊人之举，但是，如果城市真的像一架巨型飞机那样运作，人们会有不舒服的惊讶体验。

还会有一种纯粹审美的批评。这些符号性的机器及这种机器的巨大输出，不具有可把握的形式。它们的结果不仅仅是反直觉的，而且也不会引导我们走向更加恰切的直觉。除了一再重复彼此链接的假设的完整序列，我们如何能够描述事物的运作？在转向计算机之前，我们能否猜测这种机器会产生何种结果？好的理论必须不仅适合该理论力图解释的外在的真实世界，而且还要解释我们的内在现实，我们人类的认知结构[1]。

其他的局限更加容易详明。这个模型的优势就是它的动态性：它不是回到同一个均衡点，而是在建构一种历史。不过，在构成要素能够变动的同时，形成这些要素彼此关联的链条却以不变的方式运作：游戏结束，但是游戏规则持续。经过长期的运行，这种模型或者趋向于消弭其涨落，达

---

[1]　除非我们也能改变这种内在的结构。

到一些永恒的状态；或者会以一种骇人的方式爆炸或者崩塌。激进的新政策能够嵌入这些模型，不过，就长期而言，直到具体的模型能够以链接规则的方式接受渐进性的变化，否则创新似乎总是要么自身消亡，要么毁灭我们。因为这些模型不能随着具体境遇的变化来预测活动动机和决策规则如何改变（而这一点正是我们人类的学习能力）。相比较长期预测，这些模型更加适用于短期预测。[1]

这些模型似乎是"价值无涉的"，但是，它们倾向于接受模型指向的那种世界，对较小变化的后果进行预测。这样，这些模型引导我们认为，只有这样的变化才是可能的。一个更进一步的困难是，建构这样的模型昂贵而耗时，而且这些模型的输出严格地遵守其数量特征和精确性。更小的、更简单的、更具体的、局部的模型，也就是易于重构的模型，才是我们需要的模型。

抛开所有这些反对，抛开这些模型至今为止不那么漂亮的运作，这些模型还是具有强力促成明晰的推断陈述的品性。更进一步，作为多重决策流这样的城市意象似乎在直觉上是恰当的。经由对人类的裁决动机的考量，这种关于城市的理解，是一种能够最直接地与价值理论链接起来的观点。

6. **城市是一个冲突的场域。** 关于城市的生态学的、经济学的理论和多元决策理论，都认同在充满差异的行动者之间存在竞争。在生态学和经济学城市理论中，竞争在相似的资源（社会地位和利益）之间展开，这种竞争被认为是有益的和不可避免的，竞争的结果导向一种理想的均衡。而在多元决策理论看来，竞争则更加复杂，因为不同的行动者可能具有彼此不同的目标，每一行动者的行为结果对其他行动者的行为的影响会是间接的和模糊的。关于城市的另外一种观点则认为，冲突是城市形成的主导属性。城市最好被视作一个斗争的场域。"谁得到什么？"该是一个重要的问题。城市形式是冲突的结果和标识，也是某种被塑造和用来鼓舞斗争的东西。

在一定意义上，这也是一种非常古老的观点。新的城镇持续不断地去主导邻近的乡村，保护一种资源免于落入敌人手中，或者是去捍卫疆界。直到现代，一个城市的城防设施依旧还是这个城市的主要物质资产。这些城防设施决定城市的外形和城市的密度及城市的特殊位置。城市设计者的最重要技能体现在军事防卫方面。环绕城市的城墙是城市的主要象征。就内部而言，城市的布局便于保持贵族的统治，或者便于容纳某些危险的阶层或者外国人的飞地。这样，围绕着空间防卫、军事通信、隔离手段，以

---

[1] 我们必须承认：对于已知的所有预测模型，这一点都是真的。

及既具象征性又具功能性的控制方式等问题的知识体系被建立起来。城市与其说是一个经济的引擎，不如说是一种空间性扩张的武器。

现代战争已经锐减，但这些涉及战争的概念的重要性，并没有消失。与此同时，把阶级斗争视为历史过程的发动机的马克思主义思想，已经转向把城市视作这种斗争的一种重要化身。尽管在对曼彻斯特的阶级状况描述中恩格斯对此做出了预见，但直到新近马克思主义者们才开始更加系统地考量空间的作用。城市似乎既是资产阶级控制过程的无意识的后果（例证之一就是贫民窟"令人讨厌的"增长），又是更进一步实现阶级控制的有意识塑造的结果（为再次发展或者为工人的住房建设进行的各种清理）。这是剥夺社会剩余价值的一种物质手段。这的确同时是增强生产效率的一种设计，但绝不是其主要的目的，因为生产效率的提升不是统治阶级最为迫切的需求。进一步说，存在着能够实现有效率生产的大量不同的物质形式。因此，对于生产过程的控制、对剩余价值产生的控制才是关键的动机。按照马克思的观点，这种控制驱动着城市形式经由商业资本主义、工业资本主义到企业资本主义的演变，并且这种观点能够解释与之对应的每一种城市形态的特征[1]。

城市作为一种历史冲突的结果的观点，允许了边缘地区的存在（例如，地方性的邻里中心），这些边缘性区域还没有完全被这种冲突主导；承认统治阶层内部的分化，如在土地投机者和产业资本家之间产生的阶层。正如我们的第一批反理论体系者所倡导的那样，这个理论把城市视为一种长期的历史性序列，于是就承认许多彼此交叉和彼此冲突的属性的存在，这些属性既是属于过去的遗迹，又是属于未来的早期表现。这样的处理方式明确地包含着平等、使用者控制、斗争的合理性及社会自主进化等价值。

遗憾的是，早期的马克思主义著述聚焦于工厂生产，房屋建设和城市服务则是不值得特别关注的附带现象，认为一旦主要的生产资料掌握在工人阶级手中，包括不平等在内的许多问题会很容易地得到纠正。国内资本和国内劳动力的重要性，包含在国内资本和国内劳动力的控制中的问题等，一并被忽视。现如今这些遮蔽逐渐散去，他们不得不面对在城市进行房屋设计和投入的后果，包括对房屋建设和地方服务的不予重视，拒绝低密度房屋建设，接受妇女和家庭的传统角色。

与上述概括过的大多数理论形成对比，这个理论具有内在的动态性。

---

[1] 不过，这个理论无法解释为什么当代社会主义国家的城市形态与当代资本主义国家的城市形态如此类似。这种阶级斗争还会继续吗？或者说为了抗拒厚重的历史，现在正有新的城市形态出现、正有新的城市形态在努力诞生？

这个理论把变化视为连续的、累积的均衡重建过程，这个过程在恒定的法则中运作，其中蕴含着对现状的合理化。马克思主义的理论顾及基础性变化的可能性，而且，实际上认为这种变化不可避免。遗憾的是，一旦社会主义变革完成，关于城市向何处演变，这个理论几乎没有给出任何线索。在永远停止变化之前，历史的动力推出了一个最后的伟大转折。这个千年视角下的城市理论的后果就是：发展变成非连续性的了。即便在速冻的图景内，"最终的"城市将会怎样也是不清楚的。

无论如何，作为对真实的城市演化的一种解释，特别是对工业革命时代的城市演化的解释，这个理论在城市形态上能够说明很多明显的反常现象，并且，像那种纯粹的历史性视角一样，这个理论具有生动性、行进感及渐变性，这些属性继而为这个理论增添了内在的一般性。不过，从社会物理学的视角看，个体的动机和行为倾向于被更大的、更加非个人性的力量所征服。

需要提及一个特别的事实，即关于城市形态理论的大量文献都显示出令人惊讶的枯燥。更有甚者，这些文献也很少能被记忆：很难回忆起一个理论性争论的主要线索。理论不是为娱乐写就的，当一个理论成功的时候，当一个理论对先前混乱的现象的内在运作能够给出简明解释的时候，其就会吸引人们去研读，或许是艰难地研读，不过，理论一旦被掌握就不会忘记。想一想达尔文的中心思想或者力学的基本原理吧。城市理论的枯燥乏味远远超过其令人挫败的艰深。这一定是更深的麻烦的一种信号。

非常明确的是：城市理论依旧是碎片化的，远不能解释我们的城市复杂、变换的品性。另外，在大多数理论佯装是纯粹分析性的和价值无涉的同时，它们实际上是处处充斥着价值。每一个模型都包含着其自身的标准及自身对世界的看法，并且，所有概念之间都彼此关联。我们把这些价值揭示为可行性、唯一性、复杂性、平衡性、稳定性、现状、效率、相互作用最大化、公平、使用者控制、持续的斗争，使得这些概念变得更加突出。这些概念产生了一个奇特的系列。人们会对它们作为一般性规则是否恰切产生疑惑，会对这些概念是否能够真正与人类目的和城市形态相互关联而疑惑。

附录 B 城市图式的一种语言

在第 2 章中，我说，定居形式是人们做事的空间安排，由此产生的人员、货物和信息的空间流动，以某种方式改变包括围墙、表面、通道、环境和物体等在内的空间的物理特征，这些空间的物理特征对人类的行动具有重要意义。然后，我涉及到了这些空间分布的变化，以及对空间分布的控制和感知。这种定义的广度和复杂性是显而易见的，无论我们试图以何种传统的方式记录这种形式，都会遇到一些常见的困难。

第一，公认的描述模式是二维的，这可能是基于某些目的的一个合理的近似，但它越来越不适合处理空间分布密集的地区，或者越来越不符合我们对城市的感知。地图具有平面化的性质，这与我们对某个场所的体验大为不同。在地理上，有一些强有力的方法能够规避这一困难，比如使用轮廓。我们还没有发明类似的装置来描述城市的第三维度。倾斜航拍照片或令人不适的轴测视图可以传达出城市地区的强烈影像，甚至可以清楚地了解其坚实的形式，特别是在该地区相对较小并具有三维特征的地方（曼哈顿塔或意大利山城）。对于大区域，或者不具有强烈的形式的地区，它们便失去了大部分的应用。物体互相间一个隐藏在另一个的后面，透视混淆了远近的比较，从空中看到的景色与地面上的景色不一样。在立体视觉中看到的垂直航拍照片，提供准确和详细的三维数据，但它们只能提供累积性的研究，而不能成为一个完整的模式。另外，放大的鸟瞰图可以生动地描绘区域形式的一些关键特征，一旦这些特征被分析出来，就可以通过图画进行沟通与交流。（图 76、图 77）

第二，时间维度普遍被忽略（某种程度上，在交通研究中除外）。人们把自己安置在睡觉的地方。一个人对一个城市的朝夕节奏没有感觉，而这种节奏对城市的功能和质量却很重要。除了在一些示意图和装饰性地在历史地图上有所体现外，世俗的变化也被忽视。人口总量和经济统计可以呈现为一个时间序列，但人们没有意识到空间形式的逐渐发展。像城市的

图 76 随着各种树木的长成和社会的成熟，备受嘲笑的郊区获得了更大的多样性和自己的特点。

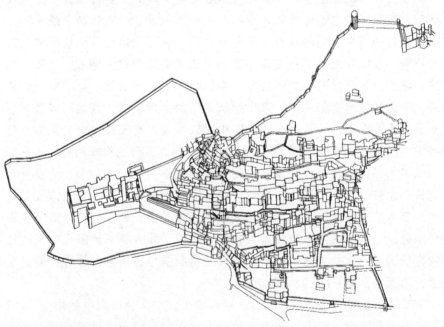

图 77 意大利阿西西山城（Assisi in Italy）的一部分轴向测量图。一个小定居点的复杂体量被清楚地解释，对应的图解技术运用到极致。

许多其他重要品质一样，空间形式的变化也通常是通过对地图进行口头补充来传达的。此外，关于城市的数据太多，以至于很难经常性地改变记录。对城市的描述不仅是静态的，而且常常是过时的。

第三，由于所研究的现象是非常复杂和广泛的，各种描述也往往会倾向于两种互相矛盾的观点中的一种。这些描述要么展示太多的细节，要么显示什么都不重要。许多物体，如特定的建筑物和小型街道，尽管它们的累积影响会是相当巨大，但可能与其本身和定居点规模没有太大关联。因此，各种城市地图要么是无法阅读的线条迷宫，要么就是空洞的示意图。如果一些事物不具有明显的可分割性，特别是如果个体构成的某些方面对整体非常重要，想要基于这组事物综合出某种一般形式绝非易事。尽管它们遗漏了所有的东西，人口点图依旧给我们提供了有价值的信息，因为人是可分离的，而且每个人都是重要的。我们能否用同样简洁的方式描述不同街道上的各种建筑物的集群呢？在阅读相关基本信息，或在不同的定居点之间进行有价值的比较中，我们遭遇着巨大的困难。

第四，城市的许多重要空间特征被遗漏了。一个人在看标准数据时几乎没有任何境况体验或者管理体验，也没有所有权体验和控制体验。虽然交通流量得到记录，但没有记录通信流量，也没有记录在远处的其他重要行动。几乎没有任何东西可以用来实际了解这个地方，了解它的各种品质，或它的居民所特有的形象。一个人怎么能在不知道这些东西的情况下判断一个地方的价值呢？

还有另一个持续存在的问题。虽然对城市的标准描述一致性地强调人类活动与物理形式的关系，但它们很容易混淆在某一个模棱两可的描述中，如"单一家庭住宅"或"教堂"。这是一种拥有名称的建筑类型，还是正在进行的礼拜行为或者是居住行为？或者，如果它就是被记录下来的在某个地方进行的活动的整体概念，那它为什么通常又总是永久性地附着在一块土地及其建筑物上？在几乎没有什么物理变化的情况下，教堂和房屋可以转换为其他用途，而且，人们也可以在其他各种地方进行礼拜和居住。没有有效地将这两种情况分开，以至于后来它们可能就会被明确地结合起来。特别是当二者的关系成为所审议的主题的核心问题时，这种模棱两可成为持续混乱的根源。此外，由于活动类别是传统的，它们往往缺乏基于当前

目的的考量。例如，当一个人在分析噪声的影响时，进行"公共或半公共"的活动划分几乎没有任何意义。它针对的是一个户外剧院吗？在这里表演可能以微妙的声音呈现方式持续进行；它针对一个变电站吗？在这里充满着让人耳聋的嗡嗡作响的设备。这些模棱两可的描述系统之所以能够存活下来，是因为它们在一种共同的文化中被使用。在这样的文化中，许多事情可能并未得以表达，但仍然能得到理解，并且总是可以得到一些补充性的口头解释，这些口头解释则来自经验。

共同文化中这些标准性的展示，记录了许多有用的信息，但却遗漏了更多。一旦实际地体验了一个地方，专业人士倾向于作为助记器或者作为信息的存储，来使用这些记录。针对每个新的问题以及特殊的问题，这些信息必须更新或者重新加工。他们依靠实地察看，与当地有知识的居民讨论，并反复进行勘察。因此，除了一些大体特征，如大小或平均密度外，实际上很难比较两个地方的质量。除非遇到一些明显的困难，任何人无论多么有经验，都无法基于简单查看一个城市的标准数据来评估该城市的质量。人们试图只使用标准地图和统计数字来比较城市，与之对应的社会或经济特征的总体评价，的确可从这些表征中得出。但没有人能像评估一组建筑图纸一样，借此掌握一个地方的物理特征。一个人必须住在一个城市里，并与居住在这个城市里的人交谈，然后才能发表评论。相比较对一个功能性客体的评估或者对一座建筑物的评估，疏漏问题在任何对定居点的综合评估中都是不可避免的。然而，人们想知道是否有描述性的方法可以让一个人对一个地方有一个更好的"感觉"，它允许一个人将一个城市与另一个城市进行比较，并找出可能的问题和优势。

虽然大多数专业人士知道什么是没有得到传达的信息，但他们可能不太清楚他们的思维是如何被他们使用的语言引导的。对于任何一个习惯于把城市看作对土地的斑驳性使用的人来说，邮政编码是用来控制建筑物和建筑物用途变化的一种自然和明显的方式，其中使用和形式是结合在一起的。政府机构提供的人口统计（最初是为了投票目的而组织的）模糊了许多重要的现象，加剧了政治分裂。经济数据将重点放在货币活动上，忽视了没有为货币回报而做的生产性工作。描述城市的方式的变化，不仅源于对城市现象的更好理解，而且还会引导对城市现象的更好理解。

我们可以使用某些类型的空间模式语言，因为它们经济且准确，还因为它们具备以优雅的方式描述高度变化的现象的能力。轮廓线是解释梯度的精细工具。精确的高度和坡度可以在任何一点上读取，一块地面的宽度也可以一目了然。点图也是一种非常经济的传递离散分布的方法。惯常的规划和剖面的建筑模型可以通过一个非常小的罗盘传达建筑物的本质（虽然不是它的实际用途）。这些惯例性的图纸可以在粗略的草图到精确的刻画之间变动，并且可以互换性地用于描述和控制建筑结构的安装。

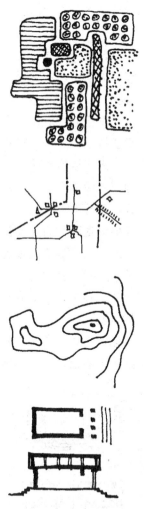

城市研究本身没有强有力的基本语言。它借用了来自地理和建筑的一些技巧，但这些技巧只是部分有用。如果要发展一种专门针对城市的语言，它很可能是图形语言，因为图形在描述复杂的空间模式方面优于语词（但不一定优于数学描述）。

我曾经认为，发展一种针对居住模式的单一的标准语言是合理的。但是，为任何领域准备这样的标准语言描述都是旷日持久的。更重要的是，当面临一个特定的分析或设计问题时，一个人总是会回到其他一些专门语言上，通常是一种相当传统的语言。开发一种标准的城市语言可能是一种意愿，也可能只是为时过早。于是，我们不得不改进现有的描述，或者针对专门化的问题，发明和测试某种局部的、专门化的模型。

然而，任何对居住形式的一般描述的原则性特征都可以得到阐明。两个主要的物理类别必须得到描摹：行动的人和支持这种行动的物质设施。这两者都可以再次细分为永久性的特征或重复性地占据某个固定位置的特征，以及在位置之间移动或属于该移动系统一部分的特征。因此，人员可以分为处于当地的活跃人员（工作、玩耍、教学、交谈）和一些转换性人员，与此同时相应的设施则有两种主要的划分：进行各种空间改造（通过建立护栏、改善地面及固定设备来调整容量使得具体的活动得以顺利进行）和促使系统流动，使所有种

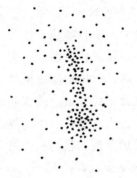

类的管道、线缆、公路、铁路及载人载物的车辆流动起来。这样，活动和物质设施就不再混乱："独栋房屋"可以记载为某种具有确定尺度和类型的闭合空间，这个闭合空间在特定时间恰巧被一个核心家庭的居住所占据。两者的结合类似于罗杰·巴克（Roger Barker）的"行为设置"。在其他时间和地点，这些基础元素可以形成其他的系列组合，产生新的行为设置。

得到改造的空间可以从许多方面分类：根据开放还是封闭，根据其地面的性质，根据圈地的规模，根据具体条件，根据便利性，根据其环境质量（光、声音、气候等）等。流动设施要么是车辆、管道，要么是终端，可以按其承载能力、按其"能力所及范围"或潜在的能力范围、按其在运行中可能产生的损害或退化等，进行分类。无论是得到改造的空间还是流动性设施都不需要详细展示，需要展示的只是它们的强度和小区域运作中的典型特质。

人可以按年龄、性别和阶级这些熟悉的类别划分，也可以按基于年龄、性别和阶级的扩大了的活动类型划分，或者按照人们之间相互作用的强度或性质分类。通过记录人的真实行动，而不是基于抽象的"活动"，人们不仅能够摆脱行为与设施的混淆，而且能够接受活动是由人类实施的这一事实。活动本身不会被虚假地指称；任何行动的适宜性都与从事活动的人有关。"制造过程"不会因生产线的重新安排而得到加强。从事制造的人，或者从这种制造活动中获利的人，有助于我们对活动的理解。很自然，这种看待城市的方式不会凸显机器或动物的行动，这是事实。只有在高度的自动化的地方，或者在整个生态系统发生问题的地方，人的行动的类别才必须扩大到包括其他实体的行动。

persons acting	adapted spaces
persons travelling	flow facilities

这个两乘两的元素矩阵（左图），按一个居住空间的小区域进行分类和量化，呈现为用图形序列或特殊符号表示的关键周期性或长期变化，是对我正在讨论的物理现象的基本描述。这些类别重叠的程度很小（例如在运输途中工作的人，或用作庇护走道的建筑物），但是否重叠并不重要。另外，这些特征是独立的、可识别的、可测量的，是能够在空间中获得定位的，并且既可以以粗略的形式，也可以以精细的划分来表示。这

些特征可以组合起来，形成特定的行为设置。这些行为特征构成对一个地方的基础性描述。没有这些基础性数据，对居住地的任何目标的物理分析，都很难进行。它们以一种明确的形式，对应于规划行业使用的典型的城市视图。

　　然而，这一基本描述不足以达到许多特定目的。了解其他两个要素通常是非常重要的，这两个要素可以基于同样的方式划分为行动和事物。一个要素是由某些物理介质（书籍、电子调制、信贷账户、计算机卷盘、语音）携带的信息，这些信息要么正在传输，要么在本地存储或处理。第二个要素是整套物质资源（包括货物、能源和反物质，或废物），这些物质资源也在当地储存或正在加工，或者通过管道和电线及沿着公路和铁路流动。信息的快速沟通和处理是一个城市的标志（或许在今天更是如此），也是衡量城市质量的重要指标。同样，我们刚刚开始意识到，定居点是构成任何自然系统的物质和能源大循环的一部分。与以前一样，资源和信息流动与本地化，可以按照小区域空间量化和分类，可以进行大致分类，也可以按照需求进行足够精细和复杂的分类。这些分布现在可以直接与同一空间分区内的人员和设施的分布有关，这些分区可以是粗略的，也可以是精细的。

　　但还有更多需要补充的内容，而且数据的形式也不是那么清晰，或者说也不是那么契合。

　　首先，人们肯定倾向于将描述与标准地形图联系起来，这种标准地图是描述地面、排水、地表地质和基本生态关联的非常完善的工具。

　　其次，重要的是要表明对空间的某种控制：对空间的所有权、对空间的管理及对空间获取和使用的权利。这可以显示为控制域的镶嵌，或者通过标准化的小区域对这些区域的典型模式进行表征。此外，到目前为止，对一个环境的感受品质，我们只提供了一种幽灵般的描述：视觉空间，声音和感觉。此外，其中一些（就像信息的交流）是一种远程操作：长视图、视觉序列及对一个具体地方的描述方式，都被境遇性地修改。

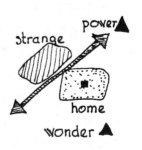

尽管对一个地方的实际经验至关重要，但表征这些感官品质的各种方法，

仅仅在大的居住区得以发展。最困难的问题，也是城市经验的核心，是找到一些客观的方法来记录居民如何思考他们所居住的地方，即：他们组织居住地的方式以及对居住的地方的实际感觉。如果不了解这一点，我们就很难做出一种评价，因为地方不仅仅是地方自身，而且还是我们认为这些地方是什么。

很可能会增加更多，但我们已经激发了大量的数据用于记录和理解。我们没有尝试一种"完整"的描述，某种"一般性"语言也还没有诞生，尽管如此，它依旧为任何更专业的描述，提供了一种框架。

借助于对居住区进行更细的区域分配，这些数据的大部分作为某种特别的分布被记录下来。对于每个细分（可能是网格正方形或立方体），对于任何种类的属性，我们都可以记录两件事：它的模式类型（或类型的混合）

和它的强度，或单位面积或体积的数量。因此，对于城市空间的任何细分，取决于我们进行划分的目的。我们可能会注意到这样的情况：封闭的地面空间的数量和空间品质良好率的百分比；每小时通过广场的人数；按年龄和性别划分的在当地积极活跃的人数；在广场储存或加工的所有货物的重量（或货币价值）；通过广场的信息流量；不同类别人员控制的空间的百分比；空间被不同阶层的人控制的比例；典型形态的小气候水平和声音水平；一整套具有代表性的观点，或一套景观模式的其他特征；一般公众对这个地区的相对生动性的记忆，以及他们对这个区域赋予的价值度量尺度；数量和类型可以转化为点状分布、镶嵌模式，或表层轮廓。可以对同一方格内的度量之间的比率进行计算：每人的地面空间，或单位地面空间人员流量的百分比。

其他测量可以基于对任何给定环境位点的影响进行。一种这样的测量可以是梯度测量，或纹理测量。如果某些特征是连续的（例如，地形海拔或连续变化的人口密度），那么测量的便是梯度的陡度，即当一个人移动到附近的点时，特征变化的速度有多快。

如果特征是不连续的（性别或建筑材料），那么测量的是纹理，或不同特征混合的契合度。一个新的郊区可能有一种非常粗糙的建筑纹理或家庭类型纹理（或者是性别，或者一天中的某些时间），而一个较古老的城市内部环境则会表现出一种精细的纹理。测量纹理的一种方法是对每个点到具有不同特征的最近点之间的距离进行平均处理。另一个更加定性的描述则是注意所形成的混合状态是相对模糊的和界限不清的（"灰色"），还是具有明晰边缘的聚集组合。活动或层级混合的精细程度会是一个城市非常关键的方面。同样重要的可能是对比鲜明的典型的形式和典型活动之间的密切关联的方式（例如，多家庭住宅庭院如何向活跃的商业街开放）。

　　最后，可以在任何一点上测量潜能，即它对于该位置上的某一特定类别的所有特征的影响，这些特征基本占据了该区域的所有其他位点。这个度量假设了在一定范围内存在一个普遍的行为。这通常进行的是总量计算，对于基于原始的位点和其他位点的距离进行划分的任何一个位点，计算纳入测量范围的特征的总体数量。因此，一个城市中任何一个街区的人口潜力都可以用每英里的人口数量来计算，方法是将每一个其他街区的人口除以距离第一个街区的英里数，然后把所有这些商加起来。潜力最大的区块比任何其他区块呈现为拥有更多的人。任何其他类型的元素也都可以进行类似的计算。因此，我们可以计算公共开放空间潜力、信息密度潜力、土地价值潜力、非防火结构的潜力（如果我们担心火灾的可能性）甚至图像强度的潜力。

　　类型、强度、比率、梯度、纹理、潜能和时间序列是位点或小区域的特征。它们可以通过多种方式进行汇总和分析。一种我们熟悉的分析是对统计整体的分析：总量及其之间的关系、百分比组成、手段和模式、集中度的度量，以及所有一切随时间变化的变化。例如，计算每平方英里人口的单位密度、标准偏差及过去十年人口百分比的变化。虽然在形式上是统计的，但原材料仍然是空间数据，因此城市依旧作为一种空间现象得到分析。

　　另一种分析方式是将分布本身视为空间中的一种模式。不幸的是，这种分析的系统化程度不如统计分析，但对我们的目的来说显然至关重要。最常见的模式是准备一张地图，它或者是各种区域的拼接（马赛克），或者是一个形状的轮廓，或者是近似于一些熟悉的重复模式，如环、棋盘或扇区等形状的区域组织。虽然在地图形式上引人注目，但其中一些特征可能并不是我们曾经认为的那么重要。一个大城市的总体轮廓现在与这类地图是相对无关的。但我们所熟悉的土地使用地图则依旧是一个潜在的恒定的音调，一直敦促我们不能忽视在这种地图模式中的空间模式的存在。

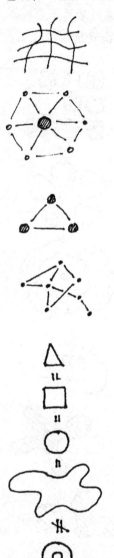

除了镶嵌模式、区域模式和轮廓模式外，还可以将分布抽象为代表特殊强度或特征的焦点的排列。因此，一个城市可以是单一的，也可以是多中心的；它的运输终端可以是分散的或是集中的，或者以中心环方式排列；它的信息流可能在某些点达到峰值，也可以广泛分散；等等。焦点通常使我们能够简洁地描述复杂的模式，而不需要强加武断的边界。超出建筑物规模的真正的"硬边"特征在现代住区中并不常见。

或者，可以将模式看作是一个网络，它本身可以有一个形式、一个连接度、一个尺度或一个专业化级别。其中许多特征可以用图论的数学语言来精确描述。网络在描述流动和流动设施时显然是合适的，但它也可以适用于其他类型的联系：社会、经济甚至视觉联系。与焦点描述方式一起，网络描述也成为人们所倾向的一个重要的描述方式，人们用以组织他们的城市形象。

还可以有其他的描述方式，例如描述某些连续变量的变化表面的形状（"人口密度从北到南稳步下降，最急剧的下降发生在河流的交叉处"）。加上文字的图标，仍然是传达这些形状的主要方式。对于这类情况的处理，借助于拓扑变换，数学工具变得越来越重要，因为居住地的许多重要空间关系都是非度量性的。与正方形、三角形或圆形等几何类别相比，内部和外部、连通性、梯度、质地、优势、焦点、飞地和密度，则是更加重要的概念。图论在分析线路网络和交互网络中是非常有用的。对空间散射和最邻近距离的数值测度具有一定的价值，植物生态学就采用这种方法。最近发展起来的"灾变理论"可能会提出一些新的见解。

这种对可能的测量类型的回顾，加上对要测量类型的特征的回顾，使城市形态的复杂性更加明显。在每一个时刻调用所有的方式对一个居住地进行描述会是一种徒劳无益的精细活动。描述必须契合目的，要有所选择。

一个好的描述的作用是显而易见的。在居住地分析中，一些测量显示出持续的重要性，在我们上述进行的讨论中，这些测量比其他一些测量出现的频率高了许多。

规模和统计组成可能是一个重要的方面，但二者的变化率可能更加重要。拼接起来的地图模式可能不像我们想象的那么重要，而纹理或者空间、人员和行为设置的组合则肯定非常重要，因为这种组合对应着通道、相互作用、整合、情境、对比与选择的广泛影响力。无论是人的强度，还是物的强度，亦或是通信的强度，都具有持久的相关性。网络的连接性也是如此，如果在一定距离之外产生一种有影响力的行为，这种连接性或许体现为某种潜在性。在一种行为设定中，行为和形式之间是否匹配非常重要。某些不可测量的品质也由此走向前台。

这些术语在我们的讨论中一再出现。此外，随着城市形态理论的发展，我们可能会发现，一旦一个地方的价值可以明确地得到表达，我们就可以直接用这个地方的价值来对该地方进行描述，而无需通过某种与价值联系起来的复杂的空间形式实现这种描述。因此，我们可以简单地绘制居住地的任何一点与其他一点的活动的通达程度，从而缩短街道网络、运输节点、社会障碍及地方性活动的密度和类型之间的漫长回路。

附录 C 城市价值的一些来源

我对有关城市价值内容的汇集来自各种各样的资源。其中一些说法是从城市建设行动中推导出来的，另一些则隐含在对各种场所的描述中，还有一些则在创建城市原型或城市乌托邦时就已经明确阐释过，再有一些则清晰地蕴含在城市建造目标的条目中。我在这里并没有努力去证明这些理念的合理性，只是说明了所塑造的效能纬向的材料来源。读者一定会对这种材料的混乱感到困惑，对它的冗余和模糊性感到恼火，甚至对它喋喋不休地呈现的善意感到厌恶。然而，这其中涉及的种种动机往往会促生巨大的行动。

某些令人向往的东西似乎在努力进行城市建设的人的脑海中，重复性地占据首要地位。在本书第一章中我提及了其中的大部分内容。最显著的动机之一就是寻求免受外部或内部攻击的安全。修建围墙，对出口与入口进行布局和控制，建立区内贫民区，强化据点，保障水井和食品供应安全，设立警戒区，清除火灾隐患。城市建设者还通过排水，引入纯净水，避免不健康的场址，努力预防疾病。

我们已经看到，象征性的目标几乎总是这些实际设计的一个组成部分，而且很可能先于这些设计而存在。建造城市是为了确保一种宇宙秩序，加强一个群体对另一个群体的支配地位。社会空间被排列，贱民被孤立，强者聚集在一起。对权力、财富和练达的明晰可见的表达变得重要，从敬畏、顺从或魅力的体验中引申出的各种形式也变得重要。不愉快的景象、声音和不想要的人被置于视线之外。人们进行各种尝试以在一些陌生的土地上重建自己熟悉的环境。

除了这些象征性的表达外，还有经济控制的动机：保护货物、没收资源、管制生产过程和分配其产出。仓库已经建成，区域得以主导，道路枢纽被占据，生产过程集中在可以监督的地方。城市建设者努力增加经济产出，特别是努力改善获得劳动力、材料、信息和信贷的机会通道。运输和通信得到改善，为贸易和往来建立各种设施，最大限度实现活动效能。有时，城市建设者特别关注空间和其他资源顺利而迅速的分配，特别关注存在于这些因素中的投机性。他们想要明确界定的位点，要保证普遍的通达性和标准化的形式。

如果我们思考一下第四章中讨论的城市隐喻，会发现许多相同的想法，并有补充。最早的理论试图维持宇宙秩序，从而获得与宇宙合一的感觉，从无序、战争、瘟疫和饥荒中获得安全，并加强社会等级。好的城市传达一种正直、令人敬畏和惊奇的感觉，一种永恒和完美的感觉。

机器模型考虑效率、活动的密切支持、好的通达性，以及易于修复或重塑等。它重视为自己的目的而利用物质世界的能力，重视摆脱强加的意义或限制的自由。理想情况下，机器模型世界是一个冰冷的实用的世界，其组成部分简单、标准、易于改变，而部分本身并不重要。公平和均匀分配受到重视。伴随着对城市机器本身的大小、复杂性和力量的迷恋，这些概念会进一步得到强化。

另外，有机隐喻也关注宇宙模型类别所关注的安全性和连续性，特别关注健康和福祉、稳态平衡、成功的儿童养育和物种生存等价值观。它关注各种联系：人与自然环境和社会秩序的联系，避免排斥和疏远。与自然的接触，对有机秩序的表达，丰富的情感和经验，是这个模型推崇的东西。多样性和个性是值得称赞的，但只有当个人能够保持社会性的和生物性的参与时，才是如此。

一些经济学家分析了各种城市形式的相对成本和收益。当欧文·霍克（Irving Hoch）讨论城市规模时，他考虑了诸如空气污染、噪声、气候、交通拥堵、疾病、犯罪、基础设施和住房的资金成本及居民的货币收入等等这些可量化的（常常是消极的）指标。他还引用了一些偏好调查，以便引入诸如兴奋和刺激、和平与安静这样的比较模糊的积极的度量指标。艾伦·吉尔伯特（Alan Gilbert）也分析了城市规模，他考虑了同样的指标，同时补充了一些内容：就业机会、住房充足性、良好的学校、文化和娱乐设施及总体经济增长。佩雷维登塞夫（Perevedentsev）则从一个完全不同的社会主义视角，对这个相同的问题提出了一个修改后的列表：和上面的分析一样，涉及污染、运输时间、运营费用和资本投资；同时还包括：劳动生产率、社会关系中的选择、免于社会控制的自由、民族融合、人口再生产及知识的创造和传播等。

我们也可以通过思考关于各种原型的各种论点，来推断城市建设目标。由于原型领域如此之大，我们滤掉了很多彼此互相重叠和彼此冲突的主题。

最常见的原因主要是经济原因：高效率的生产和高效的城市建设或维护；避免浪费、短缺、不足或过度使用；功能的可靠性和灵活性；防止衰退；充分的收入和消除贫困；财产价值的提高、健全的税收基础和强大的地方财政；良好的利润、使用和转让的自由及对市场的快速反应；充分保护或开发资源，以及减少财产损失。方便的自由活动，减少交通拥堵和旅行时间，便捷的通信，以及良好的工作、娱乐、服务及与其他人相互作用的通道，也常被提及。

健康、免受火灾和其他灾害的威胁、良好的小气候、保护土地、尽量减少污染和噪声、清洁、消灭饥荒、避免身体危险等，都是共同的动机。基本的社会动机是重要的：社会稳定或社会变革，减少冲突和社会病态，加强社会主导地位，或者加强对地方性社区的支持。

个人之间的关系是其他各种论点的基础：增加互动，特别是增加不同年龄、阶级或种族之间的互动；亲密或激励性的接触；隐私和宁静；活泼、活力和处于中心的体验；看到和被看到的能力；个人认同感的增强。行动自由和移动自由、个人选择、自助、自主、公平和多样性的重复出现，行为控制及从行为控制中脱离，参与和民主进程等问题，也是如此。个人发展受到重视，特别是对成长中的儿童来说，尤其如此，例如，通过儿童对安全和有趣事物的探索实现这类重视。在某些情况下，这一点还会扩展为一种进化的指令：从事人类预定的、渐进的发展事业，或者探索未知的世界。

其他目的更多地与直接感知和认知有关：视觉和谐、记忆、连续或宏伟的表达、定向和清晰的形象、强烈的顺序体验、对比、复杂的连贯、人的尺度、对自然场址的感觉、明智的见解或对不愉快的事物的隐藏。有时，诸如场所的神圣性、庆祝和仪式、历史感或宇宙感、家的感觉等这些更深层次的象征问题被唤起。

在所有的对当代城市的哀叹中，一些类型的居住地区因其可取的品质而被推崇。一些大城市的密集中心因其多样性、活力、力量感和历史感及它们为激励性的相遇提供的机会而受到推崇。他类型的鼓吹者则指向一些历史小镇，突出其美丽的形式，独特的性格，适宜的人口规模，深厚的历史，以及它们的安静和闲适。还有另外一些人记得一些古老的村庄，或者一些稍微（但不太明显）衰败的农村地区，在那里，人与自然、生产的基本过程及与他人密切接触（所有这些都处于一种轻松和平静的气氛中）。还有其他一些受访者强调沙漠、山脉、湖泊、海滨或公园般的景观带来的特殊感官品质。大多数北美人对绿意盎然的城市郊区充满了好感，他们认为郊区舒适、行动方便、社会冲突明显淡化、有持久的安全保障、政府功能灵敏、儿童安全、有良好的服务、有充足的空间和宜人的植物。

乌托邦式的建议是各种环境产品的另一源泉。它们的核心价值观往往与群体认同、加强社会联系和支持社区意识有关，而社区意识与参与、社区控制、自给自足、社会稳定、促进非正式社会稳定的空间及促进非正式社会接触的空间等因素有关。尽管这些可能是它们的核心价值观，但它们也经常强调公平和正义、健康、清洁、"平衡"秩序、避免浪费及与自然的密切关系等价值。这些主张还可能涉及诸如多样性和自由、创造的乐趣、个人或群体的"完美"，甚至有时会涉及舒适、高效功能或良好的通达性等这些额外的问题。

而高科技的幻想，另一方面又以审美的连贯性，丰富的象征意义，以及新奇、复杂、精妙、动态变化的表现方式来凸显自己。生产效率可能是一个目标，也是一种高消费，在表达人类与人类的技术或人类与宇宙的关系时，或许又是一个认知问题。梦想家可能会宣布他们正在创造一个超级有机体，这是进化的下一个阶段，这个阶段的超级有机体由人类共同体和人类栖居地的融合来构成。

黑暗的喧嚣——地狱和惩罚的邪恶梦想——在相反的方向，照亮了同样的美德。反乌托邦者（Cacotopian）的动机通常是明确的，并且与形式清楚地联系在一起：过度刺激，感官混乱，空间和时间迷失，健康不良，被孤立于充斥着拥挤、污染、溽热、灰尘、寒冷、垃圾、黑暗、模糊的烟雾、眩光、噪声、疼痛的环境中，移动受阻及身体使用受阻，突然的、不可预测的变化发生，基本动机是针对个人的外部控制，人格的崩溃，令人震惊的发展与不适，对养成的恐惧、怀疑和仇恨。

带着些许欣慰，我们转向童年的回忆，这些回忆常常充满了怀旧和柔情。当人们讲述他们成长的时光，或者当我们阅读他们的回忆录和自传时，我们发现对这些童年场所的吸引力有着共同的解释。其中一个主题与自由的范围有关，一方面，它伴随着好奇、惊奇和兴奋的感觉；另一方面，它代表着一种退出、梦想、在自己保护自己的地方的安全体验能力。操纵事物和测试自己的机会是一种愉快的记忆，对场所、社区和生产功能的理解及儿童与自身所处环境的关系也是如此。亲密的人际关系，以及作为一个稳定的、小型的、紧密联系的社区一部分的满足感，都是常见的解释。与植物和动物的密切接触也是值得纪念的。使用身体的乐趣，以及对世界上神奇的意义的体验，丰富、生动且有点神秘。

小说和诗歌是环境价值的重要来源。伊塔洛·卡尔维诺（Italo Calvino）

的《隐形城市》是这些来源中最直接的一个。他关心自己的永恒和短暂，周期和连续的展开，连续性，生存和变化，关注逝去的人、活着的人和未出生的人之间的联系。他讨论自我认同、模糊、和谐、多样性和肉体欲望的满足。他被一个地方的深度象征性吸引——它们何以被记忆、符号和映像裹挟。豪尔赫·路易斯·博尔赫斯（Jorge Luis Borges）的故事同样被时间的迷宫、映像、符号和无尽的展开所占据。

规划师和社会科学家有时会把他们认为在解决方案中有价值的东西调制为一种系统清单。玛格丽特·米德（Margaret Mead）在她题为"我们想要什么样的城市"的简短文章中列出了类似的东西，如和睦的邻居、一种社区感和连续感、对生物圈的认识和一种共同命运的感觉。生态保护固然很重要，不过，她也同样重视多样性、匿名性、居住地选择，关注避免社会隔离及中断社会联系的可能性。

芭芭拉·沃德（Barbara Ward）等人向联合国生活环境会议提出了一项原则声明，涉及第三世界任何一个地方的良好居住地应该拥有的基本品质。它们包括有保障的保有权、自助、环境保护、清洁的水源、基本的服务、可行的经济、高效的农业、有效的社会控制、参与性决策及社会隔离消除。休·斯特雷顿（Hugh Stretton）在他为"贫穷的资本主义城市"开出的药方中，强调了低密度的自助住房（通过廉价土地，有保障的使用权，良好的水、电、废物处理服务，简单的建筑材料和适度的建筑标准实现）、良好的准入、良好的学校和其他相应的地方服务，在资本的所有层级上发展经济、鼓励增量变革。

卡普（F. M. Carp）和其他人从对北美成年人的开放式访谈中提取了一套共同的环境价值观。他们发现经常被提到的是：良好的外观、清洁、精心的维护、免受噪声和空气污染；开放、温暖和宁静的感觉，友善的邻居，没有疏离感；免受交通事故、攻击、破坏和抢劫侵害的安全感；方便的移动，隐私的保护，与其他动物的共存。

丹尼尔·卡彭（Daniel Cappon）和玛丽·罗什（Mary Roche）试图构建一个关于城市生活压力的综合目录。它包括污染、资源枯竭、身体危险和疾病、营养不良、建筑物太大或太高、定位混乱、激励不足、无聊、空间限制、噪声、社会性孤立、恐惧、社会过度单一、自然接触缺失、通行时间过长、户外娱乐不足、增长率过高、气候恶劣、住房失修、服务效率低下、贫穷和失业。

规划师和设计师通常对城市持有一些个人观点，他们的观点是一个关于定居形式的典型价值观的汇集。当我们阅读文献时，我们发现以下一个或多个典型的、不总是相互排斥的组合：

1. 特定的城市因其"城市性"、多样性、惊喜、风景如画和高度的互动而受到人们的喜爱。

2. 城市应该表达和强化社会的本性和世界的本性。城市的关键要素是它的象征意蕴、文化意义、历史深度、传统形式。

3. 秩序、明晰和当下功能的明确表达是衡量的主要标准。一个人喜欢城市是因为喜欢城市是一个迷人的、巨大的、复杂的、技术性的设备。

4. 城市设计的重点只是有效地提供和维护必要的设施与服务，即良好的工程。城市是人类生活的中性技术支撑。

5. 城市本质上是一个有管理的持续系统。其关键要素是市场、制度功能、空间通信网络和决策过程。这一点是基于上述阐释的理念，即：一艘牢固的船，一次顺利的航行。

6. 与上述相反，强调主要价值观是地方控制、多元化、有效倡导、良好的行为环境和小社会群体的首要要求。这一点则基于下述的理念。

7. 环境应以个人经历的方式来评价，并具有开放性、可读性、意义性、教育性和感官愉悦性等品质。这种观点是基于对人的内向考察。

8. 城市是获取权力和利润的手段。它是一个竞争、占有、开发和分割资源的场所。世界是一片丛林，是一片机遇的田野，是社会争斗的土地。

9. 别管它是什么，接受它所给予的环境。学会在其中生存；享受它的现实，它的"存在"，它的复杂性和模糊性。剥离它的传统意义，成为一个富于洞察和创造性的观察者。

最后，值得注意的是，1977 年春天，当一群规划和建筑专业的学生被要求阐述他们对美好城市的个人看法时，他们以一套丰富的价值陈述做出了回应，这些价值陈述可以收集在以下城市价值观简编中：

通达性；接近；良好的通信；公共交通；方便步行；轻巧的个人交通工具；保证通达性的各种模式；资源、服务和便利设施的便捷获取；不排除任何群体的亲和构成；快速安全的通道；良好的起动信息；行动自由；等等。

选择和机会；人、种族、工作、住房、活动、价值观、密度、娱乐、购物、生活方式和社会状况的多样性；邻居的多样性，但不是邻里关系的多样性；对差异的宽容和欣赏。

对小群体活动和身份认同的支持；归属，领地，草地，社区规模，自我认同，领土提示，关怀和自豪感；个人陈述，民族表达，使用者的控制体验；人群规模，群体认同，社区产权，个性化，需求和价值呈现，邻里组织。

支持社会互动，保持互动与独居的距离，隐私，会议中心，大型聚会场所，活动中心，适宜生境。

强大的社会网络，相互依存，共享价值，文明礼貌，没有种族紧张，没有发展障碍，市民与城市关联，城市的主人翁意识，鼓励合作。

安全，保障，信任；免于意外、抢劫或故意破坏。

可控的机构，灵敏的反应，亲和的政府，反馈，参与，用户参与决策，规划和决策透明，可行的控制机制。

便捷和维护良好的服务，必要的基础设施，健康的学校，舒适的住房，从现代技术中获益。

对于认可行为的日常性支持。

清洁、健康、无污染的环境；有益的气候和生态；对环境负责的管理。

坚实、稳定、多样的经济基础；健康而富于生机的宏观和微观经济；工作保障；经济机会；低生活成本；经济不受中央控制；没有经济漏洞。

强烈的自然特征；与自然的纽带；野生场所的存在；自然生成的自然特性；景观和气候友好；面向空间、太阳、天空、水、树木的开放性。

强意象，连贯性，场所感，独特性，整体感，场所的可理解性和可感受性，大尺度的清晰和经验的复杂性，清晰度和整合，有序的复杂性，独特的身份，超强的链接，醒目的方位和地标，强大的中心和次中心，明确的边缘，空间意识，可以在不同层次上感知的元素，对特异性的认同，国家的象征、独特性，对特定地点和文化的应答。

对时间、历史、传统的表达；人与土地的根基体验；新与旧的和谐；活的博物馆；可见的历史，与历史角色的持续关联。

刺激，丰富；经验和规模的多样性；可感细节的丰沛，组织的精巧，超载和剥夺之间的平衡；丰富的社会冲突投射；惊喜；有趣、令人兴奋的场所。

教育和信息交流的机会，一个允许发现的信息环境；有教育意义的价值；鼓励发展，想象力，创造力。

美丽；我们所提供的事物的最好映射。

对非正式的体验。

平等，公正。

适应性，灵活性。

高密度；要么是密集的城市，要么是开放的国家。

摆脱能力。

效能维向是在某一个过程的各种价值缠结中形成的，下面列出的是一些被考虑和丢弃的维向，以及排除或修改它们的简要理由。

1. 社会互动，连贯或整合；社会变革或稳定。所有这些都经常被称为任何一个居住地的各种价值中的关键价值。但它们都是社会系统的特征，而不是物理的、空间的特征。我们寻找对这些社会特征有一定影响的物理特征，并且必须认识到这些物理特征的影响将是间接的，并且可能是次要的。

2. 成本。在对任何东西的价值评估中都要涉及对成本的评估，就好像成本是一件单一的事情，与其他的各种好处具有质的不同，如：一种生活是由（A）快乐和（B）痛苦组成的。有时，某物的成本被视为它的价值本身。但成本既不是单一的，也并非有质的不同，它们只是在获得其他价值的同时所发生的某些价值的损失。如果不能在某个过程中获得某种好处，任何事情都没有任何价值，无论其代价如何。因此，成本，或负向价值，出现在我们所讨论的每一个利益或绩效维向之中。存在着内在于理论的成本——在某个效能维向上的损失，以及外在于理论的成本——美元、政治努力等。

3. 舒适，压力，滋扰，安全。所有这些相当模糊，对于一个理想城市而言，这些相互关联的术语都是些过时的标准。我试图把它们缩减到仅仅对应于空间品质，并试图将那些影响生存和健康的特征与那些仅仅是舒适和轻松的特征分开。

4. 与自然的接触。这有时会引发对一个地方的希望特征的列表。但这句话是误导性的，首先是因为我们对"自然"是什么感到困惑，其次是因为这种价值并不存在于事物本身，而是存在于我们对它们的感知中，这种感知引发了对我们自身缠绕其中的生命网络的直觉。因此，"与自然的接触"就像一种对家的感觉，一种对社区或历史的感觉，这种感觉可以在城市形式的敏感度意义上被转化和引发。可以被转化为城市形态的敏感性。

5. 平衡。良好的环境被反复地描述为"平衡"。我们把世界视为一个两极化的体系——冷与热、大与小、黑与白、密集与稀疏、高与低、刺激与安静，并预期在光谱的每一端存在着危险。在这些两极之间必须有一个最佳的点，这里包含着平衡的思想：平等和对立的力量，使世界保持稳定，防止任何加速性力量引发灾难，正如中国的阴阳哲学。这个比喻是如此强大，以至于在最尖锐的辩论中，它都可以畅通无阻地被使用。谁会质疑我们必须有一个"平衡的人口"或"平衡的经济"呢？对平衡的目的的探究，对反平衡的探究，总是遭到各种怀疑。通过对立的力量之间的张力得以实现的极性和平衡，常常是一个基于富于洞察隐喻的好的策略，不过，在这里极性仅仅是一个想象，是一个使得问题含糊的概念。

6. 废物、污垢和低效。对我们的思维方式而言，废物总是不好的，就像平衡总是好的一样。废物伴随着衰落、效率低下、生产力低下、过度消费和其他道德邪恶。污物（园林土肥除外）不健康且令人恶心。我们的城市既浪费又不干净。每个人都想要一个干净的城市。没有人会在废物堆积和低效的平台上竞选政治职位。我们在第 12 章讨论了效率问题，其中阐释到，在基本的价值得到明确界定之前，效率这个术语是没有意义的。效率被描述为不同价值之间的权衡标准——其中一些是理论之内的，另一些则是理论之外的。废物和污垢的概念阐释需要另一本书来完成。每个人都谴责它们，但它们是什么？为什么它们是坏的？就像我们小心翼翼地不被垃圾和粪便污染一样，因为它们的神奇和隐蔽的危险，我们最好避开废物这个概念，直到它得到更好的理解。

7. 秩序。一个秩序良好的城市，就像一个干净高效的城市，是人们普遍想要的东西。然而，它也导致了创造性的僵化和场所的单调，成为一种纸上的秩序。对这类秩序的过度关注和追求，一次次引发我们对这种意义上的秩序的怀疑。与其他情形一样，当一个人意识到有序事物本身没有任何价值时，辩论的走向就会发生变化。秩序（或更确切地说是秩序安排）是在头脑中的，它是一种在头脑中安排有价值的事物的能力，通过秩序安排，我们能够理解和处理更大和更复杂的整体。秩序最好被理解为合理性。于是，我们就会关注一个场所究竟对谁是合理的，并关注秩序安排过程。

8. 审美，舒适。城市形态的许多有价值的考量通常集中在这些标题下。我已经讨论过当审美价值观脱离生活的其他方面时出现的问题。此外，这个术语还承载着更多的旧有观点的繁杂意义和残骸的重负。我更喜欢像辨识力这样的术语，它有一个比较明确的含义，可以在环境形式上更直接地得到定义，并且能够摆脱旧有争论幽灵的缠绕。不像审美，更不像"舒适"，它可以包含如此之多的可爱的品质，辨识力可以被识别和测试，而且与人类的各种价值具有明确的联系。

9. 多样性和选择。第 10 章已经讨论了定义多样性的问题。尽管在设置的多样性的意义上，它与行为契合直接相关，这一重要标准还是被归入通达性的一个方面。不过，这个概念目前还没有完全被掌握。

鉴于对一般化需求的迫切性，这几个例子可能会让读者了解效能维向是如何构建的，这种构建使得各种价值明晰而确定，把混乱转化为某种显著的、有用的结构。

附录 D 居住地形式的模型分类

　　这是目前使用的各种城市形式模型的列表。这份清单不能做到详尽无遗，它缺少适用于当地场地规划或建筑规模的详细模式（转弯、露台、林荫大道、拱廊、政治考量、对称轴、基础种植、树群、停车场、屋顶露台、讲台等）。该清单是在城市规模尺度上的对各种原型形式的调查，对其动机和结果进行了非常简短的讨论，同时涉及对一些原型的倡导和分析。对各种原型的分组带有极大的武断性。其间蕴含的各种思想被分散到各种离散的模型中，尽管不同模型的倡导者通常会将它们连接到更富关联的系统中。无论怎样，有些重叠是不可避免的。由于清单试图在城市规模尺度上相对完整，它不可避免地重复了本书的一些内容。

适用于城市总体格局的一些模型：

　　1. **星状模型。**根据这一观点，任何中等城市规模扩大的最佳形式都是星状辐射或呈现为"星号"。应该有一个单一的主导中心，密度极高和用途混合，围绕中心的四到八条主要交通线路向外辐射。这些线路将包括公共交通系统及主要公路。次级中心沿着这些线路集中布置，更密集的使用要么围绕这些子中心集群，要么沿着主要线路串形延伸。不太密集的使用占用了远离主径向更远延伸的区段，而开放的绿色楔形则占据了指状扩展之间的剩余空间。从主中心向外的间隔有同心公路，这些公路将各种指状分布连接在一起，但除了指状分布彼此相交的地方外，其他的邻近区域没有得到发展。

　　该模型是一种基于以前紧凑的中心城市沿着新延伸的公共交通线迅速向外扩展自发出现的合理化形式。在为次级中心及其他中等密度甚至更低密度的其他用途提供供给的同时，它允许一个活跃的、密集的"城市"的主要中心的存在。只要大多数交通是以中心为导向的，大众交通系统就是高效的。在大多数各种开发都能够通畅地进入主中心的同时，这些开发也接近指状分布发展形成的开放性楔形。这些楔形物直接通向农村地区，可以为行人、骑自行车者和骑马者提供路线。整个城市可以根据需要向外发展。

对这一想法最系统的阐述可以在汉斯·布卢门菲尔德（Hans Blumenfeld'）的《城市形态的理论：过去和现在》中找到。它是华盛顿规划的基础，也是哥本哈根著名规划的基础。莫斯科的总体规划也主要基于此产生。虽然这种形式的一些特征出现在 19 世纪和 20 世纪初的许多城市，但很少证明这种形状能够得以保留，在资本主义经济中尤其如此，尽管已经有了很好的通道，但依旧需要强有力的控制，以保持绿色楔形的开放性和连续性。伴随着放射状的指状分布彼此之间的相互隔离，或沿中心方向发展，各种同心路变得越来越重要。因此，在星状系统不断地去中心化过程中，系统变得更像一个开放的网络，主要的中心成为各种路径的交会点。沿着指状分布的各种线性开发，可能很难与它们所承载的繁重的交通联系起来，如果整体变得很大，主导性中心可能会被涌入的流量所堵塞。然而，该模型有许多有用的特点，特别是对于中等规模的城市。在大多数交通规划的制定中，以及在大多数对城市的地理学研究和经济学研究中，都假设了这种放射状形式的存在。对这些规划和研究而言，这种形式就像鱼水关系一样自然。

2. **卫星城市。**卫星的概念并非与恒星无关：它是说一个中心城市应该在一定距离内被一组规模有限的卫星群落包围。主导性的中心以一般性的放射状方式得以保持，但城市的增长非常有效地分散在基于中心的辐射状隔离的群落中，而不是沿着辐射线不断地向外扩散。限制居住地规模是实施这一想法的基础：超过一定规模的城市被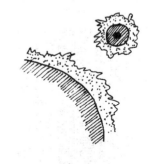
认为效率较低，质量低劣。中心城市应该保持原初的规模，甚至可以逐步缩小，而对应的卫星城市则为容纳最佳的人口数量进行设计。当增长超过这一最佳人口数量时，就建造一座新的卫星城市。卫星城市与母体城市被大片的农村土地隔开，而卫星城市本身也被绿化带包围。这些镶边的空地代替了星状城市的绿色楔子。每个卫星城市都有属于自己的中心、服务和生产活动。日常性的通勤活动基本是当地性的，在卫星城市内部进行。卫星城市的适当规模差别很大，从 25 000 人到 250 000 人不等。从历史演变来看，这个适当的规模在不断扩大。

　　关于这个想法，1898 年埃比尼泽·霍华德（Ebenezer Howard）的《明天的花园城市》给出了经典的阐述。这一想法已在世界各地传播，并成为许多国家官方政策的基础，其中包括英国著名的新城项目。休·斯特雷顿（Hugh Stretton）在《澳大利亚的城市理念》一书中，对这一概念作了最新的论证。到目前为止，卫星模型已经被焊接到许多其他模型中，包括邻里概念、首选居住形式和关于社区资源所有权等设想。城市规模的争论今天仍在继续，而且仍未解决。大就是不好，这个信念热度不减，但对应证据确实不尽如人意。虽然大城市隐藏着许多邪恶，但并不清楚这些邪恶究竟是因为规模，还是因为贫穷、阶级隔离、地方政府的财政结构、经济制度或其他因素。虽然大城市的运营成本更高，但它们能够提供更好的服务，似乎更具有生产优势。如果大城市管理不善，也极有可能是源于政治分裂及其他原因。尽管我们对大城市有诸多恐惧，但我们很难认为"大"是城市的罪魁祸首。

　　许多已经建成的卫星城市，成功地实现了绿带防护，但持续的增长和发展给规模天花板及城市边缘的开放空间带来了持续的压力。对于大城市，原本希望抑制的规模的过度扩张，实际上却愈演愈烈。我们无法确切地知道，这样的规模扩张是否还会不断进行。尽管如此，在各种纷繁的境况下，卫星城市的概念在规划提案中还是经常地出现。

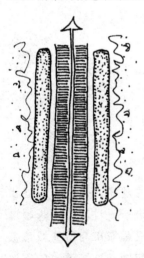

　　3. 线形城市。线形城市的概念已经多次得到应用。这种形式是基于连续的运输线（或者可能是平行的一系列运输线），沿线的前方，存在着生产、住宅、商业和服务等设施的密集使用。而平行空间的后方，则被较小的使用强度，或更令人不悦的各种用途占据。离开这条线路，很快就会到达乡村的开放空间。在这一点上，它就像星状模型中的放射状的一翼，无休止地延伸。居住在沿线建筑中的居民，拥有前后两个世界上最好的资源：前面的主线交通，后面的开放乡村。与此同时，这样的带状定居点可以从一个老城延伸到另一个老城，经过很远的距离，灵活地弯曲以适应地形。通过线路的不断延伸，可以适应新的增长。没有主导性中心；每个人都能平等地获得服务、工作和开放的土地。例如，学校可以沿着这条线路分布，或者每隔一段距离被安置在发达路段边缘的开阔乡村，这样学校就处在所有孩子的步行范围内。公共交通运行效率很高，因为每个人都住在这条线路上。

沿路的村庄，或沿海岸或水道的线性定居点，都是古老的形式。这种布局是 1882 年在马德里由索里亚·马塔（Soria Mata）首次明确提出的，在那里实际上建造了一个实验性的线形郊区。索里亚的想法后来被一个国际组织采纳，并在许多理论建议中以不同的形式使用，在美国，埃德加·钱布利斯（Edgar Chambless）在他的"路城"（Roadtown），勒·柯布西耶（Le Corbuier）在法国，以及马尔斯集团在伦敦，都使用了这种布局。弗兰克·劳埃德·赖特的无垠城市（Broadcare City）从根本上说是一个线形组织，克拉伦斯·斯坦恩（Clarence Stein）的建议也是如此。米留丁（N. A. Miliutin）的斯大林格勒计划，特别是他在索斯哥罗德（Sotsgorod）提出的理想建议，是彻底的线形思想的例证。为华沙和其他城市的扩展，波兰目前的规划就主张这样的线形形式。

然而，该计划很少得到实施，斯大林格勒是一个例外，在那里地形强制性地限制了城市的形状。线形形式确实能在较小的尺度上实现，例如商业带。富于讽刺意义的是，这种线形模式几乎受到普遍谴责。在一些国家，它也以一种"特大型"方式存在：一串相互连接的大都市地区。在城市规模的意义上，它的确有一些严重的缺陷。元素之间的距离远大于一个紧凑的城市的距离要求，对连接的选择或运动方向的选择要少得多。虽然每个人都住在主线上，但主线运输不能停在沿线的每一个点上。它必须停在车站，这样，虽然线路上的其他位置可能是高度可见的，但它不比一些更遥远的内部点更容易接近。高速公路上的汽车也是如此，那里的流量很大，距离很远。这可能解释了为什么线形模式在较小的规模尺度上无法奏效，而步行交通，运河船只，自行车，移动人行道，缓慢移动的电车，甚至汽车等，在低容量的道路上几乎可以在线路上的任何地方停止和启动。

此外，缺乏密集的中心是线形城市的另一个问题。一些用途在极端倾向中蓬勃发展，中心的存在在心理上是重要的。线形形式所假定的灵活性是不切实际的，因为在置换上很难实现，变化只能发生在直线的远端，或者与它成直角，这就破坏了它的线形特征。因此，一个活动不能比另一个活动增长得更快，除非它的邻居以同样的速度变慢。因此，事实上，很难阻止那些沿着边缘地带的拓展，因为这些边缘地带保持着很好的通达性。另外，正如索里亚（Soria）在马德里发现的那样，可能很难获得连续的道路权来扩展或启动一个线形城市。类别梯度或用途梯度很可能沿着这条线发展，这将导致在通达性方面和服务方面的严重不平等。如在索斯哥罗德（Sotsgorod），其中线形规划，将在平行带上安排使用类别排列，然后按照一定的比率将它们锁定在给定的一个用途中。如果这个比率发生变化，计划就失败了。

然而，理论家的间歇性迷恋，以及线形形式在局部尺度上的自发出现，表明这一思想有一定的实质意义。这种形式在某些尺度上，对于特定的用途和情况具有特定的效用。这一效用值得进一步思考。

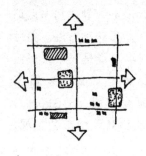

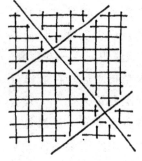

4. **矩形网格城市。** 这是一种有无数真实例子、受到推崇的城市形式。基本思想相当简单：一个矩形的道路网将城市地形划分为相同的街区，可以向任何方向扩展。理想情况下，这种形式没有必需的边界，也没有中心点。任何用途都可以发生在任何地方，因为所有点都具有相同的通达性（除了那些接近开发边缘的地方），并且所有的地块都具有相同的形状。变化和增长可以发生在内部的任何地方，也可以延伸到外部。标准化的站点允许标准化的解决方案。地面可以很容易地得到标记、分配或销售。有趣的是，青睐网格出于两个矛盾的目的：确保中央控制和表达神奇的完美，或支持一种个人主义的、平等的社会。

尽管中心很难被认为与纯粹的、平等的网格契合，但事实上，除非过大或过于强烈，它们可以在不发生较大扭曲的条件下插入相应的网格。网格可以比较随意地划界。街道的层级可以开发；较小的街道可以是间接产生的；整个系统可以绕过地面上的不规则的存在，而所有这些都不会失去其基本属性。

网格形式从古代起就被使用，无论是在像中国和日本这样神奇的宇宙城市，还是在如希腊、中世纪欧洲和西班牙殖民时期的美洲这些更务实的城市，都是如此。斯坦尼斯拉夫斯基 (D. Stanislawski) 勾勒了这段历史的一些部分，费迪南多·卡斯塔尼奥里 (Ferdinando Castagnoli) 则讲述了希腊和罗马的经历。人们几乎不需要向来自美洲的读者指出北美的经验，这种经验在约翰·雷普斯 (John Reps) 的书中得到了很好的讲述。纽约专员在 1811 年的讨论是对他们使用网格计划的动机的简要回顾。网格布局指导了最新的英国新城的规划：米尔顿·凯恩斯。

当然，在现实中，相比较任何其他模型，网格也并不是某种无标度的形式。如果不改变其中心区域的流动和用途，不改变城市中心对形式的要求，网格也就不能无限地扩展。在大中心产生的地方，它们会应变未分化的街道系统。如果所有街道都是相同的，交通可能会不可预测地改变，或者以某种不必要的方式干扰每个街区。如果缺乏对角线，那么长途旅行就会变得非常迂回。如果提供了对角线（就像在华盛顿特区一样），它们会与潜在的网格形成尴尬的交叉点。当所有街道都被纳入相同的标准时，对地形和自然特征的疏忽，以及由此引发的视觉单调和缺乏焦点，使得强制性的网格布局经常受到批评。

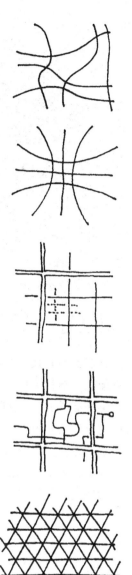

根据具体的规模和情形，其中许多反对意见可以得到解决：通过发展一个层次网格，通过将网格作为一个主要框架（在这个框架中地方性的街区可以间接地形成，如米尔顿·凯恩斯），通过将对角线动脉与小网格街道的交叉口隔离开来，允许网格线弯曲和改变它们的间距，同时保持它们的拓扑性质，在靠近主要活动中心时"浓缩"网格线，通过赋予主要街道不同的视觉特征和中间地标，等等。如果设计师能记住尺度，并知道如何改变网格来匹配特殊的情形，在有利的地形下，网格模式是相当有用的。

5. **其他网格形式。**矩形网格有许多详细的变体值得注意。一个是克里斯多夫·亚历山大（Christopher Alexander）的"平行道路"系统，这一系统受到丹尼尔·卡森（Daniel Carson）的批评。如果说非矩形网格的实用价值较低的话，它在理论上则非常重要。提出三角形网格是因为它是一个规则的格子，它在矩形格子中增加了两个通过运动指向矩形四个角的方向。这有时被修改为一个六角形网络。然而，作为一个几何概念，这些非矩形网格会产生尴尬的交叉和尴尬的建筑节点。它们很少得到应用。新德里的布局就是一个例子。

6. **巴洛克的轴向网络。**例如，第十六章所做的说明。该结构由一组具有象征意义和视觉优势的节点组成，分布在城市地区的地面制高点上。在巴黎，这些节点形成一种脉状连接，这种连接被设计为视觉接近的节点，

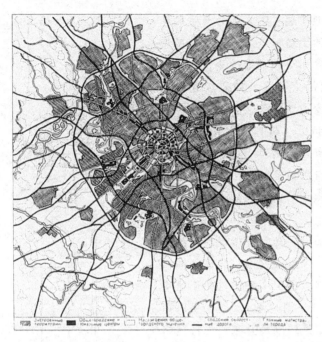

图 78 这是 1971 年莫斯科的总体规划，开放空间是虚线，建造的地面是彼此交叉依存的。"绿色楔形"设计的目的是开启历史性的无线发射同心形式的城市，所有的发射辐射到城市中心。

并且使土地和建筑的立面形成一个连续的、和谐的整体。这些动脉前沿很可能被上层社会群体及有声望的活动或者群体性活动占据。因此，一个具有特殊品质的不规则的三角形网络覆盖了城市地区。在网络中，建筑物、街道可以独立发展，只要它们不侵入节点和动脉。这样，一个视觉有序的系统可以在一种意外的地形上或在一个不规则的现有城市中创建，在那里一种更具规则的形式会变得不合时宜。此外，可以通过聚焦一些节点和大道通过适度的投资达成这种种效果。

这种轴向网络最初是作为一种在森林中切割视线的方式来阐述的，以便让高贵的捕猎者快速进入对逃过了助猎者追打的猎物的追捕游戏，这种方式在 16 世纪的罗马得到应用，结果是促进了大量宗教游客的移动。此后，该形式得到了精心开发。这种巴洛克式的方法最好的现代描述是由埃尔伯特·皮茨（Elbert Peets）给出的，后来由克里斯托弗·图纳德（Christopher Tunnard）做了发展。（图 79）

就场所设计和功用而言，这是一种极好的装置。例如，正是这个概念使郎方（L'Enfant）在华盛顿能够如此迅速而笃定地工作。它为一个难忘而不朽的城市奠定了基础。它可以应付不规则的地面，甚至从中获得权力。它以最小的控制来实现其目的，并使许多用户可以随意开发。事实上，它拥有"表面"解决方案的所有优势和缺陷。虽然它在网络的间隙中是灵活的，但任何重大的变化都可能破坏象征性节点和大道所必需的持久性。

图 79 从罗马的波波罗广场就可以看到的科尔索（Via del Corso）大道和里佩塔大道（Via di Ripetta）。它们的分叉给人一种取向和控制感，就像在古老的皇家狩猎森林中产生的那样。

现代机械交通被由此产生的连续拥挤的多个交叉口深度困扰。这种交通方式也不适合大型都市区的组织形式，在那里，宏伟的象征意义变得稀少，节点太多以至于无法记忆。但在规模较小、形式不规则的区域，象征性非常重要且能够快速达成，巴洛克网络就是一个被证明能满足这一需求的设计。

7. 花边网络。 这个名字，修改自克里斯多夫·亚历山大（Christopher Alexander）的一个术语，指的是一种低密度的居住地形态，其中交通方式间隔很大，空隙被大量的空地、农田或"野生"土地占据。活跃的城市沿着道路连续使用花边的前沿，以较浅的方式占据。这样，这种模式就像一个线形定居点网络，或者一个被炸毁的网格。然而，这种模式的使用并不那么密集，因此不可能在所有交通线路上停车，都有停车入口。通过牺牲占用密度和换乘长度，线形理想所期望的灵活性和方便访问倒是更加容易实现。交通线路不会超载，农场和树林随处可见。

Alexander 1975

这种模式来源于我们最近在郊区的体验，在那里，新的郊区用途已经重新占据了衰败的农业地区的道路前沿，而内陆地区则回到森林和茂盛的牧场。但这些内陆地区的后续发展必须被阻止，这样的远郊在今天是很难实现的。社会交往变得更依赖于预先安排和机械迁移。这种模式需要奢华的空间、复杂的个人交通和充分的富足。如果拥有了这一切，这倒是一种非常愉快的生活。

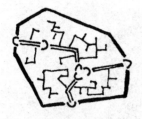

8. **"内向"城市。**中世纪的伊斯兰城市是封闭的、非常私密的城市，在一些传统地区我们今天仍然可以看到这一点。但除了作为一个浪漫的旅游景点外，我们对此并不熟悉。这里的统治隐喻是容器：从城市本身到医院的病房、街道和住宅区，到当地的住宅集群，再到房子和房间，一切都被包围和封闭。即使是主要的公共道路也受到严格的限制。这种设计导致了更小的当地街道，以及极其狭窄的死胡同，就像毛细血管一样，这样的死胡同通向属于私人的大门，相应地形成了紧密的走廊连接私人露台、房间和阳台。这种树栖状（arboreal system）的街道系统到处都被商铺或房屋和花园的墙壁所包围。即使是城市的主要道路也会在夜间被各种门房所封锁，各种商业街也是如此，以确保当地同业公会公司的安全控制。除了伟大的清真寺或教堂，以及城门外的墓地和荒地，公共性的开放空间被挤压到街道上，并在它们的交叉口轻微扩大。这样的城市是一座坚固的具有巨大内部空间的建筑，其中的各种凹陷和线条充分地被挖掘出来，这与我们通常所描绘的在一座城市开阔的地面上呈现的空间集合体形成了对比。拥挤的街道的喧闹与内部庭院的平静形成了截然的对比。一些非住宅用途，尽管在一定程度上集中于市中心的同业公会街道上，但要么是被沿着主路分布的狭窄的店铺串联在一起，要么深入到和主路连接在一起的深宅大院。这个城市的每个房屋都有清真寺或教堂的功能及其对应的基本服务。不同收入的人彼此住得很近，但种族和宗教群体可能被分离在不同的区域。（图80、图81）

这些城市的基本特征深深植根于其整个生活方式，这一点在斯蒂法诺·比安卡（Stefano Bianca）的《伊斯兰城市体系中的建筑与生活方式》中得到了很好的描述。也许它们离现代生活方式太远了，对我们今天不太有用。然而，它们有着不可否认的吸引力，这种吸引力在于它们的宁静和喧嚣之间的对比，在于它们的各种空间的品质。对于适用于高密度生活的各种技术，这种生活方式有其自己的言说。这样的城市当然无法应付机械性运输。但是，该模型对于特殊的住宅小区是有用的，庭院住宅和毛细血管街道系统在我们下面的讨论中将再次出现。

9. **蜂巢城市。**印度教规划理论中的"嵌套盒"，是一个高度发展的理论模型。与伊斯兰城市规划一样，这样的城市也是一系列容器，这些容器在城墙内，但它又是不规则的，也不是与毛细血管相连的。这样的城市被设

图 80 摩洛哥菲斯中部区域的空中鸟瞰。这是中世纪伊斯兰城市的典型例子。清真寺在中心，旁边是商业街，由独立的公会控制。这些密集房屋构成的庭院可以经由一个个迷宫般的死胡同抵达。

图 81 这是斯特法诺·布兰卡（Stefano Blanca）对菲斯的阿塔林伊斯兰学校的素描。安静的内庭院外是拥挤的街道。

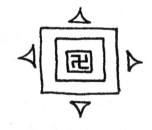

想为一环套一环，一个盒子套一个盒子。每个盒子都对应一个职业团体，就像每个盒子都对应着万神殿中的一个神。中心是最神圣的地方。邪恶和混乱，以及最低的种姓和职业，被留在城墙之外。重要的街道是环绕的，而不是放射状的，就像我们的传统一样。环路与防护墙平行，是季节性的、周期性的、宗教性的游行的路线。连接路线在规模大小上不那么重要，而且往往不是连续的。主导形式和运动是圆形的，而不是从里到外的。这样的城市，就像中国的模式一样，是神奇和保护性的。仪式和形式是不可分割的。

虽然在实践中应用的频率低于中国的宇宙理论，但印度教的模式也是一个拥有久远传统的理论主题。朱利安·史密斯（Julian Smith）描述了这种模式的应用和目前在一个重要的宗教中心的生存境况。更重要的是，相比较伊斯兰模式，这种模式对我们的生活和目标来说甚至更加遥远。不过，相比之下，它们依旧给予我们教益，因为它们揭示了如何在城市形态、世界观和日常生活方式之间建立联系。

10. **当前想象。**许多图式主要存在于当代设计师的想象中。一个流行的专业想法是巨型城市，其中城市是一个单一的、广阔的三维结构。道路和公用设施是这一结构的组成部分，而不是大地直接支撑起来的分离单元。房屋、工厂和办公集群占据了巨大的空间，就像公寓在公寓楼里一样。城市的开放空间出现在屋顶、露台和阳台上。存储地、车辆、自动化生产、公用设施和废物处理等都被下沉到黑暗的"较低的内部"。这一想法设想了一种非常高密度的生活方式，既是为了适应未来的人口增长，也是为了节省农村空间。巨型模型充分利用了现代技术，因此可能是高效和舒适的。它的规模和复杂性呈现出一个让它的支持者沉迷的壮观。

这种计划最近经常出现。丹下健三（Kenzo Tange）为东京港制订的著名的计划就是一个巨型的线形形式。保罗·索莱里（Paolo Soleri）的画则是另一个例子。也许最接近的例子是苏格兰坎伯诺尔德（Cumbernaud）新城的中心，其中一个单一的结构包括高速公路、停车场、购物设施、办公室、机构和一些公寓。最终的结果呈现是巨大且昂贵的。事实证明，它对用户来说既不方便也不舒服。一般来说，这些想法在技术上很有趣，但代价高昂，而且很复杂。如果实施，它们会带来许多困难。这类规划需要一个技术先进的、集中化的社会来建设和维护。

巴克明斯特·富勒（Buckminster Fuller）等人建议，城市应该被巨大的透明气泡所包围，这可以让光线照射进来，同时可以保护城市免受恶劣天气的影响。这样的气泡可能是靠空气支撑的，也可能是轻量的几何圆顶。以合理的成本制造如此巨大的闭合建筑的技术正在进行中；已经有单一跨度支撑起来的巨大面积的温室和工厂出现。一旦整体被剥离，一个城市的独立建筑可能会更轻松地被建造。城市气候可以被控制。然后，内部和外部的区别就会被推翻，从而对空间组织产生影响，结果会产生一种尚没有人设计出来的空间组织形态。其他问题也尚待解决，如内部凝结和污染，风暴对泡沫的破坏，以及创建、维护和强加一个在全体公民头上的穹顶的政治影响。不过，这种形式的实验很可能是在气候不利的单一作业中偏远的站点上进行。

其他许多梦想更多地与新城市的设置有关，而不是与它们的内部形式有关。最近理查德·迈耶（Richard Meier）提出了浮动城市概念。保罗·谢尔巴特（Paul Scheerbart）早些时候也提出了这些建议。这些社区可能与洋流一起航行，从太阳中获取能量，从海洋中获取食物和原材料。占据地球表面大部分的水域将变得可居住，人口压力将得到缓解。浮动城市也可能用于特殊目的，例如扩展拥挤的沿海城镇、空军基地或深海采矿社区。虽然目前正在探讨浮动城市的工程要求，但还没有人设计出符合这种特殊情况的一致性的城市形式。正如在创业企业中经常发生的那样，从具体的背景中抽离出来的熟悉形式，被应用于新的技术基础设施中。我们有许多如威尼斯、列宁格勒和曼谷这样的水上城市的例子，在这些地方水道取代了街道，水和土地相互渗透，同时我们还可以发现许多漂浮社区。史前的湖村和现代的海洋石油钻探点，都是一些小的设施，而且它们都栖息在一些支柱上面。

关于地下或海底社区的建议也可以提出同样的意见。它们可能有许多好处，或许对某些目的而言也是必要的，但还没有人深入地思考这种类型的社区会带来的非常特殊的问题和特殊的机会，包括社会问题、心理问题、政治问题，以及纯粹的技术问题。在非常小的水下栖息地进行的实验刚刚开始。似乎很明显，这些地方必然有相当独特的生活方式，就像山区定居点不同于沿海定居点一样。（图 82）

图 82　这是一个小型水下实验站，为在海底进行临时的连续实验而设计。注意隔间和过渡间的线性序列，以及对来自海洋表面的航海术语和形式的那种延续。

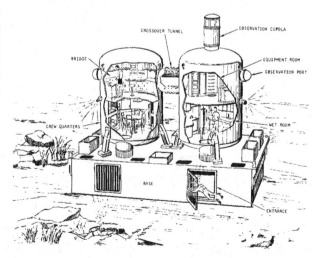

关于外层空间城市的建议是几代人以来科幻小说的常见内容，现在这些想象也是反反复复地被涉猎，而且这些反反复复的想象已经建立了大量

可能的形式，以及如何生活在其中的期望。此外，我们实际上已经经历的远洋邮轮，也是一个孤立的、移动的社区，它们也是被包裹在一个单一的外壳中。因此，空间城市比地下城市或流动城市更能发展自己的形式和风格。然而，目前还不清楚外太空社区是否会是有吸引力的居住场所，除非是临时冒险，或者是为为数不多的永久冒险的人提供更大的时间尺度。它们在一个更广泛的层面上，提升了巨型形式的所有社会问题、心理问题和政治问题的强度。此外，它们把人们从他们习惯的地球上分离开来。(图 83)

图 83 艺术家想象的外层空间定居点内部的情况，它被封闭在具有巨大旋转轮的管状边缘内。在异域的环境中，像地球一样的景观（如果时尚如现代）被虔诚地复制。

　　前述的各种模型涉及的是城市的一般性模式。还有一些模型与中心场所的组织形式有关。当然，中心场所模式与一般性模式密切相关。为了明确可能的组合，我将它们分开。

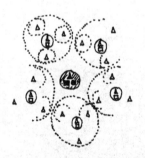

　　1. **中心的模式。**层次观念在规划中具有持久性。这似乎是一种自然的排序方式，尽管这可能是我们的头脑工作方式的结果。关于城市中心，层次模型要求有一个主导性中心，这个中心包括所有"最高的"、最激烈的或最专门的活动。在离这个中心很远的地方，应该有一些规模较小、只服务于社区一部分，包含着不那么重要、不那么激烈或不那么专门的活动的一定规模的分中心，其中的许多活动最终将被"投入"到主导性中心（初级学院将学生送入大学，或者社区医院将病人送入主要的教学医院）。然后，每个分中心可能被一个个标准的下级中心阵列包围，直到达到所需的程度。为对应规模越来越大的公共服务，这似乎是一种合理的安排活动的方式，这种方式为人们在头脑中组织复杂的区域，提供了一个清晰的形象。"中心位置理论"是奥古斯特·罗斯奇（August Losch）在德国南部工作时提出的，这个理论建立在层次这个概念的基础上。研究发现，在许多情况下，这种形式是同质的，彼此之间的联系很简单。星状城、卫星城概念和邻里中心概念都与这种层级观念相结合。但它也出现在许多其他情况下。这个概念渗透到购物设施、游乐场、政治组织和公共服务供给等不同的概念中。这种方式加强了政治或经济的主导地位。维克多·格鲁恩（Victor Gruen）的书和计划就是对这一概念的有力倡导。

层级性中心设定有"较低"和"较高"的功能，不同功能的地位和所服务的区域是一致的，因此在某一分中心就读的大学生就能够使用这个中心对应的图书馆、家具店和教堂，这些服务设施处于同一层次，服务于同一区域。克里斯多夫·亚历山大（Christopher Alexander）在《城市不是一棵树》中对这一概念进行了批评。建立在这一概念基础上的城市（例如，哥伦比亚、马里兰州）表明，虽然该系统确保地方性的服务与每个人都很接近，但人们总是出于不同的目的使用各种中心，服务领域以复杂的方式彼此重叠。在大城市中，主要中心可能规模很大，活动密度很高。人们每天大量地聚集到这个中心，出现严重的拥挤，而支持内向流动的路线的汇合使外围各点之间的通达性很差。然而，一旦一个人在这个中心点上拼搏，他会因为处在这样一个伟大的地方的中心而感到兴奋，在这样的地方，整个世界似乎都可以抵达。

处在争议中的观点是，城市区域是或应该是多核的。也就是说，城市应该有一个完整的系列中心，该有重叠的服务区。许多更重要的机构应该为整个区域提供特殊服务，同时也为其他目的服务较小的区域。不该有只分配给一个单独中心的专属区域，即便这个中心可能是一个一般性的资源集结地。人们不断地做出选择，去这里，去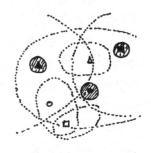

那里。当然，并不是所有的中心都具有相同的规模：有的大些，有的小些。但在规模和服务区域上不存在明晰的、阶梯式的分布，也不存在单一的至上的主导。这可能是针对当代城市中心配置的一个更现实的观点。与等级性中心相比，它具有选择性和灵活性的优点，可以避免沉重的通勤压力。另外，它要求人们寻求更具流动性的服务，同时也让人们放弃了一个伟大中心所拥有的一些乐趣，在这样的中心，一切近在咫尺，唾手可得。这样的思想目前还没有得到明确的发展。它既没有提供一个关于城市如何工作可检验的假设，也没有一个关于应该如何实现这种假设的明确的理想。在这种城市出现之前，城市设计的层级观念（就像任何其他因缺乏挑战者而部分得到推崇的理论一样）会继续主导关于城市的分析和设计。

最后，也是更激进的是，一些理论家主张无焦点城市的概念，即放弃中心这个概念。现在，个人交通如此迅速，城市如此一体化，让每一个功能都能随意分散在城市表面。于是，不会再有中央拥堵；每一种用途都会找到适合的廉价空间。交通将均匀分布，没有高峰。个人选择将最大化，城市将高度灵活。随着沟通的日益改善，灵活性将进一步提高。梅尔文·韦伯（Melvin Webber）阐释了这样的观点。

形式有一定的吸引力。无焦点城市的一些功能，如"自由"生产或信息处理，以及针对能够预先计划并拥有私家车的顾客的销售和服务，在北美的一些城市已经成为现实。另外，人们经常发现，这些"自由"活动虽然分散开来，但并不是随机分散的，而是集中在某些地区，特别是主要公路沿线。因此，正如我在下面讨论的，它们倾向于形成线形中心。此外，还有许多活动需要接近其他专门活动，或必须是一个综合体的一部分，以吸引客户。中心概念带来的心理满足，以及处在中心所产生的刺激，是持久的。因此，多核形式的模糊概念，加上地方性的线形中心，似乎是当下一个更可行的模式。

2. **专门化和全能中心。** 城市中心的经典概念通常包括专业化的概念。不同活动的聚焦应在空间上分开：商业中心、市民中心、办公中心等。对中心活动进行特别区分的假设是，每一种使用都要有其最适当的环境，不会因为活动冲突受到阻碍。此外，有一个未说明的假设，即某些用途比其他用途层级"更高"，会受到来自"较低"层级用途的"污染"。因此，图书馆、教堂和政府办公室比商业办公室和奢侈品商店更好，而商业办公室和奢侈品商店比二手商店、廉价住宿屋及色情商店更好。这种活动排名实际上是对所推定的这些活动使用者的社会排名。在进行严格分离的地方，如果用户希望看到不同类型的活动（政府部门和私人公司，或者在午餐时顺便去图书馆或色情商店等等），这种分离就会带来不便。此外，至少在一定时间内，分离可能会使某些地区在外观上"死亡"，而使另外一些地方格外喧嚣。一些可能在伟大城市出现的刺激性体验和自发的相遇，因此或被牺牲。

相反的观点是，最好的中心应该是一个在使用上完全混合的中心，最好拥有相对较高的使用密度，这样，不同的活动就会面对面地进行，街道上到处都是各种各样的人。不过，这样的政策，即使可以实施，也可能会陷入现实的使用集中，例如，在高级时装街与古董店街的对比中，会发现各自的特殊性和可能性。

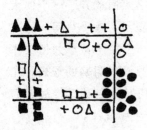

　　大多数城市中心都表现出这两种特征。中心作为一个整体在使用中是混合的，但在内部是专门的，在专门领域之间存在着混合使用的过渡。首先，这是土地市场的产物，它通过支付租金的方式来进行分类使用。其次，这也是历史的作用，出于用户的方便，出于使用之间的互补性，或一些强大的行为者强加的意愿（如建立如此多的不具生产能力的"政府中心"）。在寻求一种规范模型的过程中，很明显，我们既不能提出纯粹的混合，也不能提出纯粹的分离。实际的使用链条必须得到分析。在用户能够支付的情况下，市场已经对此做出了反应。真实的而不是虚构的使用冲突（如服务拥堵、街道行为、噪声等）必须纳入我们的考量。更有可能的模型该是一组专业化的模式，这些模式通过混合物的边缘区域连接起来，紧密地集结在一起，以确保它们之间的通达性。用途集群可以在三个维度上集结，以改善两种类型的连接。但这种体量的集结可能需要建立昂贵的结构并且会损害未来的灵活性。

　　在区域规模上，中心专业化作为分立的中心的概念偶尔得到倡导。但由于历史的原因或特定用户的数量优势（大学社区或度假社区的中心），虽然区域中心的确具有独有的特征，但很难在这种规模上实现纯粹的专业化，并且可能会带来严重的不便。然而，由一个投资者建立和控制的区域购物中心通常不拒绝低租金下的空间使用，也不包括大多数机构对空间的占用。于是，在实现盈利的同时，新的购物中心因此失去了传统城市中心的许多功能和优势。

　　3. **线形中心。**以前在城市和城镇中心地带发现的许多用途如今都沿着该地区的高速公路串联起来，形成了所谓的"商业地带"，这是北美城市的一个普遍特征。商业、机构、服务、办公、工业和仓库功能都位于这里，其空间便宜，汽车客户很容易出入。街道展示着拥挤的交通和破败的环境，但却是公共城市最明显的特征之一。这种拥挤和破败承受着普遍的责难。(图84)

　　然而，它们的出现是有原因的，有趣的是，虽然线形城市在理论设计者中很受欢迎，但设计者中没有一个人倡导线形中心，不认为在合适的城市尺度上，线性中心具有相同的理论优势。文丘里（Venturi）、斯科特·布朗（Scott Brown）和伊泽努尔（Izenour）都半开玩笑地称赞了这条带子，而迈克尔·索斯沃思（Michael Southworth）则分析了这种形式的潜力和问题。几乎所有留存的文献都致力于抑制这种模式。城市设计师们究竟有没有可能，像那些困惑的狗一样，对一棵硕果累累的树吠叫？在线形模式中，能否在实现便利的个体通达、低成本和灵活性的同时，避免现在那样的交通和视觉的困扰？

图 84 熟悉的商业地带：喧闹，但很容易接近。这个例子来自洛杉矶。

    4. 邻里中心。虽然对中心专业化或层次结构有着不同的看法，但人们共同接受邻里中心原型。这是一个小社区居民通常每天或至少每周使用的商业和服务功能的集中：学校和托儿所；食品、药品商店；个人护理或个人衣物护理；教堂（如果人们能同意的话）；邮局；咖啡馆、酒吧或临时会议场所。该模型是一个传统的地方性中心的复制品，这些中心持续存在于无论是边缘还是衰落的城市结构中，在更传统的定居点中，可以看到这些中心充满活力。它的形成动机不仅是基于便捷的步行距离的考量，而且首先是对社会理想的考量。中心是一个小的、连贯性的社会焦点，它鼓励邻居的社会互动和社区意识。(图 85)

图 85 服务周到的社区商店，这类商业活动现在已经被各种大规模的开发、市场竞争和各种区间禁令挤出。

这些地方性中心面临着来自购物中心的严重的经济竞争，这些购物中心享受着基于汽车接入的大众市场。小商店逐渐关闭，面向穷人或者星期日的交易，以及那些针对不能或不愿意光顾大超市的人的专业化服务消失。这些地方性中心变得越来越边缘化。分散在各个教区的各种教堂，现在已经被各个教派进行的专门化的大型服务接管，已经搬到了良好的公路通道点。在大多数情况下，除了在强大的民族地区，这些教堂已经不再是邻里机构。同样，各邮局也正在合并，以降低其运作费用。在这个国家，很少有酒吧或小吃店能在当地的赞助下生存下来，尽管它们在其他地方仍然很活跃：英国酒吧是最常被引用的模式。具有讽刺意味的是，那些能够持续存在的邻里商店和酒吧通常都是旧的商业街区的一部分，在那里它们可以同时在基于汽车通行的贸易活动及当地人的生活中获益。公立学校仍然是一个地方性机构，但根本不清楚儿童和成人之间是否有任何实质性的社会互动，或者至少可以发现一些关系，通过这些关系，人们能够认定这个位置是一所学校附近的商店，即与学校相关的商店。此外，一个被认为是当代学校所必需的空间，被安置在紧凑的住宅社区的中心，是一件非常尴尬的事情。

然而，随着邻里概念的重新出现，这种模式存留了下来，甚至在今天变得更加普遍。便利服务应该靠近房屋的想法当然是合理的。这些中心能够支持甚至激发社区互动这类希望是富于吸引力的，但我们需要了解这种可能性的实现程度，以及在什么情况下可能实现。重新考虑一条街作为一个邻里机构可能是合理的。对邻里商店的经济可行性进行现实的分析，或者对是否应该补贴，以及由谁来补贴等进行考量，肯定是必要的。补贴不一定是政府补贴。因为居住地的居民业主贡献了时间长、工资低的劳作，使得许多当地商店的存在成为可能，但在对邻里问题的所有社会学分析中，在对邻里中心的所有颂词中，针对这一主题的研究却很少。

5. **购物中心。** 在这个国家（美国），这是一个熟悉的、发达的模式：商店的综合集群，所有的租户都在一个单一的、规划好的结构中，停车场环绕着这样的购物中心。这些商店是基于一种步行者商户结构组织起来的，通常是封闭的。该中心由一些主要投资者建造，其形式受到精心的 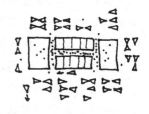 控制。传统上，它位于大都市的中间区域，这个地方有很好的高速公路通道，但是它可能与周围的其他用途完全脱节。这是一个"纯粹"的商业中心，从一开始就有详细的计划。在许多实际案例中，这些中心的功能和形式之间的契合，都得到了详尽分析，与之相应的建造艺术和管理艺术也得到了高度发展。它们是一种经过充分测试的模型的主要例证。(图 86)

图 86 北美的购物中心，内部活泼，受到保护，外部贫瘠空旷。现如今老年人选择在这些私人的内部街道上闲逛。

　　购物中心已经使城市中当地购物区以及主要市中心和老郊区的大量商业活动失去活力。当新的中心在 10 年前以惊人的速度建造的同时，市场变得更加饱和，建造的速度也明显放缓。一些最古老的购物中心自身正在经历被遗弃的痛苦，还有许多其他购物中心则正在被改造。

　　尽管地方性的购物方式大量衰落，但一些旧城区则在一个比以前更温和的水平上显示出复苏的迹象。与此同时，新的购物中心继续盈利。这些新的购物中心是令人愉快和生动的地方。它们已经开始吸引老年人和青少年。令店主沮丧的是，这些客户是被剥夺了使用信用卡权利的那些人，购物中心主要成为他们聚会的场所。一些中心已经与办公室和高密度住宅一起建造，以增加客户群。在这种意义上，它们开始从一个孤立和专门的用途演变为一个更全面的社区中心。然而，仍然存在三个困难。首先，由于中心的内向设计及对应的汽车环路，中心切断了自身与周围环境发展的关联。它实际上成为车轮上的共同体汇聚的场所，但缺失了当地的、步行可达的、随意性的连接。其次，许多用于组成一个完整社区的用途被排除在外，因为它们无法支付所需的租金。最后，有一只手控制着整体，这种控制收获了秩序，但丢失了自由。因此，该模型显然不能成为真正的社区焦点。此外，一旦发生严重的汽油短缺，购物中心的通达性基础将受到威胁。对现代购物中心未来复苏的研究现在真该提到议事日程了。

　　6. **移动中心**。涉及中心活动的一些特定的位置要求所产生的问题，可以通过移动活动来解决，即能够把这些互动定期地移动到所有用户容易接触的地方，或者把这些活动作为整体负荷进行移动。在流动图书馆、工厂食堂、旅游展览和移动诊所中，我们已经看到了这方面的小例子。它是一种有用的技术，用于满足突然或不可预测的需求，或在分散的人口中分配稀缺的服务。在巡回法庭、巡回修道士和传教士及皇家出巡（这里主要是分配了负担而不是服务）中，我们也看到了历史的先例。由于移动复杂活动的高昂成本和身份认同感的丧失，移动中心似乎不太可能成为任何异常情况之外的有用模型。不过，在有些时候，这种形式也受到推崇。(图 87)

　　接下来，我们将讨论一系列模型，这些模型指的是城市的一般性纹理或一个城市的质地，而不是任何特定的图案，这些模型涵盖城市的整体结构及建筑物的密度和建筑的质地。

　　1. **细胞体**。一个城市应该是一个由彼此不同但基本相似的部分组成的集合体，一个有机体是由细胞组成的，这一直是当代规划的一个基本思想。否则，不仅是对公民来说，更重要的是对规划师本人来说，这座现代城市都似乎太大了，太不成形了。每个人都应该生活和工作在一个小的、有界的地区，在那里她/他会感到宾至如归。同时，规划人员通过将一个城市描绘成这些细胞的镶嵌物，就可以确定与每个人对应的供需数量和配置，并确定每个地区都有它需要的当地设施，因为每个地区都要有适当的学校、商店和其他必需品的补充。

　　就居住区而言，基本的细胞概念被邻里概念所加强，社区是一个永久居民面对面接触的地方，因为他们就住在彼此旁边，所以彼此关系密切。如果类比一下历代村镇的社会结构，人们的社区意识会发展，人与人之间会相互支持。这种社区将是城市政治的基层单位，因为邻里关系会代表当

图 87 移动服务可以随需求而
变化，安装所需的资金很少，
并能增加街头活力。图中所示
是日本京都的一家烤土豆商贩，
及波士顿北部的一名管风琴手。

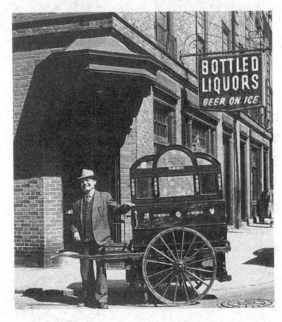

　　地的利益。邻里概念已经出现在不同的地方，如巴西利亚的巨大新首都、
马里兰州哥伦比亚的郊区新城及美国的模范城市。

　　城市规划理念的经典表述是克拉伦斯·佩里（Clarence Perry）在纽约
第一个地区计划中提出的邻里单元计划，他所指的单元集中在公立小学的
周围。但是，当细胞与任何特定设施（如学校）相连时，各种困难就会产
生。学校可能有一个最佳的规模（或标准化的规模），但这个规模对于一个
社会单元的运行来说太大，对支撑一个当地杂货市场的经济来说又太小。
同样不清楚的是，城市生活是否就是或应该聚焦于学龄儿童的生活，或者
大多数社会互动是否都是从通过儿童认识的熟人那里开始的？此外，在学
校的一些特殊事例中，城市的现代标准要求有大量的开放空间，以至于把

学校置于一个小社区的中心是一件非常尴尬的事情。

从更广泛的背景来看，作为一种计划中的幻想，这种社区单元已经受到了攻击。北美人不以这样的方式生活，他们可能会和少部分邻居产生便利的点头之交，他们重要的社交是与老朋友、同事和亲戚之间的联系，这些人分散在城市各地。他们在一个社区购物，利用另一个社区的学校，去第三个社区的教堂。他们的各种利益不再是当地性的。他们不再会持久地待在一个地方。邻居之间在市政厅每星期会有一个声音。将城市规划为一系列社区是徒劳的，或许这样还会支持某种社会隔离。任何一个好的城市都应该有一个连续的结构，而不是一个单独的细胞。然后，人们可以选择自己的朋友和服务，按照自己的意愿，并基于或大或小的范围自由地移动他们的住宅。

然而，细胞观念仍然存在。在规划方面，尽管这一概念在一段时间以来一直受到广泛质疑，但现在又重新出现。当人们被问及他们的"邻居"时，他们毫不犹豫地做出了回应，这一事实表明，这个词有一个流行的含义。在俄亥俄州的哥伦布市进行的研究显示，人们对当地城市地区的定义有惊人的一致性。社会性社区在城市中得以存活，在工人阶层和民族地区尤其如此。不过，某种程度上在郊区也可以找到它们。每当外部力量威胁导致某一地区遭到一些破坏时，邻里组织就会出现，尽管当危险过去时，它们可能会再次消退。

所以争论还在继续，和往常一样，争论的焦点依旧是每个人都应该住在社区，还是并非每个人都该住在社区。知道在什么条件下、对谁、以什么方式邻里概念才是有用的，将是更能解决问题的知识。没有理由认为每个人都必须是当地社区的一部分。有些人可能会选择，有些人则不会。对每一个目的来说细胞具有同样的功用，这一点未必靠得住。人们由于住在附近而彼此熟悉形成的社会性社区，规模通常会比较小，大约有20~30个家庭。而要使社区中的每个人都能便利地使用，拥有大量设施的服务区域则会大许多，而且彼此不需要重合。人们能够明确它们的位置并且具有场所体验的、有名称的、具有辨识性的各种物理单位，于是就可以再次不同。后者可能是一个地方性准政治单元，当遭遇危险威胁时，人们将围绕这个单元集合起来。

一个邻里社区的恰当规模一直是广泛争议的问题。每当所有地方性功能都必须被塞进同一个袋子时，它就成为一个关键问题。与规模相关的人数在50~5 000之间波动。最常见的是，邻里观念也与社会异质性的理想联系在一起。这样，好的社区就包含了不同年龄、不同阶级、不同种族和不同民族背景的人。在这个小社会里，人们学会了一起生活。现实中，理想一直难以实现。大多数活跃的地方社区构成相对单一，至少在社会阶层方面是如此。

细胞思想几乎总是被应用于各种住宅区，尽管它在工作区或城市其他地区的有用性较少得到重视。自然，规划人员很乐意以标准单位的形式在地图上放置东西，因为这些东西更容易放置和操纵。因此，工业园区、住宅区、区域购物中心和标准游乐场都是舒适的规划工作台。但对于工作社区是否应该得到城市设计的支持，却没有给出真实的答案。

细胞理论最近已经超越了以彼此接近为基础的熟人社区，更普遍地要求地方自治。当地人应该控制自己的学校、空地、警察和卫生设施。他们甚至应该生产自己的食物。第十三章概述了关于自治的辩论。

2. **伸展与压缩**。规划文献普遍对城市的扩张感到遗憾，因为它消耗土地，需要昂贵的公用设施和交通，它还会促生社会性孤立。大多数北美人，当他们负担得起的时候，就会用脚投票，并逐渐搬到郊区。他们喜欢开放的空间，喜欢各种拥有自己的房子的机会，会为自己的孩子选择更好的学校，寻求与自己具有相同社会类型的人相处。作为回应，他们愿意把更多的收入投入住房，打破旧的地方性联系，并花更多的时间在通勤上。有些人会在一段时间后回到内城，但大多数人会留下来，或者进一步离开。在最近令人遗憾的汽油短缺期间，有一段时间人们又回到了内郊，但事实证明，这种变换与物质本身的变换一样是不稳定的，就像我们可能会再次看到它一样。目前，尽管伴随着一些内城复兴的迹象，这场清除仍在继续。事实上，向外的潮流正在淹没内陆地区的老农村城镇，这些城镇不属于公认的大都市地区。回流的现象尽管比较显著，但总量依旧很小。在很大程度上，这种现象是由新郊区地段和房屋的价格高企造成的。

最近有人试图分析郊区增长的额外成本，然而，其结果并不完全令人信服，因为在分析中，将小公寓的价格与大房子的价格进行了比较，并将犯罪和福利统计数字与社会差异进行了比较。就土地、建筑物和所有公用事业的资本成本而言，中等低密度的住房在这个国家目前是最便宜的。

显然，郊区的持续增长意味着在边缘地区的重大新投资，而房屋管理和服务则被抛弃在中心地带。这也意味着社会阶层的空间隔离日益加剧，中央城市税基严重丧失。但这些现象并不是直接由于密度的变化。然而，郊区的高密度增加了我们对私人汽车的依赖，从而增加了对进口汽油的依赖。对于青少年和老年人来说，郊区公共交通的缺乏可能是边缘地区生活的一个严重缺点。由于土地价格、密度状况和家庭需求使市场转向低密度公寓，郊区的密度正在缓慢提高。但我们城市总体密度的逐渐下降似乎仍然是不可逆转的。

虽然关于密集或不那么密集的城市存在着广泛的争论，但这两种模式都假定新的发展应该是持续的，并且能够合理地和完全地利用地面。充满废物的区域当然毫无意义，它们是缺乏前瞻性的恶果。只有偶尔的声音来论证离散性生长的优点，这种离散性生长实际上为灵活性和不断地补充留下了空间，而持续的发展则会产生庞大的、单一年龄群体的区域。有人认为，废物场所通过社会性利用可以成为一种退避的场所，特别是对儿童而言尤其如此。最近，一支规模更大的合唱团唱起了"集群"的赞歌，在这首歌中，相对高密度的房屋集群被设置在开放的空间里。在低平均密度和附近有足够的开放空间的情况下，集群实现了局部高密度，其伴随的优点是较低的场所成本和更便捷的社会互动。集群促生的社区在保护景观的同时，允许对景观进行开发，并促生了开发商的低成本开发方式，也促生了房主开启一种新生活的方式。开发商正在四处走动，郊区社区正在逐渐让位，即便尚有存疑，买家们也颇感兴趣。这个实验看起来很有前途。在总体限度内进行密度变化的想法一直是各种各样"有规划的单元开发"条例的基础，在其他非住宅语境中，这些条例也提供了各种建议。

3. **分离和混合。**城市的纹理，就是说城市的物理元素、活动或人的类型如何精细地在空间中混合，是一个城市的基本特征之一。此外，这种粒状分布可能是清晰可辨的，也可能是模糊的：工业区可能被绿化带或高栅栏包围。

在这个问题上的经典规划立场，可以被描述为基于使用和建造类型选择一种粗糙的纹理划分，通过阶层、种族和年龄来进行的基于人的细分程度的纹理划分。前者是分门别类的土地利用地图的副产品，是土地使用控制的内在本性。二者都有利于各种界限分明的划分。这种划分也涉及理智信念问题：混合使用会引起冲突和滋扰，降低财产价值，增加对未来土地使用的不确定性，并使对合理的服务进行规划变得更加困难。然而，基于人的精细纹理，是规划的社会理想主义的组成部分。种族和阶级隔离阻止了社会流动和沟通，并加剧了机会和服务的不平等。理想的社区是一个"平衡"的社区，在这个社区中，一般人口中的所有群体都在场，很好地混合在一起，都是一个政策执行中的成员。

　　总体来说，北美城市听从了其中的一条建议，而忽视了另一条建议。大都市地区虽然包含许多混合使用区域，但在土地使用和建筑类型方面，总体上纹理变得越来越粗糙。这种情况的发生是因为各种开发已在更大的范围内进行，而分区法已得到有力实施。然而，与规划理想相反，按年龄和家庭组成分类，特别是按社会经济地位分类，北美大都市在人口纹理方面也在稳步地变得越来越粗糙。富人和穷人的飞地面积越来越大，沿着中心到外围的梯度表现得特别明显。低密度郊区，或低密度郊区中的大片地区，致力于服务有年幼子女的家庭，老年人越来越多地集中在特殊社区，或者位于城市核心。种族和族裔隔离继续存在，但可能正在削弱，除非它们与经济地位有关。

　　社会混合的理想不仅与北美城市（以及世界上大多数城市，除了一些社会主义城市）的现实相矛盾，而且也受到一定的理智攻击。阶级和民族的混合可能被认为不仅不现实，而且对人们来说也很难接受，这种混合导致生活方式之间的冲突，破坏了旧有的传统，削弱了工人阶级或民族对一块城市草皮的控制。只有考虑了适合每种隔离或混合的规模与条件，才能解决纷争和困境。例如，按阶层划分的小规模隔离可以减少冲突，促进邻里互动和团结。而大规模的隔离将导致严重的不平等和阶级间交流的破裂。因此，政策应该支持小规模分离，而不支持广泛的阶级隔离。除了这些论点之外，还有一些严重的实施问题：如何才能由公共权力强制或诱导一种优良纹理的阶层组合？按照阶层的突出特征划分形成的粗糙的空间隔离，或许是它最严重的问题。

　　　　　　　　　　　传统的对粗糙纹理模型和建筑类型的支持，也受到了攻击。它在城市中造成单调和僵化，也间接地造成社会隔离。当操纵他清晰绘制的地图和制定法令时，规划者可能会降低各种人和活动的通达性。或许城市里可以种庄稼。如果工业生产是在家庭附近进行的，那么那些与房子发生关联的人就可以参与生产性工作，就像他们曾经在家庭工业中做的那样。从这个角度来看，分区可以被视为一种过时的常规工具。然而，在现实的城市设计中它仍然是一个强大的工具，存在着强烈的利用隔离的动机，包括对滋扰问题和基础设施的各种考量，但更根本的是，对财产价值和社会排斥的考量。

再一次，这个问题不能在这样一个一般性的层次上得到解决。它需要对土地的规模和土地使用纹理的类型进行详细分析。对转换区的聚合使用，在粗糙的混合区域内实施的纹理优良的隔离，对于摆脱与通达性、控制力、契合力和灵活性有关的许多困境，可能是合适的答案。通过将土地分成小块，缓慢地或碎片性地释放土地，甚至通过禁止大规模综合项目，或许可以主动地抵制各种纹理粗糙的开发。无论如何，很明显，纹理就像密度一样，是城市形态的一个非常普遍和基本的特征，对作为人类环境的城市质量有许多影响。

4. 可感知的空间质地。 除了密度、纹理或细胞组织之外，还有一种进一步的方法来描述城市的基本面貌或质地。我们立即可以察觉到的许多东西，在分析性的类别区分中却难以界定。这是一个居住地向空间和民众展现自己的独有方式。至少有三种我们熟悉的主要空间类型，当然也可以找到或发明其他例子。

在古典的欧洲城市，街道和广场从一堆中等高度的建筑中被挖出。它们是我们遗产的一部分，我们经常怀旧地转向它们。建筑立面可能不是完全连续的，但除了偶尔的地标，如果开放空间中铰接在一起的背景嵌入这些建筑，这些建筑
似乎就是统一的。它们面对这些空间，并在这些空间中确认自己的身份。正是这些街道和广场成为城市的框架，它们命名城市，使城市引人注目，使城市成为公共生活的重要容器。这些挖空形成的公共空间比例、特征及彼此之间的联系构成一个城市的特点。更重要的是，建筑物正是包含和装饰着这些空间的立面。这个空间框架可能是一个有序的几何框架，或者是一个比较不规则的和迷宫式的处所。

我们对这些城市很有感情。它们看起来很安全，清晰，与人类的生活尺度相称，充满了生命力，即便有时有点压抑。但现代功能，特别是现代交通，以及现代建筑风格和生活习惯，正在溶解这一经典的空间质地，并创造了第二种空间类型。建筑物已成为空间中孤立的物体。它们是客体，或客体的集合，成为某种显著的感知元素。

街道的空间已经膨胀，并溢出到建筑物之间的空间。在这个过程中，街道空间已经丧失了自身的结构。

在有些时候，在一些精细规划的组合中，或者在鲜有的偶然产生的组合中，这些空间中的大物体的集结，会创造一个灿烂的景象。不过，更常见的是整体解体。于是，我们或者是依赖地形特征，或者是通过街道活动，或者是通过符号连接，如标志和名称，使城市变得清晰可辨。我们感觉到了一定的自由，看到了一些有趣的场景，但大多数情况下我们感觉到了缺失。至少设计者们还在反复地尝试重新创建上述第一个模型的有界空间，但是很难做到。在作为一个一般性的居住地的质地水平上，这些有界空间是否能够被重新捕获，带有相当大的不确定性。无论如何，我们似乎还没有找到一种方法来发掘新的空间质地中存在的任何潜力。

第三种常见的模式是枝繁叶茂的郊区场景，在这种场景中，街道随地形而起伏，虽然不是连续性的闭合，但街道中树木参差，枝叶悬垂，目光可以沿着人们种植的树木弯曲延伸。建筑物以单一的物体形式出现，但总是坐落在树木和草坪之间。有时建筑物被植物完全遮挡起来。至少在成功的例子中，自然的特征得到推崇，地面的形式得以表达。尽管空间可能会消解在绿茵的深处，但场景的连续性得到凸显，空间不被高墙或大型建筑阻挡。

大多数人不把"城市"这个词与这样的场景联系起来，但事实上，北美城市的大部分片区现在都有这样特殊的质地。这种模式，虽然对于人类活动的呈现显得有点平淡且疏于表现，但却是普遍得到推崇且实施得极为便利的模式。

如果这是现有的三种主要类型，那么至少在潜在意义上，我们还可以找到其他类型。其中一个就是由隧道、道路和桥梁组成的三维迷宫，在不确定范围的中性事物中被打造出来。其主体形象就是一个复杂的网络，充

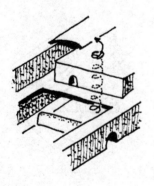

满了事件和惊喜，在规模范围内密切关联和彼此保护，精妙地把彼此相连。在这里没有外面的东西，也没有立面。一切都在里面。这个实体迷宫的原型可以在地铁、大型机构综合体和封闭的购物中心中找到。也许更大的定居点以这种方式能够很快地建造，尤其是在具有敌对力量的环境下。这个模型有它特殊的亮点，但也会引起幽闭恐惧症。在这个世界上曾经有过

很多令人感到愉快的隧道吗？

混合模型也是可能的。例如，一个城市可能在空间上被组织成一组宽阔的大道，由树木或墙壁或各种公众活动来界定，由特殊的地标环绕或者限定起始。这些大道本身具有强烈的空间和顺序特征，可以明确地组织起城市的总体结构。就在这些道路上，通过狭窄的入口，一个人可以进入一个相当独立的"内部"世界：有小的内部开口和通道的私人世界，安静而独立的活动区域。从这样的内部世界，人们可以瞥见繁忙的大道，而在这些大道上，通过一道门或者越过一堵墙，可以隐约看到内部的世界。这样的世界将是一个两极化的空间组织：公共/私人、活跃/安静、外部/内部、开放/封闭。我们在中东的一些城市看到了这种空间，这种模式今天可能还在应用，我们在对安全的渴望和对自由行动的渴望之间被撕裂。

然而，大多数定居点，至少在今天的西方城市中，可以是三种主要结构中的一种或者是三种结构的一种组合，组合中的一方是我们所依附的一种历史结构，另一方是使我们感到不安的、但最终主导当今世界的当代结构，带着阴影的一种基本满足。（图 88）

5. **住房类型**。一个城市的基本质地是由主要的城市建造类型和住宅建筑的混合体给定的，关于住房模型这个主题，有着大量的文献阐释。这些模型中的大多数可以总结为一个简单的 3×3 矩阵，就是建筑高度与地面覆盖面积矩阵，如下表所示。

建筑高度与地面覆盖面积示意

地面覆盖面积	建筑高度		
	高（超过 6 层）	中（3～6 层）	低（1～2 层）
高（超过 50%）	—	密集住宅	庭院
中（10%～50%）	高板楼	多层住宅	联排
低（低于 10%）	高塔楼	—	独栋

（1）板式高楼。如今，世界上正在建造的大部分新住宅都是长长的、由楼板搭建的公寓楼，有 12 层到 20 层甚至 30 层高，有中央走廊和电梯。一旦一个人选择居住电梯公寓，这种建筑将是最便宜的建造类型。它适用于预制建造和刚性安装。由于可达到的密度，它允许紧凑的增长，大量的便捷的当地服务，以及良好的公共交通。苏联和东欧国家的大多数城市

图 88　英国巴斯的一条室内步行街。内部街道需要鲜活的街面，频繁地向外部开放，以及与城市结构紧密联系。不过，大多数在公共走廊上的尝试都不幸失败了。

扩张都遵循这种模式。它在欧洲其他地方也很常见，直到被一场公众起义制止之前，它一度也是英国解决公共住房问题的流行模式。在美国，它分布在中心城市的公共住房中，也分布在靠近像纽约这样的大型都市核心区的中产阶级地区。尽管它在土地成本高的地区很经济，但平板电梯公寓的建造成本远远高于步行公寓或其他低密度住房类型。对于有孩子的家庭来说，它是特别不便的居住场所，几乎普遍不受欢迎。它产生了一个让人难以接受的单调的环境。地面必须集中用于通达性的实现：停车、公用设施和有组织的娱乐。因此，大部分的表面都是铺好的，或严重磨损的。破坏行为难以有效控制，安全难以有效保障。几乎在世界上的任何地方，这都是一种只有租户因政治、价格或住房短缺等原因才能容忍的住房。（图 89）

图 89 大量的预制板公寓正在建造，以满足对城市住房的迫切需求，但这种建筑的形式很难让人满足。这个例子来自苏联列宁格勒的北部边缘，但在整个资本主义和社会主义世界中，可以找到大量类似的例子。

（2）绿地中的塔楼。塔楼是一种有所不同的高层住宅模式。它们广泛分布在开放的绿色区域，保护着自然景观，同时为居民提供广阔的视野和复杂的城市生活所需的便利设施。屋顶和阳台可用作开放空间。在大楼的中间层，可以安置和提供特殊的公共服务设施（商店、托儿所、诊所、会议室）。这个模式为一代设计师所喜爱。它符合城市豪华住房的经济学要求。但在实践中，除了在一些壮观的城区或农村地区，结果并 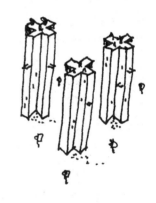 不理想。这些塔楼必须被推挤到一起，它们脚下的空地被停车场给吃掉了。内部公共服务需要一个远大于一栋楼需求的更大的市场。尽管每个人头顶上都是人，但街道是空荡荡的，在夜晚甚至是危险的。内部走廊和电梯不鼓励邻居互动。小孩子不能在妈妈的眼皮底下直接走出家门去玩。因此，拥挤的塔楼有着板式高楼的大部分缺点。因为它们价格昂贵，电梯很难巡查，这些塔楼公寓作为低收入者的住房极不成功。不过事实同样证明，这些塔楼，即使是拥挤的塔楼，对于居住在城市中心位置的富裕的人，对于年轻夫妇、单身人士或老年人来说，也是可以接受的。在这里，受到维护的自由，超越拥挤的城市而拥有一块防卫良好的"飞地"，现代化的魅力，以及大楼内的便利设施，都证明所付出的代价是值得的。在这种情况下，它可以是一个不错的选择。

（3）密集的步行楼区。在 19 世纪和 20 世纪初，这些都是居住在城市外

部的工作阶层和中下阶层的公寓。只要能说服人们爬上没有电梯的四层、五层或六层的楼层，它们便是最便宜的住房形式。这种居住方式形成了足够的密度来支撑丰富的当地商店和服务，在纽约或波士顿的部分地区，以及在许多欧洲城市，这些商店和服务设施成为连续的地面门脸。这些街道上充满了生活的气息，简·雅各布斯（Jane Jacobs）所说的"街道上的眼睛"，似乎在规制着那里的行为。当然，在这里也存在噪声、火灾危险和公寓内缺乏光线和空气的问题。毕竟，这些房屋是一代人一旦有机会就会逃离的房屋。虽然也有人试图在其中嵌入一些良好的品质，如阳台连通楼道，或建造跃式两层排屋，配备隔层停靠电梯，但从未完全成功。在被消防条例禁止之前，波士顿的三层楼板房设计是这个模型的一个可行的、低成本的变体。当位于特殊的城市区域时，许多现有的密集的步行楼区仍然是可用的，甚至是非常可取的。除了昂贵的塔楼，可以维持城市的高密度、可以被大多数居民接受的新的建筑类型，依旧有待开发。

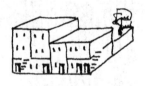

（4）地面通道步行公寓。在中等覆盖范围和建筑高度区域，可以提供混合公寓，其中许多或所有公寓都可以直接连接地面，还有少部分公寓需爬楼一层或者多层。一个常见的例子是两层排屋和三层步行公寓的混合，后者如此安排，是因上层公寓是复式的，它们的前门在二楼。更复杂的类型可以确保每个单元拥有私人花园。1967年蒙特利尔博览会上称为"生境"的示范项目就是这种类型的一个令人印象深刻的例子。在这种示范项目中，六层结构内的屋顶露台和高架人行道为每个单元提供了一个私人花园和一个外部私人前门。它受到居民和游客的推崇，但复杂的结构证明是非常昂贵的。然而，由于这类住房可以在经济地使用中心城市土地的同时，仍然能够提供许多家庭共同寻求的合适规模和通达性，因此，这种积极的设计实验得以持续进行。纽约州城市发展公司（Urban Development Corporation of New York State）推出了一个完全成熟的这类住房的例子，对于家庭生活来说这类住房更可接受，而且比电梯公寓便宜许多。无论对于中心城市还是郊区，通用类的设计似乎是公寓生活的一个很好的基本模式。

（5）庭院房屋。庭院或庭院住房偶尔被建议作为达成合适的城市密度的独立的家庭住房模型。该原型可以追溯到地中海模型，许多传统城市今天仍然在用。它是一个从内而不是从外吸收阳光和空气的建筑单元。一个中央庭院，或一系列的庭院，为每个房间提供光
源，而整个建筑单元是坚实地集成在一起与相邻
的建筑单元的一面墙或者两面、三面甚至四面墙
相对。于是，院子完全私密，整个家庭独处。房
子不超过两层高，这样阳光就可以填满院子。这
种类型相对便宜和可行，特别适用于温暖、干
燥、阳光明媚的地区。不过，苏格兰的坎伯诺尔德对这种模型的使用，则
是最好的现代例子之一。北美家庭对此仍犹豫不决，但这似乎是特殊的城
市境遇下的一个有用模式。从逻辑上讲，它适用于其整个质地与我们的文
化有些陌生的城市区域，它是一个墙壁占主导地位的区域，私密是其主要
的价值，街道是商店正面或隐秘的门面之间的狭窄走廊。(图 12)

(6) 联排房屋。在中等密度和较低高度区
域，大量的住房类型都是可能的：排屋、复式公
寓和低水准的"花园"公寓。一层或两层的家庭
单元并排安置，或两个单层单元一个叠放在另一
个上面。有一个"阳面"，每个单元都在公共街
道上有属于自己的入口；还有一个"阴面"，每个单元都有私人院子，或者
可能有一个共同的开放空间，在这个空间私人可以连接自己的小团体。现
在一些中西部建筑商正在使用的"四联"建筑模型，其密集程度已经是步
行模型的一半。两个单元，一个叠加在另一个之上，面向街道，另外两个
单元在前面两个单元的后面，面向相反的一边。每个单元都有一个车库、
一个前门和一个小院子或屋顶空间。除了独立的房子，这些各种类型的低
矮的连排房屋是北美城市工作一族的主流居住类型。与其他类型相比，它
们既紧凑又便宜，并且还能满足直接的进入通道和停车位、单元身份和私
人的开放空间等居住品质需求。单元可以拥有或租用，复式公寓为住宅业
主提供了确保能从连排单元获得租金收入的机会。这类住房可以数量不大
的方式进行建造，也可以在较大面积上重复建造。尽管这种类型的房屋长
期以来被大多数北美人认为是一个妥协了的独栋住宅，被设计师认为缺乏
想象力，但它是所有相对密集的住房建造形式中得到检验的最好的形式，
并正在稳步地获得接受。与这些密集的独立式住宅相比，街景可以作为一
个连贯的整体而不是重复的小盒子得以建造。与板式公寓相比，连排房屋
保留了其亲密的尺度，可以明确区分每个家庭。在我们的社会中，基于对
这种住房的各种修缮来改善未来城市的地面质地是不太可能的。

(7) 独户住宅。这类住房仍然是大多数美国家庭的理想选择，并占据

了我们城市住房存量的三分之二。在大众接受和联邦补贴的支持下，"二战"后的北美大都市都是由独户住宅的建造支撑起来的。这种住宅因其出了名的视觉单调而受到谴责，但它在买家能买得起的地方一直存在着。（不断上升的建设成本和汽油短缺的威胁正在将住房需求转向上述密度更大的住宅类型。）缺少变化也常被提及，如"零共享区域"房屋，这种房屋一边没有宅院，房屋坐落在地块线上，与下一个单元房没有物理性的连接。由于人们对独栋住宅的喜爱如此强烈，并且在身份和所有权、私人的开放空间、业主维护和改造权利等方面独特住宅具有明显的优势，因此有必要在这个主题上做出进一步的变化，以降低成本，实现更高的密度。对已经建成的独栋郊区的回收利用将是未来的主要设计任务。这些古老的郊区，随着对它们的使用而实现的完善以及景观的成熟，它们开始拥有了属于自己的特点。如何增强它们的这种能够感知到的特性，以及如何通过插入连排房屋或零散的步行屋来提高这些老化的地方的密度，以改善它们的通达性和提供更大范围的设施，是一个重要的基础性问题。(图 76)

6. **创新。**如果这些是房屋结构的标准主题，除了几乎所有的城市都是依此建造的之外，还有一些额外的模型。如果回顾上面的基本列表，我们就会看到它们至少在一个方面是相似的：所有这些都是孤立的家庭生活单元的组合，每个单元都有自己的厨房、浴室、睡眠和起居空间，每个空间都有自己单独的入口。这当然反映了核心家庭在我们社会中的核心作用。对应着家庭的改变，房屋的类型必然发生改变。最近发生的大型独栋住宅或其中的一组住宅向社区家庭住宅的改变，可能表明了一个相当新的住房类型的萌芽。在某些乌托邦社区，如在阿马那（Amana）和奥奈达(Oneida) 人定居点建造的住房中，就有一些上述提及的模式。

另一项创新是提供流动或临时住房。最初的动机要么是为那些暂时无家可归的人提供快速住房（如灾后或在有限的建筑期间），要么是让人们在度假时随身携带他们的家庭用品。这个简单的"拖车"已经成长为"移动家庭"，紧凑，长而狭窄，有可拆卸的车轮和金属外壳，充满了技术性便利。这样，低矮的拖车成为第一个成功预制的独户住宅。在美国每一年建造的住房单位中，大约有 15％ 是这种类型。移动房屋可以快速地移动到一个位置，但很少再次移动，尽管潜在移动的错觉可能令人兴奋。由于身份地位和税收的原因，当地的社区不喜欢它们，它们被降级到边缘地点，在这些地方，业主为布局欠佳的地理位置支付不菲的租金。移动房屋的内部空间，局促但装备精良。这种房屋类型设计的一个重要任务是展示这些原有住宅派生出来的房屋如何得到安置和规划，以创造愉快和可运作的居住区。

旧拖车的移动住房功能已经被尴尬的"露营卡车"所代替，这些大块头的"露营卡车"可移动到海滨或山区度过一个"户外生活"的周末。它还有另一个功用就是用作内河和内湖上的娱乐房屋。在一些城市境况中，可进行建造的土地稀缺，但水源丰富，旧驳船便宜，浮动房屋可能成为一种重要的自助住房类型，正如在阿姆斯特丹、巴黎、伦敦和其他城市所发生的那样。对浮动住房的状况和特殊目的进行分析，对有效地利用城市要素来说是非常有益的。例如，它们可能会促成住房需求的激增，或者当沿海城市附近的土地稀缺时，我们可能会求助于它们。当然，它们有属于自己的魅力和代价。

7. **系统和自助。**还有一套模型指导着我们对住房的思考，这种思考与创造住房的过程有关。在我们的习惯中，富裕的人通常定制房屋建造，进行个性化设计和独立承包。其他人使用二手住房，或购买大型或中等规模开发商建造的出售或出租的房屋，一个家庭可能会购买一个预制的移动的家庭房屋。

一个规划派认为，住房建造的高技术工业化可以解决普遍存在的住房短缺问题，并将在发达国家将房屋价格降到相对于温饱消费的水平。尽管美国对此进行了长期宣传（如"突破行动"这样的徒劳的政府执意要实施的行动），但除了低矮的拖车，以及通过工厂逐步生产独立的建筑部件——门窗、屋顶桁架、五金、浴室和厨房组件、墙板等之外，住房工业化从来没有真正启动。

然而，在欧洲，特别是在社会主义国家，住房的集中预制工作已经得到广泛发展。大型工厂生产平板公寓楼的元件，并在现场组装完成。其结果是即使在成本上并没有取得真正的突破，住房供应也得到迅速增加。该系统产生了庞大的、单调的住宅区，通常品质低下，位置边缘。当用户从私人住宅开发商那里租赁或购买房屋时，几乎很少谈论自己的住宅形态。

与之对立的规划派则相信自助，而不是系统建设。从第三世界城市擅自占用者定居地的历史来看，这个派别认为最好的住房是由最终用户建造的或在其直接监督下建造的住房，居民的劳动和创造力是一种巨大的、未使用的住房建设资源。因此，公共政策应该指向支持当地企业：鼓励小型

承包商，提供廉价的土地、廉价的小型建筑材料，强化建筑技能培训及水
和电力等基本服务。城市结构将由简单但形式多样的个别建筑组成，中等
密度，楼体较低，相对低矮的建筑和相对大的面积覆盖，能够促成这种模
式实现。一个整体连贯的城市形式不是通过强加一个重复的建筑模式实现
的，而是通过街道和公用系统的模式和特征、通过为房屋拥有者和建造者
提供的建筑材料的品质和简单的建筑元素实现的，或许还得益于一些相当
基本的建筑法规。(图 90、图 91)

图 90　住房短缺是用高科技来解决，
还是用自己的劳动力来解决？

图 91　一个典型的擅自占用者定居点，是摩洛哥菲斯的一个废弃的采石场。人们用匮乏
的资源自己调节自己的居住环境。在远处可以看到政府建造的中等收入者的住房。

纯粹的自助，即居民用自己的手建造一切，在实践中可能仅限于用传统的手段建造房屋的传统社会，或者相反，可以在非常富裕的社会实现，人们自己这样做是因为他们有时间和愿望这样做。然而，房屋还是由专业人员一部分一部分地建造，建造过程则由用户严格控制，随后由居民修改和完成。这类更先进的理论的提出，除了用于公共街道之外，还会用于统一的支撑结构的建造，在这样的环境中，家庭可以以任何他们喜欢的形式建造避难所。然而，这样一个精心设计的支助系统似乎不太可行。

尽管我们可以详细讨论住宅模型，但有趣的是，除了购物中心之外，文献中对非住宅建筑类型的讨论相对较少。房屋占了任何城市的大部分，但为什么对工作场所，对我们度过了如此多工作时间的场所考虑得如此之少？在现实中，工作场所的标准模式大量重复存在：市中心的办公大楼、郊区的办公区域、办公室和草坪置于前方的地面机房所属的工业园区、设在院子和停车场的巨大工厂棚、仓库和码头、转换为小型办公室的房屋等等。这些都是被企业自然而然地用作建造自己房屋的"无意识的"模型，只是从来没有研究过这些模式对在其内部工作的人或整个城市的影响。（图92）

图92　现代工业区干净、空旷的立面。是谁在用？谁在看？立面的背后是什么？

另一系列城市模式是指内部循环模式：

1. **模式选择。**有很多方法可以承载人们关于城市形态的讨论，而关于城市形态的讨论大多又围绕着在各种城市形态之间应该做出的选择。通过各种令人困惑的交通方式，如手推车、缆车、公共汽车、铁路、地铁、高架车、"大象观光火车"、货车、自行车、船只、马、双脚、轿子、轮椅、出租车、气垫船、人力车、轮滑车、小型客车、冰船、飞机、直升机、飞艇、轻便摩托车、摩托车、电梯和自动扶梯等推行其模式选择。其中有两个基本维度，可以区分它们的特性：

（1）技术连续性，从简单和肌肉动力到复杂和自动化（中间有熟悉的机械设备，如各种汽车）；以及

（2）控制连续体，从基本上自由的个人移动到计划好的和空间固定的公共交通（中间有团体出租车）。

在某种程度上，这两个维度不是独立的，而是倾向于相互平行。然而，有一些高科技模式允许相当程度的个人自由（如移动人行道和"载人车"）。还有一些低技术模式是大众运输装置，如马车和班轮。但复杂与受控、简单和自由，往往相互关联。

集中的大众模式在关于城市设计的专业文献中更频繁地被提倡，因为它们比单独的模式（无论是在通道中还是在存储车辆时）所需的空间更小，它们更节能（如果替代方案不是肌肉驱动的），可能更具成本效益。由于它们是由社会资本而不是个人资本提供的，并且由专家指导，它们可供更多的人口使用：穷人、残疾人、年轻人和老年人。但是，它们提供的路线和站点则不那么灵活，它们需要大量而集中的原始投资，要求一套更集中的运行起点和目的地才能有效运作。在美国和许多其他国家，人们在负担得起的时候选择个人交通，因为这意味着隐私、挨家挨户的访问、随意出入的能力及在低密度下生活和工作的机会。但这一选择反过来则带来了严重的空气污染、事故、对石油的依赖、道路拥堵、对大量的停车场地的需求，也对所有不开车的人带来通达性的恶化。虽然人们对出行成本和中心城市交通服务的改善感到有些沮丧，但单个车辆还是在地面上存在。严重的汽油短缺可能会改变这一局面，但对应的阻力也是顽强而精巧的。

真正的大众交通需要高度集中的用户，因此可能只适合于大城市的中心地区。它的成本优势还不清楚，不过最近在美国，固定轨道交通线路已经被证明是昂贵和不公平的。使用熟悉的内燃机的公共交通——公共汽车、小巴和集体出租车——目前是承运大量人员的较好设施，因为它们可靠、灵活和相对便宜。但它们也污染空气，不能提供个人汽车所具有的方便性。以合理的价格和时间表进行远郊服务也不容易。解决这一模式困境的一个建议是构建一个混合模式系统。在这种系统中，在当地的低密度道路上运行的单个车辆可以在主要路线上与高密度中心附近连接起来，这样，大量人员就可以在高速下不发生冲突地移动。但这不仅需要一个非常昂贵的技术装置在主要线路上进行运输控制，而且还需要使单个车辆与该装置兼容。这个想法作为一个出色的技术解决方案吸引了我们，但代价是一个高度复

杂、不灵活、包罗万象的系统。

关键问题不是小汽车与公共交通，或如何开发某种超级模式，而是如何开发两种设施：（1）一种相对于我们今天钟爱的汽车更少污染、更安全、更便宜、更少空间要求、更低能量消耗的私人汽车（如：安全的、能防风雨和能够携带包裹的助力自行车）。（2）一种团体交通工具，它有灵活的路线和时间表，可以有效地服务于低密度地区。一旦曾经拥有，随意的自由行动便是一种不会轻易放弃的乐趣。解决办法不应是剥夺这种自由，而是应减少这种自由行动的成本，这里意味着获得运输系统的不平等机会，事故和空气污染的负担无疑是最严重问题。

低技术和高科技的维度也是如此。对于那些有能力四处走动的人来说，步行或跑步是最健康的移动方式。但现在大多数城市旅行都需要其他方式。然而，答案并不太可能蕴含于如"摆渡车"或气垫船这样的复杂设施中。从自行车到小型公共汽车或团体出租车，都是最有用的、熟悉的人工导引车辆。适当的模态混合取决于有关城市的政治经济状况和空间形式。运输系统的管理和控制比其对应的技术更为关键。需要的品质是简单、灵活、没有污染、对所有用户开放，而不是速度或技术上的辉煌。

2. **循环模式。** 流动体系的空间格局往往是一个富于争论的问题。还有，等级观念很少受到挑战。一个良好的流动系统是一种小车道进入当地街道，当地街道进入主路，主路进入高速公路的系统。层次结构可以由三个、四个，或者任何其他数量的层次组成。因此，一个通道的容量可能与其预期的流量相匹配，而更倾向于大的流量对应大的用途或小的流量对应较少的用途，可以定位到使用者们有信心找到的热闹或安静的地方。

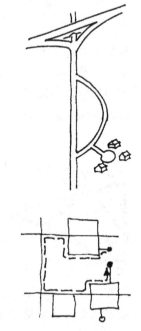

这种层级结构在许多未被规划设计的城市中随着时间的推移自然地发展。公共干预可能会加剧这种"自然"层级结构，而新城市则通常按照这种模式布局。在这种情况下，这种模式似乎是毫无疑问的，但的确还会产生一些疑问。一个疑问就是：尽管小街—集散地—主路—出口这样的阶梯层次已经被广泛接受，但究竟多少个层级是适当的？另一个疑问与预测未来流量的能力有关，基于此可以知道在哪里及需要多长时间会出现更高级别的渠道。还有一个疑问与任何给定时间的运动灵活性有关，即严格的层次结构是否可能因为强制性地让一个人为了到达附近的某个点，在分支系统中爬上爬下，以至最终造成局部运动受阻。因此，严格的层次结构通常也会通过建造较低楼层的连接而达成妥协，这样就可借助旁路移动。不论怎样，层级流动的一般概念还是得到广泛使用。

除了这个总体概念之外，模式本身也还有几种选择，这些都与城市形态的其他特征密切相关。模式的两个主要模型——网格和中心辐射模型——已经被描述过了。在大多数北美城市，甚至在世界各地，网格模型通常是一个矩形。它具有布局简单、建筑地块规则、交通流量灵活、逻辑定位清晰等优点，但也出现了熟悉的问题：视觉单调、无视地形特征、对角线旅行困难，以及在任何街道上遭受快速交通的威胁。然而，正如上文所指出的，其中许多困难是可以克服的。

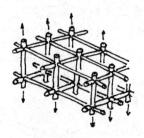

矩形网格也可以在第三个维向中扩展，从而在叠加的水平上形成一种垂直上升和水平扩展之间的协调。在非常密集的区域这种设计常被使用，以便能够开发总的空间体积。把水平流向和垂直流动结合起来并不容易，因为这需要改变模式。但在我们市中心的一些地区，如在明尼阿波利斯，我们已开始建造一个扩展的由二层步行道和自动扶梯组成的三维网格。其他城市，如多伦多，正在建设地下网络。地下购物中心的出现也足够寻常。虽然这些地下设施可以保护行人不受天气的影响，但这些通道往往会让人感到压抑，使人迷失方向，并可能会稀释地面街道的活力。

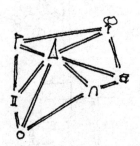

放射性同心圆的形式一直是常规网格形式的主要竞争对手。它经常出现在没有任何规则的同心组件的历史城市中。它非常适合具有单一中心主导流动的城市，但在没有中心主导流动的城市中，则非常不适合。就像在许多老城市经常发生的那样，如果同心路线缺失，穿越城市就会是一种很尴尬的境遇，相应地，中央拥堵可能会非常严重。在区域范围内，许多高速公路系统仍然遵循这种放射式模型。例如，在波士顿高速公路系统中，甚至在洛杉矶的高速公路系统中，这种模式就持续占据着主导地位。一个矩形网格，通过变形以适应当地环境，可能是服务于广泛的城市化地区的大型高速公路系统的一个更好的模式。

上述巴洛克形式下描述的网络近似于一个粗糙的三角形网格。虽然这种形式在其他方面有很大优势，但对于一般性交通系统来说存在着很大困难，因为多重等级交叉存在着严重的缺陷。不过，对于缓慢的步行或马车交通，这种形式可能是相当可行的。对于庆典游行，轴向网络是一个很好的装置。有趣的是，在全国范围内，美国较发达地区的州际公路系统相当接近于三角网格形式。

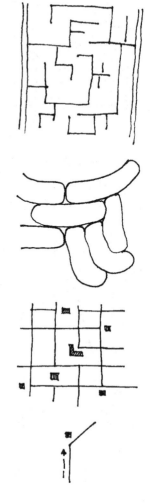

网格模式和放射状模式是两个主要的模式，其他概念则指向各种通道的一般结构，而不是它们的总模式。例如，上文所述的毛细管系统经常出现在旧的、密集的步行城市，特别是在生活空间的竞争迫使通道性空间逼近极限的地方。这是一个形式上非常纯粹的层次结构，其中每个小的通道都指向一个死胡同，并且只有通过一系列的汇合分支才能实现整体性的连接。其总体格局就是一个遍及整个空间的迷宫。以强制绕行为代价，交通的彼此阻隔使隐私得到保护。今天，这种类型的模式只适用于当地人使用和游客偶尔到访的小飞地。

在这个较小的尺度上，许多其他模式是可能的，包括熟悉的"肾脏"形状，这是通过弯曲的街道将长长的车辆禁行区安置在丘陵区域的结果。网格内的当地街道也可以被 T 形交叉路口和卐形路线打断，以便在不造成死胡同的情况下削减交通流量。T 形接口的更进一步优势是为街道提供明确的视觉闭合性，可以为重要建筑提供良好的位置。通过在特殊地方使街道急剧弯曲，也可以得到类似的视觉结果。

3. **模态分离。**每个城市都使用一种以上的运输方式：在最起码的层次上，会借助于脚和负重动物，或者借助于脚和船。现代城市则使用了范围广泛的各种各样的运输方式，其中大多数都是在街道上一起通行。在一定程度上，这些模式是通过自行车侧道来进行分离的，但冲突仍然存在。人们大量地考量机动车流动和货车流动的分离，现在自行车和交通运输车辆混为一体，自行车或者混入汽车道路，或者混入货车道路。

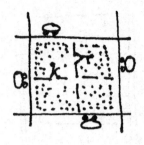

其中一个想法是建立机动车无法渗入的边界区域。这样的步行区经常在历史中心城市中创建。超级街区的内部则是另一个例子，荒野区是第三个例子。这些区域的隐秘、安静和安全都极有价值。某些一般性的问题总是与这些计划一起出现：货物的运输，紧急车辆的入口，车辆运输间的关系，所停放车辆与车主的关系。这些措施限制了可以适用区域的规模，但并没有冲淡这个想法的受欢迎程度。一个妥协的概念是允许汽车以非常低的速度侵入，同时给行人在整个街道空间的不受限制的通行权。司机必须像拥挤餐厅的服务员一样小心谨慎，因为他们要对任何事故负有法律责任。在不会严重损失个人行动能力的条件下，实现当地的安全和安静确实需要独创性，不过，这一点已经能够做到。

另一种形式的模态分离是线性的。一条道路仅限于一种运动形式：高速公路、公园道路、公共汽车道、铁路线、自行车道、婚庆道路、人行道。一旦专门化，一个通道就可以被有效地设计成适合某种运动的模式，并且可以避免许多冲突。为一个单独的模式找到一个新的路权是很困难的，而且模式之间的交叉点也很麻烦，除非它们以昂贵的代价进行等级分离。自行车道、旧有交通车道的保留或内部街区、地下或升降的人行道等想法，都是规划者的智力包袱的一部分。然而，这些各种分离的倍增（特别是在拥挤的中心地区），可能不仅很难完成，而且一旦完成，就会被迫为各种活动提供多个入口，并导致现有的多功能街道失去其重要性和活力。因此，模态专门化需要对站点进行仔细研究，并对未来流量类型进行良好的预测。这并不是一种普遍的解决办法。(图93)

4. **管理通行距离**。减少通行时间是一种理想，因为冗长的时间被认为是无效的和令人不满意的。推荐靠近工作和家庭的通勤地点，将通勤时间保持在最低限度。这种靠近在今天非常稀少，除了紧邻的城镇，这种靠近具有通勤遭遇的所有缺陷。一些人会根据喜好让他们的住所靠近工作地点，或者在家工作。更多的人将接受相对较长的通勤距离，以便生活在一个更好的社区。如果一个人仅限于离家近的工作，那么一个人的职业机会就会急剧减少。缩短家庭到工作地点的平均距离可能是一个无法实现的目标。

图93 在巴塞罗那著名的林荫大道拉斯兰布拉斯宽阔的中心地带，行人受到保护。

如果实现这一目标，它是否会增加生产能力实在令人怀疑。也许更重要的是安排城市，这样更多的人就可以住在他们的工作附近，如果他们选择这样做，安排旅行的体验，本身会成为一种乐趣。这样的话，旅行甚至可能是一件社交性或生产性的事件。

我们还希望新的电子通信将缩短或取消从家里到工作场所、学校、商店或朋友那里的距离。人们可以在他们的客厅工作，并与中央办公室保持联系。他们可以通过电话购物，通过编程视频学习，并与远程的亲属便捷地通话。然而，目前还不清楚这些新设备是否真的在减少城市交通流量，或者将会减少城市的交通流量。在较早的时期引入电话似乎产生了增加普通家庭通信的效果，但并没有减少他们的走动。此外，展望一下人们将他们的生活完全局限于房屋之内、通过视频手机进行全身心的对话，这样的场景也真是有点令人毛骨悚然。交通实现的流动可能真的不是我们所认为的完全浪费。

5. **通道蓝本。**通道本身的设计有许多模型，街道的设计尤其如此。在接近场地规划的规模上，非

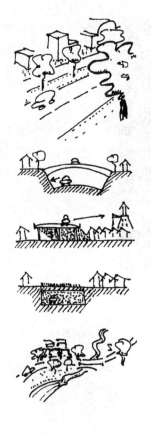

常值得列举这些模型。因为它们经常成为城市设计的主题，通常处在公众控制之下，与定居点的质量有很大关系。

也许最有影响力的模式是林荫大道：宽阔的主脉街道，两边有一排或多排树木，宽阔的人行道，可能还有平行配套的驱动性服务设施。重要的建筑物沿其两侧分布。它可以承载繁忙的交通，同时提供许多便利设施。无论在哪里设施都得到密集性使用，即使这种模型要求一种广泛的公共通行权，该模型依旧能够很好地运作。空无一人，或树木荒芜，会是令人沮丧的景象。这种林荫大道也以住宅大道的形式使用，沿着这条林荫大道，雄伟的房屋坐落在长长的草坪后面。不过，交通的滋扰已经扼杀了林荫大道，变体为住宅大道，剩余的部分现在主要被转换为供机构使用。河滨、湖滨或沿着大型公园的林荫大道总是能够得到很好的应用，在这些地方，往来的交通和街道一侧都可以分享其旁边的土地或水景，而城市也获得了令人难忘的立面。(图 94)

高速公路是重要的街区所涉及的一个熟悉的现代概念，高速公路分割了交通车道、景观化的中央岛屿和列岛，等级分割的交叉口对应着各自的通道。交通通畅，各自享受着一种平淡的自然设定。穿越一座城市时，道路往往是萧条的，进入视线的是车辆的流动，城市的街道在头顶越过。一个区和另一个区似乎被一条古老的护城河隔开，司机无法看到他正在经过的东西。如果让道路更加通畅，这条路就会被修建到城市之上，这改善了司机的视野，但却给桥台带来了更多的噪声。基于高架桥的城市划分则更为恶劣，在其下面是阴暗的、无法利用的空间。虽然美国的高速公路通常被认作是现代工程的一项美丽成就，但它在城市结构中的这种插入引发的问题从未得到妥善解决。在一个单一的设计结构中将巷道开发与高速路的侧翼使用联为一体的建议已经提出，但这些建议从未得到实施。隧道的开发能够排除交通的干扰，但隧道开发成本昂贵，对于司机来说又会感到极端沉闷。(图 95)

图 94 滨水大道是城市俊美的脸面，
允许游泳者、推婴儿车的人、司机和
公寓居民同时享受水的乐趣。在这里，
面向密歇根湖，我们沿着橡树街海滩
向北看芝加哥的"黄金海岸"。富人的
旧豪宅在很大程度上已经被一系列豪
华公寓所取代，但湖畔却对所有住在
这个立面背后的普通市民开放。

图 95 当城市高速公路被设置在街道
以下时，从路上看到的景色真的不算
赏心悦目。

另外，为娱乐活动而设计的公园道路或者机动车道路，在许多情况下
都是很好的。这里我们有一个能够特别好地利用线性的自然特征对地形积
极响应的模型，如一条溪流。遗憾的是，这种溪流提供的连续性视觉体验
和听觉体验没有很好地得到利用。但更大的困难是，除了在一些国家公园
外，这些游乐道路大多已经被繁忙的普通交通所占据。(图 96、图 97)

步行街的设计动机与公园路相同，但模式不同，今天，它可能会在我
们购物中心的中央商城重新出现（以某种限定的形式）。随着我们对步行和
慢跑的兴趣再次产生，我们有可能再次修建长廊吗？另外，购物步行街非
常活跃，而且不仅仅是出现在购物中心。为这些步行街进行布置、提供

图96 在地下空间很难创造出良好的感觉。自这张令人沮丧的照片被拍摄之后，波士顿的中央地铁站已经重建。但即使在今天，这个车站依旧令人感到压抑和困扰。

图97 弗吉尼亚州的乔治·华盛顿公园路。分车道高速公路可以很好地配合地面，传递出一种美妙的运动感。

照明和对其进一步完善，一直是近阶段城市设计的努力方向。然而，关于实现城市步行街的人性化，我们还有一些东西要学习。连续拱廊是一种在今天的重要街区中仍然有用的历史设施，它提供了天气保护、交通保护，是整合不那么一致的街道立面的有效方法。拱廊可以建在相邻的结构中，也可以让它们延伸到公共人行道上。由于存在一些连接问题，它们可以被添加到现有建筑的正面。在这些拱廊的遮蔽下，行走可以基于各种社会目的进行。（图98）。

图 98 街道拱廊是一种保护行人，同时维持街道生活的旧装置。

严格控制街道上各种建筑物的立面设计，这赋予许多历史城市很多独有的特征。除非沿着特殊的权力大道，这种严格控制的立面设计在今天很少被尝试。旧有的设计是将立面与街道本身一起建造，然后允许私人建筑商在这些立面后面建造其余的结构。这种设计与建造方式，今天已经不再使用。

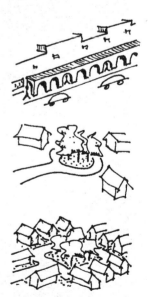

我们也有几个熟悉和可行的小街道模型：弯曲的郊区街道，有植被覆盖的尽头转弯的死胡同，被分割的住宅街道环绕的、有围栏和绿化的英国广场。但在这些主要和次要的之间，我们陷入了迷茫：混乱的商业地带，荒芜的主街，其间充斥着空置的转弯车道和处在半使用状态的街前空地，要么就是几乎消失在货场和连续的栅栏中的枯燥乏味的工业路线。(图 99、图 100、图 101)

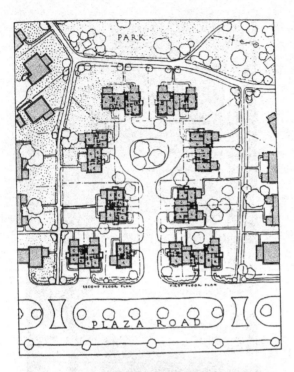

图 99　对新泽西州拉德伯姆（Radburm）的死胡同的创新使用，创造了无车的"超级街区"，并允许汽车和人行的入口分开。

图 100　19 世纪，位于波士顿灯塔山（Beacon Hill）的路易斯布鲁格广场（Louisburg Square）。它仍然是英国住宅广场的美国典范，有栅栏和大门，周围都是漂亮的联排别墅。

图 101　工业区中一条典型的主动脉街道：定义不明确，护理不善，用途频繁变更——一个低价值的、单一功能的空间。

　　可以用些篇幅专门介绍各种终端，这是循环系统的另一个基本元素。对于城市火车站褪色的宏伟，当代汽车站拥挤的破旧，还有现代机场的混乱和不人道，停车场的贫瘠不适，以及停车场的荒凉、令人迷失方向和恐惧，我只剩下哀叹。唉，我们甚至找不到一个舒适的地方来等待公共汽车！（图 102、图 103、图 104、图 105）

图 102　旧城火车站赋予旅行以某种尊严。

图 103　但城市公交终点站，拥挤且破旧。

最后一套空间模式集群围绕着公共开放空间的问题展开：

1. **开放空间的分配。**关于开放空间分布问题有两个不同的观点：一个观点认为，开放空间应该集中和连续，以便给城市的其余部分"赋予一种

图 104　机场：干净、空寂而清冷，一个坐等或赶飞机的陌生地方。

图 105　等公共汽车并没有什么乐趣——想知道什么时候会来，以及如何放置行李——尽管如果能找到座位，旅程可能会足够有趣。公交候车亭很有帮助，但乐趣这个问题还是没有得到解决。

形式"。因此，它们将被联系在一起，通过不同的规模，它们将真正缓解拥挤的城市环境。另一种观点则认为，开放空间应该很小，并且广泛地分布在整个城市结构中，以便使人们尽可能容易接近。这些观点的差异在很大程度上是由于对开放空间功能的不同理解：它是日常生活的正常和完整的场所，比如是门廊或是游乐场，还是一种在特定时刻、特定经历中与城市生活形成对比的一种体验？一种流派认为开放空间应该是进行某些正常活动的地方，如交谈或打球，而另一派别则认为它们是具有某种特质的地方，这样的地方会提供一种重要的体验，一种人们应该完全沉浸其中，具有不同于通常的生活行动和感知方式的体验。后者的支持者还认为，良好的环境意味着定居点的各个部分具有显著的特征，如密集的城市与开放的乡村。这种显著的区分使得这些地方令人难忘，并允许一个人能够有能力选择自己的栖息地。大的开放空间有利于创建这种对比度。通过限定区域建构的边缘，能够为整个城市提供一个可识别的形式。相反的观点则认为，这种对比并不重要，大多数人也不把一个城市看作是被地图的形状限定了它的边缘的地方。

事实上，连续的开放空间可能是对城市形式的一个无效的定义，除非该空间本身就是一个强大的景观：一片海洋、一座山脉，或一条大河。此外，如果在其他地方提供了足够的步行道和自行车道，直接将开放空间连接在一起可能是不必要的，因为很少有人能连续地从一个开放空间走到另一个开放空间。但开放空间有许多功能，其中包括沉浸感、对比感和乡村体验，以及满足日常活动的即时性日常使用。一个好的解决方案将涵盖所有的范围。因此，这两种观点应该是互补而不是替代的关系。然而，在资源有限的情况下，在具体的情况下，这个问题可能已经足够现实。例如，可能有必要决定究竟是扩大郊区区域公园还是创建一系列中心城市的运动场。

2. **图形塑造。** 在关于定居点分配开放空间的各种模型中，绿地、楔形区和网络脱颖而出。作为大尺度的模式，它们与我们开始时提及的大城市的形式模式有关。第一个设想是开放空间是一个围场，它围绕着一个定居点，阻止了其进一步增长。这个设想与卫星城市形式和最佳城市规模的概念有关。虽然在花园城市理论中这一点经常被讨论，但它很少得到应用。一旦得到应用，它又很难得到维护，因为任何不断增长的城市的最新近的外围地区总是最适合安置新活动的地方。伦敦的绿地需要巨大的行政努力来确保安全，而这样做已经给被迫越过障碍的开发项目增加了额外的成本。毫无疑问，它为附近的郊区居民提供

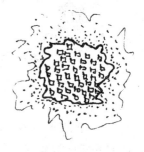

了一种特殊的便利设施。知道有多少城市居民利用了它，或者已经意识到了它的存在，这将是很有意义的。哈瓦那的隔离带是通过将土地完全国有

化来实现的。具有讽刺意味的是，马里兰州绿化带的绿地最初被战争用房侵占，后来在政府处置这个城镇时被卖掉。(图 106)

图 106 在埃平森林 (Epping Forest) 进行野餐。这是环绕伦敦的大绿地的一部分——这条绿带的维护消耗了大量费用，但被邻近的居民愉快地享用。

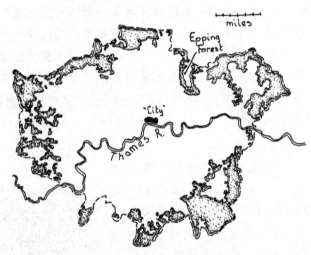

"绿色楔形"的想法几乎与绿色地带的概念相反。在这个观点中，开放的空间应该渗透到一个定居点的中心，并辐射到外围。因此，所有开发的土地附近都会有开放空间，尽管随着辐射的收敛，朝向中心的空间会趋于减少。无论多么遥远，开放的空间总会连接在一起，并连接到一个城市的近乡环境。然而，沿着主要通道的周边增长从未受到阻碍。显然，楔形的概念与上面讨论的星状形式有关，但它也可以应用于线性城市。不过，这种想法并没有经常在实践中实现，尽管它会发生在具有自然的径向特征的地方，如河流，贯穿城市并在这个过程中获得存在的机会。莫斯科的总体计划提供了这种楔形模式，它贯穿整个都市区域。不过在环形建设形成的地方，绿色楔形可能像绿化带一样难以保持不受侵犯。此外，当人们从中心向外围移动时，人们与开放空间的关系变化的方式必须得到考虑。但在一个大的定居点中，楔形的形式使每个人都更接近开放空间。(图 78)

开放网络的概念，自然与网格形式的城市联系在一起，但它没有那么充分地发展起来，据我所知也没有得到很好的应用。这个模型放弃了通过任何绿色边缘赋予整体形式的想法，而侧重于整个结构中开放空间的公平分布，再加上开放空间系统的一般性互连。开放空间网格是街道网格的补充，它穿过街道街区的中心，并穿过交叉路口。因此，人们可以很容易地从城市的任何地方到达开放的系统，并沿着这个开放空间向任何地方移动。作为街道网格的补充，开放网格可以用于娱乐性旅行：步行、骑马、滑板、自行车等等。各种连接可以被压缩到主要道路附近的狭窄道路，因此主要的开发土地很少被侵占，而开放空间则在街道网格的空隙中扩大。与"绿色楔形"一样，供日常使用的活动空间可以放置在开放网络的边缘，而在内部可以找到更大更多的"农村"区域。由于该模型是一个相互连接的系统，并与整个城市化地区紧密相连，因此，它以综合控制为前提，在穿过主要街道时可能需要进行等级分离。

3. **开放空间分类。**有一组开放空间分类，这些分类通常作为设计模型被接受。

(1) 区域公园。这是一个很大的乡村地区，位于都市区的外围，是人们在周末或假期全天或半天旅行的目的地。它必须足够大和多样化，以容纳大量的通道、交通设备和停车场所，并为所有年龄段提供各种活动，以及提供徒步旅行和露营的自然景观。水上运动、野餐和野外游戏是最常见的一些明确的活动。传统上，大约 600 英亩被认为是最小的面积，该地区应该有一些特殊的自然特征，最好包括一条小溪或湖泊。游览者无论是乘坐小汽车、公共汽车，还是步行、骑自行车，应该在半小时到一个小时内游览整个公园。

(2) 城市公园。这是一个小得多的公园景观，在视觉上是城市区域的一部分，更多的是服务于日常性的、相当悠闲和非正式的游戏。英语中"公园"这个词就是这个景观的原型：草地上的树丛，蜿蜒的小径，池塘，偶尔还有灌木丛或花坛。这类景观是经过精心设计和高度管理的。我们对这些公园如此熟悉，在城市中心和一些较古老的居民区都可以看到它们。它们存在着典型的维护和过度使用问题，以及用户之间的冲突及夜间的安全问题。然而，它们仍然是一个非常受人喜爱的城市特色。在某些地方，它们会成为城市的中心形象和聚会场所（波士顿公园，纽约中央公园，伦敦公园）。在其他时候，它们是一些地方性区域的重要焦点，就像在"公共社区"概念中一样。

（3）广场。这是城市开放空间的另一种不同模式，这个模式主要源自欧洲历史悠久的城市。关于城市设计的书籍中充满着各种可能性，有些时候，城市设计可能沦为只是广场设计的问题。这个广场本身成为一个密集的城区。通常，它会被铺设，被高密度结构包围，被街道包围，或与街道紧密连接。它包含了旨在吸引人群和便于聚会的功能：喷泉、长椅、避所等。绿植可能很突出，也可能不很突出。意大利广场是最常见的广场原型。在北美的一些人口密集的城市，这种形式取得了巨大成功。在其他地方，这些引借的广场可能会相当沉闷和空虚。

（4）线形公园。这样的一些开放空间主要是为运动而设计的，包括步行运动、马上运动、驾车运动、赛车运动等。这些开放空间在形式上是线形的，它们引导从一个目的地运动到下一个目的地。一条河或一条小溪会为这样的运动组合提供一个非常自然的环境，所以我们经常会在城市中找到河流公园，以河流为特征，乔木和灌木掩映着沿着河的边缘发展的城市。河流公园可能足够大，可以容纳一条主要的道路，就像华盛顿的波克溪公园一样，或者就像圣安东尼奥著名的里约大道一样狭窄而亲切。类似的线性开放空间也可以沿着旧运河或滨水区布置。

在其他地方，建造这种公园的主要动机是展示一种愉快的运动，即看到和被看到，而不是自然的体验。19世纪建造了供时尚马车使用的许多长廊，佛罗伦萨的走廊就是一个极好的例子。为闲逛者建造一种绿色长廊是一个更古老的遗产。这个绿色长廊想法被借鉴到公园道路建造，专用于为娱乐而驾驶的汽车。但在交通的压力下，这些优良的公园公路已经退化为通用公路。

线形公园的设计模型要么是蜿蜒的河谷，两侧是树林，与溪流一起弯曲，要么围绕着景观事件，要么是林荫道，两旁是一排排的树木，直接通向某个可见的目的地。是否把侧翼的城市发展排除在外，或者，如果不能排除在外，如何把它融入公园的景观中，一直是一个问题。许多线形公园都没有解决这两个问题。虽然一些线形公园是为人们的移动而设计的，但除了意外事故，很少能找到一个利用视觉事件引发关注的线形公园。尽管日本人很久以前就在有限的空间里创造了紧凑的"漫步花园"，但为城市的移动体验而设计的工艺还没有成熟。自行车道和人行道，在当代设计中经常以绿色显示，但也仅仅是为了区分不同的运动，很少被设想为一种线形开放空间或者一种视野的展开序列。

（5）操场和球场。这一类开放空间，主要用于儿童、青少年和活跃的成年人的各种游戏。场所的大小、功能和地点的选择基于被认为适合不同年龄组的有组织的游戏设定。关于这些标准，有大量的文献。最为重要的是两个子类别：一类是青春期早期的儿童操场，这种操场附属于小学，应该离所有房子都有很近的步行距离；一类是针对青年和成人的更广泛和有组织的游戏的场所。这类运动场必须更大，距离也可以更远些。从理论上说，它附属于一所高中。这类操场，有时还会增加一些运动场所，旨在供学龄前儿童的非正式玩耍，增加的运动场所离住房非常近，以方便父母监督。

这些功能的设计与一些活跃性的游戏紧密相连，这些游戏被认为占据了孩子的休闲时间，因此它们的布局相当严格，配备了标准的游戏设备，并倾向于使用平坦、开放的土地。它们可能很嘈杂，而且在外观上显得相当贫瘠。与学校的直接联系，以及平坦区域的需求，经常给学校的选址带来问题。

对这些空间的使用方式，对于提供标准的、有组织的游戏来说显然很重要。然而，操场可能并不像我们以前想象的那样是孩子们生活的中心。这种模式可能会因为忽视了管理的作用、因为对儿童活动范围的狭隘看法，以及因为场所的设备和布局强加了（或试图强加）成人游戏概念而受到批评。操场的最初想法源于对大城市公园的积极的、有监督的使用，旨在促进儿童和成年人的健康和广泛教育。基于对游戏、年龄分割和物理设备等问题的关注，该模型已经变得清晰起来，但可能也已经失去了一些最初的重要性。

（6）废地和探险游乐场。新近的研究是一种儿童如何使用城市，尤其是如何使用废弃的城市角落使其成为儿童游戏场的替代模式，这些区域是成年人控制较弱、儿童能够更自由地以自己的方式行事的区域。由此就产生了一种"冒险"（或"废弃物"或"行动"）游乐场的模式。这些区域提供了平坦的空间和大量废弃的材料，孩子们可以自由建造他们想建造的东西：俱乐部会所、游戏设备、想象的环境或其他东西。对此，主管部门会阻止任何危险结构的建造，会进行冲突调节，并提供专业性的技术施工建议。也必须有一些间或的清理机制，以便新的团体可以基于自己的意图进行建造。由此产生的各种风景复杂且富有想象力，孩子们深深投入其中。邻近的成年人很可能会认为这样的地方很危险，而且很碍眼，所以它必须被屏蔽掉。孩子们通过做来学习，这是操场运动最初动机的一部分。这在很大程度上取决于监督工作的质量。如果监督工作足够敏锐，一个相对较小的空间可以提供大量的活动，包括自然研究和隐蔽的梦想壁龛。（图 107）

图 107　借助于各种手段，孩子们创造自己的世界。

　　虽然冒险游乐场侧重于监管之下密集使用的地块，但这个概念已经扩展到思考孩子们如何使用整个城市：街道、小巷、屋顶、庭院、商店等。例如，这个模型正在对人行道或废物和废弃土地的多元使用在儿童开发中的作用进行研究。这些都不是有组织的操场活动的直接替代品。它们都是对城市里孩子的思考的延伸。它们与成年人关于安全、控制、视觉整洁和儿童场所的典型概念相冲突。

　　某些城市设计模型是指城市的时间组织，而不是它的空间模式。这些都是策略，或后续行动：

　　1. **对增长的管理。**理想城市规模的概念已经被提及。这只是一系列更大的概念的一个方面：应该如何管理居住地的增长。在一种观点中，假设有最佳的城市规模，一个接一个的定居点应该出现增长。让每个居住点发展到最佳规模，然后再发展另一个合适规模的定居点。其结果是出现一系列规模最好的城市。在这样的城市中，在任何时候，很少有人会遭受扩张的痛苦。但事实证明，无论如何，都很难以如此决定性的方式开启和关闭增长，更不用说确定最佳规模的问题了。

相反的观点是，没有可靠的证据表明什么是理想的规模，如果增长组织得很好，增长也就没有什么错。事实上，增长是健康和繁荣的标志，而中断则是停滞。因此，适当的策略应该是鼓励生长，同时定期去除过时的组织，并通过预先规划确保新区域质量良好，并与旧区域良好融合。

还有另一种观点是，虽然确实没有最佳的规模，但增长过快会造成严重的破坏，应该避免。规模的大小在任何时候都需要考量。因此，适当的策略是确定一个最优比率，并努力使所有定居点的增长接近最佳增长率。最佳增长率这个概念作为管理动态情况的一种方式，直观上很有吸引力。有这样的最优似乎是合理的，但它们最终可能被证明与最优的规模大小一样难以捉摸。无论如何，今天许多郊区社区已经先于理论上的最佳增长模式，提前（像往常一样）采取措施限制定居点的增长率。

这个观点的一种变种观点认为，不会是仅仅出现增长太快或增长太慢时才会出现困难，当连续发展达到阈值，需要新的重要的基础设施的时候，当扩张必须开放新的区域的时候，或者突然需要新的服务的时候，类似的困难都会出现。成本并不会随着规模的增加而均匀上升，而往往会在临界点上突然跳跃攀升。突破这样的阈值，不会带来很多的收获，却会带来特殊的负担。阈值一旦确定，适当的策略是尽可能长时间地维持低于它的增长，然后迅速超越它，以便尽快从增加的成本中获益。因此，一个住宅使用化粪池的小镇，在达到一定规模时，可能不得不安装一个全新的中央下水道系统。知道了这一点，小镇的奠基者们就应该努力让小镇足够小，使污水处理厂没有必要。如果刺激超过了阈值点，他们就应该鼓励增长速度的激增，以获得足够的居民来支付新工厂的费用。那么，适当的成长，就应该是一系列的激增和缓行。这种模式是明智的，但它最好适用于单一公共投资规模不大的小型定居点，或出现特别支出情况的地方。在更大、更复杂的定居点中，有许多的增长阈值，以及许多的、经常性的彼此不协调，以至于没有一个点是真正关键的阈值点。在这样的定居点中，阈值模型与增长率模型并不冲突，它们可以一起被使用。

值得注意的是，所有这些模型都在处理增长问题，而没有模型处理衰退问题。衰退对我们来说和增长一样熟悉，通常造成更严重的衰退问题的正是要把衰退转化为增长的各种努力。我们没有关于以任何最佳方式管理衰退的概念模型。这是"零增长"理念的棘手难题之一。由于绝对停滞是一种平衡到已经没有办法维持住的平衡，当一个人试图保持接近零点的位置时，突然下降就像突然的增长一样可能发生。如果没有令人信服的良好下降模型，刺激下降的可能性会诱发恐慌。

2. 发展和更新战略。 某些城市设计的模型则主要是针对继发行为类型的处理，这类行为通常在通过更新或全新开发一个区域的时候发生。其中一个线索来自对城市如何经历了各种变化的"波浪"的观察。这些波浪似乎从中心向外产生涟漪，表现为人口密度的峰值、种族居住位置的集中及使用频率的起伏。因此，一个有效的策略是从某个时候开始（通常是最容易接近的地方，或者在最容易开始的地方），然后不断地向外推进变化，直到整个区域被覆盖。每个连续的变化区域都由最近更新的邻近区域所支持。当下的机会往往在边缘。这在我们看来非常明显，不值得一提。虽然没有引起足够的注意，但该模型已经具有普遍的效果。许多房地产的开发和定价都是基于这个模型。然而，如果向外扩散是放射性的，就必须更新越来越多的土地，以保持恒定的向外变化速率。

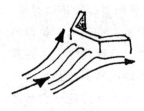

随之而来的一个想法是建立"防波堤"。如果变化像波一样传播，那么当一个人想要限制它时，就会制造一个障碍来抑制这个波，或者把它转向其他方向。该屏障可能是一条交通繁忙的街道或铁路线、一个通道的切断、一个自然的运动屏障、一个大的开放空间，或一种海拔的上升。这种障碍通常会偶然性发生，但它们也会被故意创造出来并且得到有力的保护。屏障一旦被攻破，它们很快就会被遗弃。与水力模型完全符合，变化的浪潮会冲过它们。这是对阈值的时间概念的一个特殊的类比。

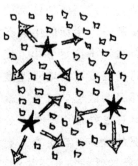

另一种模式是焦点策略，或称"感染性"策略。根据这样的意象，改变最好通过在整个区域建立一些新的焦点来实现。如果这些点是战略性的，并且足够强大，足以独自生存一段时间，那么它们就会"感染"它们周围的区域，并导致整个区域发生改变。这是巴洛克式的策略，它依靠建立新的焦点来更新一个城市。郎方（L'Enfant）在他的华盛顿计划中也做了同样的事情，故意将白宫和国会大厦在乔治敦中分开，这样每一个城市都能激励更大区域的发展。在大的区域规模上，同样的想法在"增长"的极点理论中出现了。该模型也可以应用于一些不想要的变化：一些不理想的用途（色情商店）或境况

（年久失修的建筑）的存在，被认为可能会感染和降低整个环境的品质。

这个模型是值得怀疑的，因为城市不是生物体。一个新的焦点是否会导致周围环境改变，或自身崩溃，或将作为地域性的异常性存在保持下来，取决于感知和使用的具体关系。

也许还有另一种策略，即网络。首先，为一个地区提供一个基本的基础设施网络，如高速公路、林荫大道、下水道、电力、学校等。依赖于这些配套服务的私人开发将填补其余的部分，而无需进一步的公共干预。显然，这类似于约翰·哈布瑞肯（John Habraken）和其他有自助住房爱好者倾向的那种"支持体"模式。这也反映在大卫·克兰（David Crane）关于"资本网络"的想法中。它是否能够运作取决于其所选择的基础设施的实际水准，这才是问题的关键。例如，在美国郊区的新的增长的情况下，高速公路和下水道管道的位置似乎确实决定着新住房的位置。但在已经完成建造的区域中，这种位置的作用不是那么强大，这些地区已经具备了一个很好的公用设施的网络。

3. **永久性。**根据普遍的观点，持续下去的东西是好的。永久性意味着节省物质资源，尽量减少混乱，以及与过去的紧密联系。这意味着最初的东西在功能上依旧完善。石头和其他"永恒的"材料、定居的人口及形式和习俗的保持都是值得称赞的。被丢弃的东西和行为都是损失。未经检验的新的物品和新的生活方式，会使我们面临风险。对于我们所处的城市，这可能是今天大多数人的看法。如果一家公司、一座建筑、一个地区或一个习俗能够持续下去，那么它一定是一个好的状态。

相反的观点（过去习惯性地被认为是北美的观点）是，价值的基础在于变化。失去改变不仅使价值无法对不可避免的事件的变化做出反应，而且也无助于任何意义的提升和改善。旧的建筑通常都是过时的建筑，旧的习惯往往也是束缚性的。永久性物品的初始成本和经常性的维护成本远远超过了定期用新材料替换它们所需的资源。城市应该进行光亮的、与时俱进的结构建造，这样人们就可以很容易地随着生活的变化而改变它们。各种历史性的联结可以象征性地保持，而不需要通过占地数英亩的笨重的建筑得以存续。尤其是年轻人，他们需要有机会来探索新的可能性。在 20 世纪初，而不是今天，这是先锋派知识分子的主导情绪。

这两种模型都被不加区别地应用了。再一次，每个概念在某些情况下都很恰当，在其他情况下就不恰当。这不仅会随着外部情况不同而不同——即依据遗留建筑的价值，或临时性和永久性结构的相对折旧成本，或功能实际变化的速度的不同而不同，而且会随着对变化和稳定的内在感觉的不同而不同。鉴于大城市人口的异质性，显然，我们的城市必须同时包含稳定的和临时性的环境。因此，对不同的区域进行划分可能是适当的，这种划分的适当性不仅仅是考虑了这些区域的具体使用或物理形式，而且也考虑了它们的变化速率。

然而，物理性保护的想法还是越来越流行起来了。它已经从保护独特的历史地标发展到著名的历史街区，并从那里发展到保护具有良好特色但没有"特殊的"历史价值或突出的建筑质量的旧地区。与此同时，还有一种保持任何区域的"自然"生态的单独形象的趋向，即保护生物体的稳定和有益的相互关系，使其接近于在任何城市重大发展之前最近存在样态的平衡。当生态学家把注意力转向这类城市，而历史学家们转向"寻常的"旧有地区时，他们的议程开始合并。除此之外，还可以增加一个对社会社区连根拔起的关注。如果这些担忧能够成功地融合起来，它们将成为一股强大的保守力量。

维护本身就是指向保护，也就是说，尝试去管理变化，继而保持与过去的连接，保护那些依旧具有当今价值的资源：是修复而不是历史重建，是对结构和废物的回收，而不是对这些结构和废物的保存或厌恶。人们对"软"形式很感兴趣，就是说通过建筑方式来应对未来的零星变化。在某种程度上说，这些概念揭示了接受变化和管理变化的愿望，它们超越了早期关于暂时性和持久性的争论。

4. **使用的时间管控**。最后一组时间模型处理活动的时间。调度活动时间的想法本身就是一个重要的概念。在某些时候可以禁止活动，以防止冲突或亵渎，如"蓝色法律"（blue laws）。它们可以对时间进行分离，通过时间分离允许必要的连接和足够的使用密度，如建立市场日。时间表的制定旨在协调和预测服务行为。活动时间和活动间距一样，是城市设计的重要组成部分，但它很少被有意识地操纵。

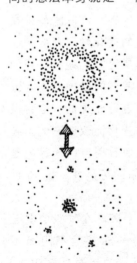

我们倾向于更精确的活动计时和更好的时间专业化：周末、办公时间、高峰通行等等。许多空间在某些时期被密集使用，然后空置更长的时间。城市金融区的拥挤和空虚是城市新闻业的陈词滥调。类似的现象也发生在交通系统、娱乐区、公园和许多其他地方。

　　有些人会认为，这种临时性的使用是相当浪费的。如果我们计划了使用的时间和间隔，我们就可以通过节省大量的资源来持续我们的生活。此外，如果城市的一个地区，至少是一个中心地区，被设计成 24 小时"照明"，就是说 24 小时处在积极的使用状态，这种设计在心理上是令人沮丧甚至是危险的。城市的一部分不会在晚上"死亡"，人们可以在他们选择的任何时间自由活动。当然，如果定居点的某些地区在每个不同的时间段在不同的区域活跃，这里的人们也可以享受类似的自由，即使它们在大多数时间都是关闭的。但是，为了享受这种特殊的自由，人们需要灵活的交通和对时间的计时分布有很好的了解。

　　时间专门化和时间集成都有各自的一席之地。任何一个人都可能节省或浪费资源，但我们确实没有充分关注时间在城市设计中的作用。说到某些城市区域的"死寂"：建筑物并不会因为被关闭而使人感到心情低落。在人们进入这些封闭区域时，"枯燥乏味"才令人难以忍受。"灯火通明"区域和严格的时间专门化的区域，同样也可以令人愉快。成问题的倒是那些时间含糊的区域，有时很不活跃，但从来没有完全关闭。

　　这个目录不是一个百科全书。它的中止是任意的。例如，当一个人降落到一个规模已经限定的场地，所涉及的类别可以一览无余地展开，正如我们在街道模型、建筑类型、场地蓝图和小的开放空间穿行。

　　然而，很明显，这里罗列的内容在某些领域（如住宅空间和开放空间设计领域）很丰富，而在其他的一些领域（如工作场所、街道景观、各种终端等）则很单薄。即使在模型众多的地方，这些模型的影响或它们最适应的情况也有许多不确定性。开发和分析原型将是城市设计研究的一个有用领域。

　　同样明显的是，这些模型中的许多都被认为是信仰的条约。这些模型基于一种非常一般性的背景，站在其他模式的对立面，好像只有一种正确的方式来建造城市。事实上，模型只不过是一种选择。一些模型在一些特殊情况下很有用，而在其他时候，彼此差异的模型可以同时使用。一个好的设计师会记住这些不同的模型，记住它们各自不同的优点和缺点，知道它们适合的场景，并会灵活而有目的地使用它们。此外，我所做出的这种呈现也有它的缺陷，因为这些模型往往脱离了使它们具有可行性的管理机构，并被描述为好像它们可以独立于应用它们的文化和政治经济而运作。但由于演示只能是机械的，所以它至少可以被机械地概括为一个简单的概述：

1. 一般的模式
(1) 星状模型
(2) 刀星城市
(3) 线形城市
(4) 矩形网格城市
(5) 其他网格形式
(6) 巴洛克轴线网络
(7) 花边网格
(8) "内向"城市
(9) 蜂巢城市
(10) 当前想象

2. 中心模式
(1) 中心的模式
(2) 专门化和全能中心
(3) 线形中心
(4) 邻里中心
(5) 购物中心
(6) 移动中心

3. 结构
(1) 细胞体
(2) 伸展与压缩
(3) 隔离与混合
(4) 可感知到的空间纹理
(5) 住房类型
① 板式高楼
② 绿地中的塔楼
③ 密集的步行楼区
④ 地面通道步行公寓
⑤ 庭院房屋
⑥ 联排房屋
⑦ 独立住宅
(6) 创新

(7) 系统和自助

4. 循环
(1) 模式选择
(2) 循环模式
(3) 模态分离
(4) 旅行距离管理
(5) 通道蓝本

5. 开放空间图式
(1) 开放空间的分配
(2) 图形塑造
(3) 开放空间分类
① 区域公园
② 城市公园
③ 广场
④ 线形公园
⑤ 操场和球场
⑥ 废地和探险游乐场
6. 时间组织
(1) 对增长的管理
(2) 发展和更新战略
(3) 永久性
(4) 使用的时间管控

如果有天堂，它就要包括整个世界，如果我们要再次找到并再次享受它，它就必须得到完全改造。

费尔南多·奥尔蒂斯